U0155597

生物检测技术在食品检验中的应用研究

王明华 ○ 著

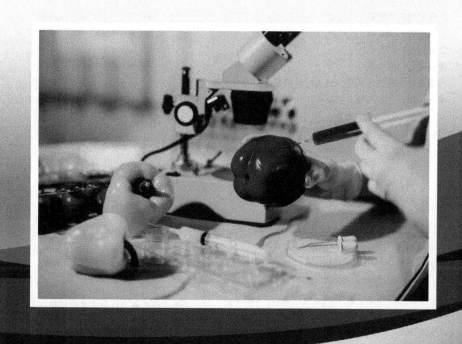

中华工商联合出版社

图书在版编目（CIP）数据

生物检测技术在食品检验中的应用研究／王明华著
. -- 北京：中华工商联合出版社，2022.4
ISBN 978-7-5158-3396-5

Ⅰ.①生… Ⅱ.①王… Ⅲ.①生物工程-检测-应用
-食品检验-研究 Ⅳ.①TS207.3

中国版本图书馆 CIP 数据核字（2022）第 058121 号

生物检测技术在食品检验中的应用研究

作　　者：王明华
出 品 人：李　梁
责任编辑：于建廷　王　欢
封面设计：清　清
责任审读：傅德华
责任印制：迈致红
出版发行：中华工商联合出版社有限责任公司
印　　刷：北京虎彩文化传播有限公司
版　　次：2022 年 7 月第 1 版
印　　次：2022 年 7 月第 1 次印刷
开　　本：710mm×1000 mm　1/16
字　　数：240 千字
印　　张：15.5
书　　号：ISBN 978-7-5158-3396-5
定　　价：78.00 元

服务热线：010-58301130-0（前台）
销售热线：010-58301132（发行部）
　　　　　010-58302977（网络部）
　　　　　010-58302837（馆配部、新媒体部）
　　　　　010-58302813（团购部）
地址邮编：北京市西城区西环广场 A 座
　　　　　19-20 层，100044
http：//www. chgslcbs. cn
投稿热线：010-58302907（总编室）
投稿邮箱：1621239583@qq. com

前言

　　进入 21 世纪以来，随着经济的高速发展、互联网和信息技术的全面覆盖，尤其是生物技术的发展和应用，以农业为主要依托的食品产业也有了显著的提高，各种食品制作生产以及加工的程度由于具体仪器、用具和工艺等重要方式越来越多样化而呈现出许多明显的差异，从而使加工食品在感官、营养功能、心理特色等各个方面适应和满足不同人群的需求。与此同时，人们对食品的质量和安全也愈加重视，各种依托实验室技术手段的理化分析和质量检验是食品品质把关和保障的重要依靠和屏障。随着食品和相关农业以及机械制造工业的迅速发展，食品加工成都越来越层次化，各种对应的特色加工工艺所相关的食品安全主要问题也有所不同，检测环节是食品生产、加工中的关键环节，传统安全管理形式及实验室检测已不能满足多元化的食品安全管理需求，因而亟须创新发展检测灵敏性更好、特异性更强、简便快捷程度更适用的检测方法策略。生物检测技术的产生得益于现代生物技术的迅速发展，它利用一些特定生物材料（如酶、抗体、组织、细胞等）对一些特定物质具有的特异性识别反应能力或灵敏感应力，将生物检测技术原理用于分析检测食品及其污染物，不同检测方法所依赖的生物学原理又具有一些差异，形成了多种可适应不同检测分析需求特性的具体应用形式，同时越来越多的新创造、新理念、新技能也在食品生物技术检测过程中得到应用和尝试，拓展了相关研究和应用的联系。生物检测技术以自然界生物生长发育过程所呈现的生物现象和相关原理为依据，使其一般呈现出检测过程的反应条件温和、样品预处理简洁等特性，愈加适宜于主要来源于动植物的大多数食品相关产业所急需的食品安全分析，在各方面均显示出了巨大的应用潜力。

另外，食品是人类生存的重要物质基础，其质量和数量的保障是社会和谐稳定发展的必要先决条件之一，随着 20 世纪以来工业技术发展成果，尤其是化学工业成果，被广泛应用于农业，对提高农产品产量具有积极意义的同时，由于农药、化肥、兽药等过量使用，造成生态环境的污染，严重影响食材质量；而食品生产加工过程中有时碰到的一些不当处理和操作，又也给食品安全带来了重大隐患，有时也会引起了社会的广泛关注。而检测技术先进性与政府监管权威性则成为加强对食品产、运、销各相关环节质量控制与溯源的关键依赖，熟悉了解和进而合理布局不同管理层次、场合、特性的各种食品安全检测技术，尤其是具有快速、高效、便携等优势的生物检测技术，也就成为食品质量检测工作者的重要责任和工作。

现阶段，生物检测技术已经越来越多地被食品监管部门应用于实践，并取得了一定的可喜结果。本书立足于介绍食品安全管理中涉及使用的主要生物检测技术，从食品安全管理的需求、特征、发展方面着手，细致地介绍了生物技术、生物检测技术的概念、范围、成就、发展特征等；并从食品检验的实际出发，较系统地介绍食品样品采集、处理、储存等具体技术流程；在此基础上详细阐述了具有一定代表性的生物传感器技术、ELISA、PCR 等现代生物检测技术的研究现状、发展方向及在食品检验中的应用，这些现代生物检测技术在食品的检验中展现出了巨大的优势和良好的应用前景。

本书以作者攻读博士期间所做的相关研究工作为基础，结合近 10 年来食品安全检测技术领域相关发展的特性，进行了一定程度的总结和归纳，如若对同道研修诸贤以及广大有志于生物技术及食品安全的社会人士与青年、学生有所裨益，并进而对新时代生物检测技术及食品安全的高质量发展略有所助的话，这正是我殷切期待之所在。

作者

2021 年 5 月 13 日

目 录

生物检测技术概述

1 生物技术

生物技术（Biotechnology）是 20 世纪后期形成的新兴学科之一，有时也称为生物工程（Bioengineering）或生物工艺学，有利于突出这一领域是源于生命科学与工程技术的结合，实际应用中生物技术更常用。生物技术诞生发展以来，就与电子信息技术、航天技术、新药源技术、新材料技术等协同快速稳定的发展，形成了当今世界潜力最大、影响最深、发展最快的高新技术领域，并取得了 21 世纪人类科学技术事业最伟大的成就。而生物技术是发展的核心，是直接关乎食品、医疗等人类生命活动的支柱行业。

参照文献内容【孙爱杰等，生物技术在食品检验中的运用】，生物技术的概念可总结为是指人们以现代生命科学为基础，结合其他基础科学的科学原理，采用先进的科学技术手段，按照预先的设计改造生物体或加工生物原料，为人类生产出所需产品或达到某种目的的技术方式。

为便于研究和应用，根据其操作对象及操作技术的不同，将生物技术主要分为包括基因工程、细胞工程、酶工程、发酵工程和生化工程五项较为具体的工程技术。

1.1　生物技术的类型

1.1.1　基因工程

基因工程是生物技术的重要组成类型之一，其研究和操作对象即为遗传基础物质 DNA，是利用相关生物源性分子作为特异性工具，在分子水平上对基因进行技术操作的复杂技术，故亦又谓基因重组技术或 DNA 拼接技术。它首先将需要操作的生物的遗传物质（DNA 分子等）通过特定方法分离提取，确定其性质后，再经由特异性的生物酶在离体条件的适宜环境中对其发挥作用，借助载体 DNA 实现外源 DNA 片段与目标生物 DNA 的连接融合，再导入某一更易生长、繁殖的目标受体细胞中，从而为导入宿主细胞的外源 DNA 、外源 DNA 编码产物等在目标宿主中得以正常存在。该技术操作对象确切、目标定位明确、产物评判直接快速，有利于它克服生物间远缘杂交的不亲和障碍。其技术要点可简要概括为"切、接、转、增、检"五步，对于生物技术在各行业中推广方面的研究和应用具有至关重要的意义。

1.1.2　细胞工程

细胞工程也是生物技术的重要组成，它是指以获取的有活性的生物体构成细胞为操作对象，在体外对其进行培养、繁殖等，也可通过认为技术操作目标针对性地改变细胞的某些生物学特性，从而达到改良、创新现有生物，加速生物个体或其组织、器官获取的技术，有利于获取某些有特殊用途的生物源性物质。与基因工程技术相比，可避免从目标生物中进行基因分离、提纯、剪切、拼接等操作，有利于提高基因的转移效率。其具体内容包括细胞、组织或者器官的离体培养、繁殖、再生、融合，以及细胞核、细胞质乃至染色体与细胞器的移植与改建等操作技术。

1.1.3　酶工程

与基因工程、细胞工程主要利用对象是生物遗传物质不同，酶工程则主要利用生物体内自然或人工修饰改造产生的，以具有高效生物催化功能的生物酶为原材料，经纯化、分离后，进而借助固定化技术、生物反应器培养技术、生物传感监控等新技术、新装置，高效、优质地生产人类所需各种产品的一种技术。其最突出的特征是各种酶促反应多具有温和反应条件，故而曾被人形容为"让工厂高效、安静、美丽如画的工程"。

1.1.4 发酵工程

发酵工程的实质是微生物的培养，作为一项工程来讲，就需要通过一定的现代化技术手段保障培养微生物的纯种性、持续性、规模化、功能稳定多样等特性，使生产的各种特定的有用物质，或者所培养的微生物直接用于某些工业化生产的一种技术。发酵工程主要依赖培养微生物，故而亦称微生物工程，是与生物工程化酶的生产密切相关的酶工程的主要实现方式之一。

1.1.5 生化工程

生化工程则是生物化学工程的简称，从字面意思即可理解为主要利用化学工程的原理和方法来研究和开发实验室所取得的生物技术成果，进而使之形成生物反应过程的一种技术。

生物技术的五大工程虽然均可形成较独立的完整技术体系，但其本质上仍然是相互渗透、密切联系的完整技术体系。各种技术相互影响、相互渗透、互为因果相互利用，通过基因工程、细胞工程改造生物，发酵工程生产生物产品、酶工程催化生产过程，才能够实现改造现有生物特性、创造新生物应用产品、充分利用生物资源的生物技术开发新景象与生物相关专业的可持续发展。只有通过五大工程的相互协作，生物技术才形成了现在这样既深且广的影响与引导势头。

1.2 生物技术的发展史

生物技术的发展共经历了三个阶段。

1.2.1 以食品、酿造、种植、畜牧制酒、食品、农业、畜牧业为主的家庭经营作坊式传统生物技术

生物技术最早期的应用是伴随粮食作物种植产品加工而诞生的酿造制品开发。历史上，我国人民在商周时期就已经开始制作酒类、酱油、醋和豆腐等，出土的文物中就有许多与酿酒、饮酒有关的精美青铜器具。而国外也有公元前 6000 年，苏美尔人和巴比伦人开始酿造啤酒和公元前 4000 年埃及人制作面包的记载。历史上的这种原始生物技术持续了 4000 多年，直到 19 世纪才由法国科学家巴斯德证实这些现象的实质是由微生物的发酵

产生的变化总汇，进一步论证发酵原理后，建立了微生物的纯种培养技术。至此，形成了发酵技术的理论基础，进而被科学地引进，成为一种重要的应用技术。随之，传统食品加工业也开始广泛使用乳酸、面包酵母、酒精和蛋白酶等纯种的发酵过程及产物。因此，巴斯德被公认为生物工程领域的先驱人物。

在巴斯德将微生物纯种培养技术成功开发发展后，维尔赫尔特于 1872 年对霉菌形式的培育技术进行改进，并于 1878 年发展了啤酒酵母的纯种培养技术。因此，啤酒行业的管理技术一直处于现代化的前沿，并且形成了稳定的生产和消费市场。

1.2.2 以发酵工程生产抗生素为代表，为主要特征技术的工业化生物技术

1929 年，英国研究人员弗莱明观察到被青霉素污染的细菌培养板形状周围的细菌限制区，产生抑制功能。弗莱明将真菌分泌物称为抑制细菌生长的青霉素。同时，他用原材料证明，该药对革兰氏阳性细菌非常有效，然后开始在美国测试青霉素效果。研究人员历时三年，在 1942 年使青霉素的工业化生产得以实现。随着研究的技术鼓舞和推进，1944 年又实现了链霉素的生产。

此时，发酵项目已经从以前的厌氧发酵工艺转向深层通气发酵工艺，同时形成了一系列工程技术手段。例如，灭菌空气的批量化制备技术；发酵期无菌取样技术；大型发酵罐的无菌操作和管理技术；产品分离提纯相关技术等。其中以深层通气培养法工业生产青霉素的实现代表了生物技术发展的第一次飞跃。

在接下来的 30 年里，深层发酵技术没有重大突破。1969 年，日本研究人员成功将固定化氨基酰化酶用于 DL-氨基酸生产并进行光学检测，实现了酶反应的持续化、工业化，这是固定化酶技术产业化应用的起始，也是生物技术发展的又一次突破。

与此同时，1953 年，作为现代生物技术发展基石的 DNA 螺旋结构模型也由沃森和克里克提出了，为生物技术的快速发展奠定了基础；随后科学家又发现了质粒，从而为生物技术的新飞跃奠定了基础。

1.2.3 以基因工程为源头及基因重组为主导的现代生物技术

1973 年，美国斯坦福大学的科恩和加利福尼亚大学的博耶等在体外利用内切酶和连接酶将两个不同的质粒进行剪切和拼接，得到了一个杂合质粒重组体，随后将其转入大肠杆菌细胞中进行复制，显示了双亲的遗传特征，这一成就奠定了基因重组的成功先驱。

1975 年，英国的米尔斯坦使用淋巴细胞和癌细胞融合形成杂交瘤，产生单克隆抗体，从而使 1957 年发现的细胞融合现象在 18 年后获得了新生。此后不久，各种基因产品如人胰岛素、生长激素、疫苗、干扰素和各类细胞生长因子与调节因子等不断出现，并陆续进入市场，产生了远比抗生素的发现和应用更为深远的意义。

1.3 生物技术取得的成绩

由于现代生物科学发展迅猛，科学家的研究成果已经在分子、细胞、组织和、个体等不同层次上揭示了生物的奥妙，进而助力人们利用已经发现的生物规律发展生物技术应用。生物体内的新技术、新工艺经过不同程度的设计、控制、修饰或模仿，构成了巨大的生产能力。例如，基因片段化和繁殖技术为创造新的生物有机体和新物种提供了最有前途的方式。

发酵工程和生化工程技术大规模商业化生产了众多的生物制品和各种生物和非生物材料，作为工业和日常生活应用的新材料和新组件。当前工农业发展的重要方向是寻找低耗能、节能新产业，寻找新能源，摆脱现有能源约束，实现环境友好的可持续发展，而生物技术可以帮助人们更好地了解生物学、环境和自身，从而提供更好的社会服务。服务的理念非常广泛，根除水和空气污染、生态环境保护、医疗技术进步、疾病防治和人类健康都是社会服务。

中国政府始终把生物技术作为重要的战略性高新技术产业，提出了加强资源创新、聚焦整合、促进成果转化、大力发展产业、保障和落实生物安全的基本政策，实现跨越式发展。国家、部门和地方建立已经联合了近 200 个重要的生物技术实验室，并为研究项目安排了专项资金。生物科技产业完成了从模拟到自主创新，从实验室研究到产业化，从简单的技术突破到完全和谐发展的转变。2020 年以来的新型冠状病毒疫情防控工作中广泛合作施行的"第三方核酸检测"工作，即体现了生物检测技术发展的成绩。

医学生物技术是我国生物技术研发的重点，经过十多年的努力，在我国生物技术研发方面取得了突破性进展。

基础研究层面，我国是作为唯一发展中国家参与国际人类基因组计划的，并顺利地完成了测序工作；随后，我国科学家获得国际蛋白质组计划主要项目——国际人类肝脏蛋白质组计划的主导权，帮助我国在一些生物技术应用领域步入了世界先进水平。

我国在农业生物技术领域已经达到世界先进水平，特别是袁隆平院士所发现并倡导的杂交水稻，超级杂交水稻推广 230 多万公顷，增加农民收入 60 多亿元，为我国农业发展起到了重大推动作用，农作物转基因产品技术也取得了很大进步。转基因抗虫棉以及具有抗盐、抗旱等特性的转基因作物（番茄、大豆等）的种植规模不断增长，而利用基因工程等生物技术培育的抗逆境生物在加速恢复植被、遏制水土流失、防治沙化、治理盐碱地中更是发挥不可替代的作用。

食品工业领域也是与生物技术的发展具有诸多联系的情形，以农业产品为主要加工原材料的食品工业的国内年产值可达 10612 亿元，但仍然在加工程度和加工食品消费量方面与发达国家存在巨大的差距。随着农业、工业的深入发展，在我国全面建设小康社会不断推进的浪潮下，社会对于不同加工程度、不同特色的食品消费需求不断增加，面向国际市场、与生物技术发展关系密切甚至直接依靠生物技术进行加工食品加工业，必将获得更加可喜的发展成就。

能够有利于合理利用各种生物质资源的各种特色生物技术的发展对于能源合理利用、恢复保护环境也有重要的意义，沼气已不再是"稀罕品"，创造了可观的效益；生物肥料、生物农药、生物材料和生物能源为代表的环境生物技术产品也已经成为我国环境治理、可持续发展中不可或缺的重要支撑，服务于国民经济建设。我国政府还将生物质能技术的研究与应用作为一项重大科技攻关项目，吸引众多科研工作者发展开发众多相关源材料利用的新技术，如大中型畜禽养殖场沼气综合利用技术、秸秆气化集中供气技术、垃圾填埋场排放技术、能源作物的利用，液体燃料（例如燃料酒精）生产技术等，从而引起了人们广泛的关注。

生物技术区域发展方面，广泛分析表明，中国已形成长三角、珠三角和京津冀三个各具特色产业化优势的生物产业区，技术研发中心与投入生产实际应用的产业化基地已经开始形成。相比中西部，在生物芯片建设中心、纺织建设中心、药物研究中心等一批国家级生物技术研发平台的布局上已经形成了比较明显的差距。西部生物技术发展的核心区域则以陕西为重心，已围绕具有西部特色的农产品资源进行了生物技术相关产业的针对性开发，并作为现阶段发展的突破口，比如发展特色葡萄酒产业，可在一定程度上均衡生物技术产业的发展。

1.4 生物技术的应用现状

生物技术的本质是指通过对微生物、动植物等多个领域进行深入研究，进而利用新兴技术对生物或非生物的物质原料进行加工，从而为社会服务提供产品的实践活动。因此，现代生物技术研究涉及生物学、化学、数学、物理学、信息学及计算机科学等诸多学科，其发展与创新更是日新月异。伴随着社会经济的发展，生物技术的应用不断便利和拓展了人们的生活需求，在满足温饱的前提下，更进一步提升了生活资料、环境安全性保障的层次。生物技术的广泛应用，意味着人们以生物奥妙为突破口认识自然、改造自然综合能力的提升，也意味着社会文明的发展更上了一个新的台阶，人们对自身的生活质量愈加注重。

生物技术作为一种新兴技术，21世纪以来发展最为迅猛，甚至当前正在兴起以生物技术为重点的第四次产业革命，其成果现已广泛用于种植业、食品加工业、医药行业、海洋开发、环境保护等诸多领域，在获得可观经济效益的同时，体现了知识作为生产力的重大先进性，助力提高传统产业技术水平和可持续发展能力。

在生物技术制药方面的应用尤为突出，另外，采用基因工程技术加工生产的药物、疫苗、诊断检测试剂，甚至细胞工程产生的医用细胞、组织等均已顺利转化为生产力并实现了产品市场供给，生物技术应用发展势头最强劲，繁荣的市场中仅单克隆抗体市场销售额就达40亿美元。

农业发展领域，生物技术也正在加紧主导市场的步伐，借助于基因工程、细胞工程等生物高新技术操作而培育的种植、养殖生物农林牧渔新品种以及生物制品的农药、兽药、新型作物生长调节剂等相关产品已经大量推广运用，且产生带来了巨大的经济效益，20 年间，农民获益超过 1500亿美元。

新世纪世界发展的关键制约因素之一是资源、能源的开采和利用，利用生物技术实现资源的可持续开采、重复利用是解决问题的出路之一，各国都在生物质能源利用的生物技术研究发展方面投入了大量的精力，并取得了可观的成就，生物质能源已经达到了世界能源消费总量第四位。

综上所述，生物技术在当前社会发展各领域中均有着广泛的应用，并且带来了可观的经济和社会效益，农业、食品加工业、医药行业等均受益匪浅。随着社会的发展，生物技术的应用范围和成就必将进一步得到扩展！

1.5　生物技术的应用前景

1.5.1　发展生物技术的优越性

生物技术的产生和发展是以与人类生命活动最直接、最关注的生命现象中所呈现和发生的现象与规律为基础的，因而其技术本身应用的原理和结果也与人类日常生活所接触的各种需求密切相关，例如种植、养殖业，医疗行业，食品工业等。各应用领域中所取得的突出成就进一步体现了发展生物技术的诸多优越特性。

1.5.1.1　不可取代性

生物技术的操作对象和方法所具有的突出细微性以及明确的目标性，使得该类技术使用往往能相对快捷地获得其他常规方法所不能生产或难以生产的产品。

一些植物通常通过育种来提高生产力和增加抗性，但传统的杂交育种通常仅限于大麦和小麦，最多就是通过遗传条件进行扩展。但是，如果用基因工程来改良品种，就不能限制遗传资源的来源。在制药行业，有很多这样的例子，比如生长激素释放的抑制因子，是一种人脑激素，会减慢正常生长激素的分泌，这种抑制剂虽然是人体内生长和代谢所必需的，但其含量很少，很难通过分离、提取或组合来生产。因此，要得到这个抑制因子是很困难的。而利用基因工程明确该抑制因子的基因并将其直接转移到适宜培养的大肠杆菌中就能生产出该抑制因子，用于治疗疾病和其他生物制剂应用需求。

1.5.1.2　快速、精确

生物技术的直接应用往往能够获得比自然界天然进行该类生物现象速度加快几倍的直观评判依据，比如农作物生产中的杂交育种与基因工程育种的耗费比较。生物技术的应用很大程度上是将自然界存在的生物现象在实验室中进行了快速重现和增强，因而在实际应用中，利用了生物技术而生产的试剂盒，将特异性的生物反应集成在微型的反应基质上，进而突出了生物反应的温和性、快速性，达到快速、精确地对人类和动物、植物疾病进行有效的早期诊断的目的。例如，妇女怀孕 8 天后即可用高灵敏度的单克隆抗体法检查获得准确结果，从而避免误服药物，保证胎儿的早期健康发育。

1.5.1.3　低耗、高效

生物技术最突出的特点是利用了自然界中的生命现象，一般能够在比较温和条件下以较快的速度进行反应，因而在工业化生产中对于生物技术进行了较多的改进、适应和应用的化学工业、制药工业以及其他相关工业中的生产实践也充分体现出了能耗较小、效率较高和特定原料依赖程度低等优点。传统化工产业进行催化产品生产时，需为化学催化剂提供高温高压、获强酸、强碱等相对耗能比较大、较为激烈的反应环境条件才能保障反应顺利进行；而用来源于生物体的"酶"作为催化剂进行生产应用时，由于酶的特性，只需提供常温常压条件并适当保障较为中性的酸碱微环境条件即可进行，从而大大降低能耗成本。例如，在制糖或食品工业应用较多的 α 淀粉酶，其主要作用为催化淀粉将其转化为葡萄糖，进而作为商业产品或其他工业的原料，对于淀粉反应的条件、产品生成的特性基本上没有特异性的需求，因而适宜采用淀粉酶较温和的反应条件、快速高效地获得葡萄糖产品即可。该酶最初是从猪胰脏中提取的，使用的稳定性和数量受到了较大的限制，随着酶工程技术的进展，人们通过从筛选、改良的开始用一种芽孢杆菌培养液里来生产、获取 α 淀粉酶，相对猪胰提取远远提高了淀粉酶的生产效率，促进了其在工业中应用的普及。随后的研究进一步利用基因工程技术来改进目标基因、优化宿主细胞特性等实现改造淀粉酶的生产效率和应用环境的适应特性等，使酶产量大幅提高，进一步促进α淀粉酶的生产以及应用的低耗、高效性。

1.5.1.4 副产物少、副作用小、安全性好

由于使用对象主要针对人类或其他生物，因而与生物技术关联密切的制药行业具有较大的助益，有利于提高生产效率，为消费群体提供更易于被接受的低污染、较小毒副作用、病源针对性更强的产品。传统制药业尤其是化学合成类药物的生产是需要以有机化学催化合成产业为基础的一种高能耗、高污染产业，而且生产中产生的废气、废水、废渣和一些副产物有时还有毒性。而将生物催化剂、生物培养等生物技术用于制药时，即可大大减少环境污染，提高药物的安全性。比如，不同种类化学抗菌药物生产中，即需要有机化学催化合成工艺。早期的药物成本高且容易带来副作用的危险性，而通过用生物技术改进筛选的微生物发酵来生产这些药物，如青霉素、凝血因子等，获得可观产量的同时很大程度上改进了药物的安全性。

由于生物技术新产品、新工艺具有上述优越性，许多国家特别是发达国家都竞相开展生物技术的研究和发展生物技术产业，并且获得了巨大的经济效益，比如一些针对罕见病的基因工程药物的研发以及应用更在某种形式上形成了"垄断"。我国也已经在"863计划"中将生物技术列为七大领域的重点之一，还加大了发展支持的力度，并且取得了一些成就。

1.5.2 发展生物技术的时效先进性-

生物技术作为21世纪快速发展的充满希望的新兴技术，其发展本身即将融合众多学科先进发展成果的交叉学科研究创新能力前沿当作了基础和特色。生物技术的发展既需要先进的材料加工工业为其提供大量的精密、微小、稳定的专用器具和仪器保障；也需要融合各学科先进理念和研究特色的新兴研究方向、技术、方法的凝练；还需要计算机、信息技术对于众多相关数据信息的加工处理以及交流分析，在总体发展上体现出时效先进性，可体现在以下方面。

1.5.2.1 大量采用高新技术

生物技术研究和应用方面的各种仪器的制作材料和性能不断改善，并

且越来越适宜研究的专业化、细化目标化，随着各种适应性的新材料、新方法、新技术的不断涌现，所生产的仪器在微型、便携、专用方面越来越呈现出繁荣的局面。比如各种规格、材质的离心管、样品贮存容器，以及能够适宜于当前各种先进 PCR 反应过程的温度控制、保持等专用材料和技术等。与生物分子提取、分离、鉴定等有关的色谱分析样品前处理采用固相微萃取，并辅助光纤流动池、芯片技术、纳米技术及激光蒸发光散射检测器等相关附属配套制品的开发应用，则为专业化的生物技术应用提供了器械、技术操作规范等应用保障，从而提供更加快速、便捷、有效的应用效果。

1.5.2.2 生物检测技术仪器趋向微型化、自动化与智能化发展

随着计算机、信息技术的飞速发展，当前大量使用的各种研究分析仪器都加大了数据获取、加工、处理等方面的仪器和技术支持力度，计算机、自动控制芯片、互联网，尤其是智能手机基本实现了不同年龄、知识背景下的设备普及，从而为相关的应用生物技术开发的检测仪器和方法实现智能化、便携化的普及应用提供了前提保障。在应用生物技术进行相关生产的领域内，通过开发特定的检测技术，即可实现依托集成度高的计算机自动化技术，融合开发特殊智能软件技术、基于智能手机的 APP 开发应用而使得仪器的使用愈加便利，促进仪器开发小型化，应用便携，且可推动在一定范围内实现数据的追踪与共享，助力生物技术相关产业的发展和管理。

1.5.2.3 对仪器的检测灵敏度要求愈来愈高

对于应用生物技术进行相关的生产和分析应用来说，提高检验方法的灵敏度是现阶段需要研究的主攻方向之一，既有利于利用生物技术进行相关生产过程的规范高效管理，又有利于生物检测技术、仪器本身的发展。而灵敏度提高要从生物检测技术所倚赖的生物原理本身以及物理或化学，甚至是纳米技术领域所提供的生物反应条件或特性来进行相关检测原理的探讨和改进，以及仪器的相关技术创新，而其最终的提高目标是实现单分子检测。

1.5.3 发展生物技术的规范引领性

当代工业化社会的滚滚车轮在推动历史向前和人民生活改善方面满载

业绩，然而却对我们赖以生存的环境造成了许多需要不断治理的污染和危害。发展生物技术，可以充分利用生物界本身的原理和规则，减小能源等投入；可以开发应用生物创新材料，有利于提高其环境友好性；可以在开发建设时期充分考虑可能的形式，避免生态环境严重破坏，有利于践行社会主义科学发展观，创建生态文明。

2 生物检测技术

生物检测（biodetection）是近年高速发展的技术之一，其概念和范围也在不断变化。狭义的生物检测是指利用生物体本身对被检测物质具有特异性反应而鉴定其质量和功效，其所用生物体主要是各种微生物和某些动物、植物的组织或器官，检测的范围主要是生物效价的定性测定，以及某些相关环境、生物的安全性试验。而广义的生物检测【略论《生物检测技术》课程建设. 陈朝银，赵声兰.《教育教学论坛》. 2015-7-11】则是指以现代生物工程技术产品的质量安全控制为核心，阐述和研发监控生物过程及其产品的理化及功能的分析检测手段和方法。

总体上，生物检测技术主要可用于临床检验、病源检测、食品安全保障等众多方面进行较快速度的成分鉴别、分离、分析等，包括现场检测、在线监测等具体应用场景，在生物技术自身发展，以及计算机、信息网络技术、纳米技术等共同促进下，生物检测技术的重要作用日趋显现，并呈现出了需求的多样、具体化。

随着生物技术发展，越来越多的相关原理和技术被用于食品或其他行业中发挥重要的作用，然而关于生物检测技术明确概念的提出，仍然在不断地改进中。文献资料提供了与之相近的生物检验技术的概念【生物检测技术在食品检验中的应用. 刘雪婷.《民营科技》. 2016-06-21】，即以现代生命科学为基础，结合各种分析技术和其他基础学科的科学原理，对生物的个体、器官、组织、细胞、生物大分子的生命活动进行定性、定量的观察，比较、分析、判断，即利用生物体对被检测物质的特有反应而鉴定被检测物质的质量和功效的方法。其按照检测对象的应用行业区别可分为医学、动物、植物、微生物、环境等专项生物检验技术；按照检验方法原理上的差异则可分为生物形态学、免疫学、分子生物学、结构生物学等具体的生物检验技术。由此可见，生物检验技术的主要检验对象侧重于生物体本身。而相关文献报道中提及的生物检测技术，则一般认为其即为采用了生物技术原理的分析化学检测技术，进而分类别介绍在相关分析检测应用中常用的生物酶技术、生物芯片技术、生物传感器技术等具体检测技术方法。涉及具体技术的概念方面，成亚倩等①介绍了"免疫比色生物检测技术"的概念，即以抗原或抗体作为特异性识别元件，以纳米金（AuNPs）、3，3′，5，5′-四甲基联苯胺（TMB）、各类新型复合纳米材料或显色体系作为颜色输出信号，实现对目标分子的高选择性定性检测和定量分析，目前用于黄曲霉毒素检测的免疫比色生物检测方法主要包括免疫层析试纸法、酶联免疫吸附（ELISA）法及其他免疫比色生物检测方法。生物检测技术的概念方面，有人提议【生物检测技术在食品检验中的应用. 刘雪婷. 《民营科技》. 2016-06-21】为以现代生命科学为基础，结合各种分析技术和其他基础学科的科学原理，对生物的个体、器官、组织、细胞、生物大分子的生命活动进行定性、定量的观察、比较、分析、判断。也有人提出生物检测技术即为"采用生物体对被检测物质的特有反应而鉴定被检测物质的质量和功效的方法"。因而，本书在深入总结和研究生物检测技术相关文献的基础上，提出如下有关生物检测技术技术的概念，以供商榷。

生物检测技术是一种利用生物体和生物材料物质的特定反应来确定测试物质的质量和效率的方法，是以现代生命科学为基础，结合各种分析技术和其他基础学科的科学原理，对生命个体或其活性组分的生命活动进行特异性的定性或定量观察、比较、分析、判断，促进目标物质快速检定的一类新兴应用型分析技术。

2.1 生物检测技术的优势

生物检测技术是一种利用生物体对物质的特定反应来确定测试物质的

---

① 成亚倩，高志贤，周焕英，刘宝林. 食品中黄曲霉毒素比色生物检测技术研究进展 [J/OL]. 分析试验室：1-19 [2021-08-05].

质量和效率的方法，具有创造简单、灵活、精准、成本低等特点。生物检测技术的优势一是分析物范围广、样品适应性强，可针对不同的分析物开发出适用的方法；二是可直接通过被分析污染物对生物的危害后果进行量化检测，有利于节约耗费和相关治理技术的同步开发研究；三是检测灵敏度高，价格低廉，可不需购置昂贵的精密仪器；四是便于实现小型化和便携式，可以在大面积或较长距离内密集布点，甚至在边远地区也能布点进行监测；五是检测原理、技术贴近人们日常活动，便于与人们交流检测技术和分析结果，进而普及和推广相关管理措施。

随着科学技术的发展，检验技术也在不断创新，生物检测技术的应用不仅是规范生物相关产品生产经营、维护生物、环境、食品等安全的重要手段，还是生产企业的信誉度、人民群众身体健康的重要保障，具有重要的实践意义。

2.2　生物检测技术应用范围

随着我国种植、养殖、捕捞等生物相关行业以及各种工业制造产品的不断繁荣，国内公民间的普通交易和对外贸易的需求不断扩大，而各种产品的传统检测和分析方法已经不能够满足产品品质检测和保障的要求。因而对于各种快速、高灵敏感、特异有效、便捷检测方法的需求愈加迫切，能够有助于快速识别和分析贸易过程中被认定并管理的各种对人体有害的潜在危害物质，对于各种生产以及经济活动的意义重大，也使得生物检测技术的应用范围逐渐扩大。

生物检测技术应用范围较广，主要应用于：①生态环境监测、保护方面。人类文明的不断发展是伴随着人们改造自然、创造自然的各种活动不断增加而实现的，因而在已经实现的工业化进程中，已经不可避免地形成了对我们赖以生存的地球环境的多种破坏，并且对人类的正常生活产生了严重影响。在此背景下，各种能够直接通过生物生命现象的不同反应和表现而标志环境影响程度的生物检测技术在环境监测和保护中的应用越来越广泛，这类生物检测技术一般采用直接利用生物来源的特异分子、细胞、组织器官、个体等对环境污染的不同缘由和程度所产生的环境状况差异性来进行阐述，进而分析土壤、水及空气等环境。②医药行业方面。医药行业的直接作用对象即为人类自身，各种过程和活动均与不同种类的生物及生物现象息息相关，因而对于各种生物检测技术的应用具有迫切的需求。包括血液等各种生物检测所需的试剂、器皿，与病原微生物研究相关的各种技术、用具、仪器，免疫学检测技术、分子生物学检测技术等均在医疗卫生行业中具有广泛的应用。而经过多年实践及发展，一些生物检测技术的方法和理论已经被正式用于药品生产企业和医院制药剂室药品质量监测（如药品微生限度检查法、无菌检查法等），成为保障药品生产企业逐步实施 GMP 认证的基本内容之一。③食品方面。食品安全是关系着国计民生的重要议题之一，不断发展的食品加工工艺和食品加工种类以及蓬勃的食品加工企业涌现，对食品安全检测技术提出了更高的要求。而近年来开发使用的生物检测技术在具有检测选择性高、准确性好、检测速度快、成本低等优点而受到各种食品生产经营管理者的青睐，尤其是在需要进行食源性致病菌快速检测等鉴别的方面。④农业种植方面。可对农作物的主要病虫害应用血清学以及分子生物学检测，而蛋白样品制备、双向电泳、多维液相纯化、蛋白质 N 端测序、基质辅助激光解吸电离（MALDI）质谱检测、电喷雾（ESI）串联质谱检测等技术在农业方面的应用对生产一线从事植物保护、微生物以及生物安全的广大农技工作者有一定的价值。⑤人工智能方面。在数字世界中，生物识别技术是技术发展到一定阶段的必然产物，也是新型数字身份和智能化设备开发应用的基础。它是将计算机与光学、声学、生物传感器和生物统计学相结合，形成的一种基于个体生物特征固有的生理特性的自动识别技术。人工智能正越来越广泛地应用于人民生活的各个方面，比如指纹及面部识别、移动支付、安全检查等领域，尤其在新冠疫情应对方面，体现了生物检测技术以及人工智能的重要作用和强大保障支撑。

2.3 生物检测技术应用现状与食品安全

当前，生物检测技术的方法和理论已经过多年的发展和实践而逐步成熟。131-不同类型的具体生物检测技术（药品微生限度检查法、无菌检查法等）已经在各药品检验所、药品生产企业等得到了常规应用，对药品安全使用起到了非常有效的保证作用。对于现代食品加工和消费相关的检测工作来说，实践中均需求能够按照一定的具体指标标准在较短时间内即可对食品的安全性进行评判，进而有效地促进食品产业的发展。随着生物技术的发展以及生物产品应用越来越广泛，对于具有针对性的生物检测技术的创新和使用的紧迫性不断增加。传统的食品检测方法往往较多依赖于主观上的感知判断，所用仪器、方法比较落后，难以实现快速、高效、便携、自动化、高灵敏性等需求，导致加工产品商业化流通程序中往往缺乏相应的检测证明而影响贸易，难以与时代发展保持同步。此外，科学的进步可以促使生物检测技术更加灵敏、多样化，能够更快、更好地确定食品的化学成分和可能存在的有害物质。因此，生物检测技术展现出了较好的在未来的发展前景，尤其有利于进一步提高食品安全检测的效率和可信度，此外，食品的加工工艺、专用仪器开发等方面也可通过现代生物检测技术的运用而发展，展现多重效益。

2.4 生物检测技术在食品中的应用前景

2.4.1 酶联免疫分析检测技术应用前景

酶以及特异性的生物分子是酶联免疫分析技术的基础，利用基因工程和蛋白质工程的发展提供和制作性能优良或具有独特稳定性的生物材料，可为生物酶检测技术提供了新创意，从而改善其应用中的缺陷和限制，体现出具有更广泛的应用领域、更高的灵敏度和更准确的定量能力，适应新的食品检测领域。灵敏度高、质量好、特异性好、方法操作简单，适用范围宽、检测费用低的酶联免疫分析在食品领域必将得到广泛应用。

2.4.2 PCR技术的发展应用前景

PCR技术在食品检测的实际应用中一般多用于分析微生物污染，相比传统微生物培养，具有高度敏感、快捷、特异、简单且效率高的特点。为开发食品检测技术提供了强有力的技术支持。然而，PCR技术在实践中有时也容易出现假阳性、假阴性、产物突变和无法检测毒性微生物中的毒素、技术对于温度控制的依赖性强等不足。随着与生物技术及其相关的其他领域的迅速发展，例如纳米材料、新能源等多种新技术均可实现与PCR技术有机结合，改进PCR原理和过程，改善外源DNA的污染控制、突变控制以及鉴别致毒微生物产生的毒素等，从而发展PCR检测方法在食品领域的广泛应用新探索。

2.4.3 生物传感器技术的发展前景

生物传感器是在许多领域都非常有用的技术，当下非常流行，尤其是在现代科学技术中。然而，除了在实际检测量中使用的生物传感器还比较少外，生物传感器还存在一些需要关注研究方面的问题，例如贮运方面的长期稳定性、检测结果可靠性、检测性能一致性等新技术问题。由于生物材料稳定性的影响，除少量葡萄糖生物传感器外，大部分尚未建立批量生产，处于研究开发阶段。然而，生物传感器作为一种新近涌现的活生生的新技术，在各个方面都发挥着重要前景。

2.4.4 生物芯片技术的应用前景

随着伴随生物技术进一步发展的深入，基因芯片技术在21世纪得到了蓬勃发展，荧光标记技术是其开发的基础之一，是实现高通量检测的前提。检测荧光标记的基因反应物时需要昂贵的芯片系统和扫描仪，也限制了芯片的广泛应用；由于相关的检测业务的复杂性，对检测人员的专业性要求就会提高。它们在放大检测信号的过程中会造成污染，影响干预率的检测。研究人员使用生物传感器对样品进行测试以防止出现此问题，并结合半导体技术、纳米技术等提高灵敏度；此外，微芯片技术和生物芯片组的密度限制了该技术的使用，但所有阻碍该技术发展的障碍都会逐渐克服，成为更广泛的生物发现技术。

2.4.5 其他生物检测技术应用前景

2.4.5.1 电子鼻

电子鼻又称气味扫描仪，是20世纪末发展起来的一种食品快速检测的新开发仪器。它以集成整合的特定传感器搭配智能化的模式识别系统快速提供被测样品的整体信息，指示样品的相关特征。

电子鼻的主要设计原理是模拟动物的嗅觉器官工作原理，以分析化学、人工智能的新技术来实现。目前主要处于研发阶段，因为不同动物们的嗅觉原理还没有全部搞清楚。但是随着科技的发展，其研发的必要性和先进性正逐渐体现，比如德国汉堡大学开发的应用广泛的电子鼻，是当今世界的传感器领域中的翘楚。

2.4.5.2 电子舌

电子舌是通过先进技术手段模拟人的舌头对食物的感知方式而检测对

待测样品，并将多种传感原理获取的各种检测数据进行识别、分析、判断，再经专业用多元统计数据分析软件和程序科学处理，进而获得人们感兴趣的食品检测结果和特性，辅助食品安全管理的新型生物检测技术。其本质是一种利用多传感阵列为基础，感知样品的整体特征响应信号，对样品进行模拟识别和定量定性分析的一种检测技术。

电子舌一般可用于溶液成分分析，它由一组可适用于液态下组分之间可相互反应的由非特异性、低选择性的化学传感器阵列组成，且为传感器设计集成专用的数据智能化矫正、处理分析专用软件程序。电子舌主要的结构与以模仿哺乳动物的味觉感受系统为目标，在技术和设备上以交叉敏感的化学传感器阵列模拟人舌不同味觉细胞对各种味觉物质的感知过程模式，再以集成的计算机数据处理体系模拟大脑认知处理信息的过程和模式，从而完成检测以及结果输出。电子舌主要包括（1）自动化加样系统装置；（2）电化学（生物）传感器列阵；（3）用于感知检测传感器信号变化仪器和电路组成；（4）数据处理算法和软件四部分，可用于食品中味觉成分的评价：甜、咸、苦、酸、鲜等。因此，电子舌也称为智能味觉仿生系统，是一类新型的分析检测仪器。电子舌系统已经在食品检测中得到了应用，比如果蔬或肉制品新鲜度检测、加工食品或原料味觉评价以及食品工业相关重金属、毒素检测等诸多方面。

2.4.5.3 人脸识别与指纹识别等生物识别技术

人脸识别，是以人的面部特征信息通过图像特征采集处理、生物特性鉴别而识别目标身份的一种生物识别技术。该技术主要使用具有高度辨别性的摄像机或摄像头采集含有识别对象面部的图像或视频流，并通过特定信息处理方法自动在图像中检测和跟踪人脸，进而识别目标面部特征并作出判断的一系列相关技术，也称人像识别、面部识别。该技术的应用日趋广泛，其使用对于规范食品相关从业人员执行安全、规范的生产过程，减少生产环境污染具有积极意义。

而指纹识别狭义是将识别对象的指纹进行采集以及分类比对，进而判别其与记录的同一性，当下已作为成熟的生物体特征识别技术之一广泛进入了我们生产生活的众多领域。政府、军队、银行、社会福利保障、电子商务、安全防务等领域均离不开此类技术。例如在银行系统中使用的"虹膜识别系统"、指纹识别门禁等，而通过集成生物感知技术提升对活体进行身份识别、降低指纹仿制方面的技术创新使其应用过程中的安全性和可靠性进一步提高，进而进一步扩展了该技术的使用进一步结合其他生物特性（例如虹膜、声纹、静等）、提升生物识别技术的特异性、高效性以及安全性，将是面部识别、指纹识别技术发展的重要方向之一，而便携化和信息网络化及时共享是其普及发展的助力。

第二章

食品检验工作的意义和工作流程

1 食品检验工作的意义

在物质水平不断提高的今天，人们的生活质量显著提高，对食品安全和健康的重视达到了前所未有的水平。一方面，认知的觉醒影响着身体健康的人的生活；另一方面，不良公司和商家习惯于使用农药和化肥进行种植以增加利润。消费者在选择心仪的加工食品时，对于产品标签和政府管理机构所出具的相关质量检测报告愈加重视，从而增加了食品安全检测的种类和时效性需求，因而主要依赖于实验室技术手段的检测是保证食品加工质量必不可少的环节和重要手段。

我国加入世界贸易组织以来，国际贸易数额和种类频繁增长，而在农产品、食品贸易领域采用一些严格制定的安全管理条件壁垒，是各国常用的对于国内产品市场的保护形式。近年来有不少关于我国食品被进口国以各种理由拒绝交易或者国外农产品退回交易的报道，为了解决类似的农产品或食品贸易种所呈现出来的各种问题，需要依赖于改进检测技术的不足之处，也需要进一步完善适合我国当前国情特色的加工食品原料及产品的科学化监督、检验工作程序和系统，从而形成具有特色的食品安全管理体系。

随着食品安全卫生指标检测限值的逐步降低，对检测方法的要求越来越高，相关的调查和检测应以高科技、快速检测、便携以及检测结果的数据共享为基础。因此，统筹食品加工企业以及各级政府食品安全管理部门的职责和特色、建立系统的食品检验机构并适当推进逐步社会化，合理充分的布局各种特色化的食品安全检测实验室以保障检验的质量以及可信度，加强食品安全检验的技术储备和人才储备，是提高我国食品检验总体能力的重要举措。

综上所述，食品及其制造工业所涉及的社会经济以及技术方面的问题正在层出不穷地一一展现，人们对于食品质量和安全的关注不断增加的同时，越来越多的安全隐患又由于各种原材料生产种植、食品加工工艺、技术、仪器的创新使用涌现（比如使用一些食品添加剂或者其他农药、化肥等）。因此，保障人们的身体健康、提高人们的身心素质，就需要依赖科学技术的发展应用在这方面的不可替代的作用。可以认为，如果没有新技术的新突破，中国的粮食、食品安全问题会越来越严重，就会发出警告信号，面临严峻考验。

1.1 食品安全及其重要性

1.1.1 保障食品安全是人类赖以生存和社会发展的基础

食品安全问题与人民的日常生活一日三餐息息相关，更关系着国家的稳定与安全。近年来，各种媒介曾经报道过的阜阳毒奶粉、广州毒酒、湖南黄花菜，以及一些具有地方特色的加工食品等，甚至一些特定的食品加工添加剂或原材料所引起的食品安全事件，为社会、经济贸易带来了重大的影响。特别是与广大婴幼儿健康成长、中老年人生命质量保障关系密切的乳品行业三聚氰胺污染事件，愈加增加了广大人民对食品安全问题的关注度，使食品安全与质量控制成为食品相关行业各界关注的焦点。

然而，我们更应当透过三聚氰胺事件的现象表面，对当前我国食品安全在发展中存在问题的根源深入剖析，总结惨痛的教训，进而快速主动地拿出有效的解决方案，促进我国食品安全管理体系的科学创建和检测技术的创新发展，研究总结出科学的措施以应对这一挑战。具体包括其一是食品中病原体、农药、兽药、化学污染物的快速、高效检测技术与设备仪器保障方法问题；其二是提高不同层级食品安全检测机构的实验室条件和人员水平问题；其三是科研成果转化为生产力问题；其四是食品安全保障体系标准的修订完善问题；其五是食品加工与生产所有环节内部监控与外部监督的方式问题。这些问题均对于食品的质量和安全能够产生直接的影响，因而值得人们的持续关注。

传统的食品测试使用多种测试方法，包括物理、化学和仪器，虽然这些检测方法研究食品，但这些方法存在一些局限性。为提高食品检验水平，相关部门相继尝试引入各种生物检测技术，它们的主要应用原理来源于我们日常生活中可接触到的一些动植物生命现象，所以相对于一些化学反应器，一些生物材料中所含有的生化物质可能起到一定的检测功能，它们具体的认知功能则往往需要通过其他的化学和物理性质变化来作为可感知信号来体现。换句话来说，也就是生物检测技术比其他化学或物理原理的检测技术表现更灵敏一些。此外，使用生物筛选技术检测食品污染物更有效。在目前的情况下，与其他一些检测方法相比，食品控制部门愿意使用强大的研究和高选择性的生物检测鉴别技术。

人类赖以生存的食物来自自然界中的动植物，它们加工食物并从中提取营养以挽救生命。生物研究技术与生物信息的特点具有很强的相似性，而正是这些相似性构成了生物研究技术在食品研究中实施的基础。

现在，食品安全对人们的健康构成了重大威胁。粮食安全问题不仅关乎人的生命安全，而且关系到国家经济发展的整体，已经成为能够影响国民经济整体上稳定、健康和可持续发展的重要因素之一。因此，我们应当在认识到食品安全问题与社会主义市场经济发展的重要关联前提下，保障食品工业安全、稳定的创新和发展。

1.1.2 保障食品安全是一项重大的民生工程

食物为人体提供重要的营养。如果出现食品安全问题，势必会对人类健康和生活产生直接或间接的影响。粮食安全事关国计民生，事关"民心工程"，事关经济发展和社会稳定。保障食品安全是一项复杂的系统工程，从不同种类食品原料和加工制品的生产到流通，每一个环节都需要针对性地进行政策法规、技术规范等方面的多重把关；涉及从政府到企业，再到消费者的不同环节，几乎所有家庭和每一个人都必须参与进来。

食品安全还与社会公共安全利益、国家和社会稳定发展的重大战略问题紧密相关，当人民的生活水平不断提高时，公众对于食品的生产、加工、消费的安全意识也明显增强。公民会自觉地关注和参与到安全生产食品相关的实践、管理、应用推广中，助益食品工业相关的产值增长，改善民生。

近年来，危害人民群众身体健康和安全的食品安全事故频发，并且在一定程度上引发了公众对食品安全的恐慌，对现有国家和社会的稳定和经济的稳定产生了负面影响。好品质的发展产生了巨大的影响，充分说明食品安全已经成为人们最担忧、最直接、最现实的问题之一。

食品安全是人命关天的大事，须切实加强监管。近年来在北京召开的中央农村工作会议指出【水产品质量安全可追溯治理研究 郑建明著-《上海：上海交通大学出版社》-2017-01-05】，能不能在食品安全上给老百姓一个满意的交代，是对执政能力的重大考验，食品安全是"管"出来的。随着人们对健康生活越来越希冀，各个年龄、各个社会阶层的人们对食品安全加强监督的呼声也越来越高。食品安全关系着人们的一日三餐，也对人们的健康产生直接的影响，因而其不仅是单纯的经济问题，更是一个关乎稳定大局的政治问题。它如试金石般考验着各级政府和职能部门相关从业人员和领导者的良心，以及治理和监督能力。创新工作思路，迅速创新和改变当前食品安全监管的形势，满足人民群众对于食品安全保障的需求是各级政府和监管部门对"以人为本，执政为民"理念的贯彻实践。

除中央会议外，在历年中央一号文件中也多次涉及食品安全问题，如2015年有七处提到食品安全，涉及标准化生产、食品安全监管能力、地方政府法定职责、生产经营者主体责任等到全程可追溯的食品安全信息平台建设等方面。2016年则侧重于对实施食品安全战略，强化食品安全责任制等政策法规的建设完善方面，凸显了中央对食品安全问题进行综合治理的决心。2021年的文件则提出很多比较具体的硬举措，涉及多个相关管理和职能部门，从中央层面上体现和倡导发展食品安全管理工作的分工与合作并举的策略。具体包括发展绿色农产品、有机农产品和地理标志农产品，试行食用农产品达标合格证制度，推进国家农产品质量安全县创建；加强育种领域知识产权保护；深入推进农业结构调整，推动品种培优、品质提升、品牌打造和标准化生产；等等。

因此，确保日常食品的安全，成为衡量社会文明程度的重要标准，保障食品安全，意义重大而深远。市场经济下企业所生产的产品具有鲜明的商品属性，其目的是用于交换的，而交换的前提是对于商品商业价值的保障，依托先进的食品安全检测技术及管理体系，对加工食品的产品品质进行规范和确证，减少和避免见利忘义、损人利己、以假充真、以次充好等丑恶现象，对于促进商海无涯"信"作舟的诚信体系构建、保障市场的健康稳定具有重要的意义。

1.1.3 保障食品安全的首要屏障是生产过程质量管理

食品是随着社会的发展而产生的凝结了人类智慧的先进产品，其最主要的特征是经过了人类劳动的加工和处理。而食品生产的加工处理过程中也会由于认为的劳动操作过程而带来一定的外源污染或其他安全质量问题，因而需要倚赖于加工过程管理中的各种食品检验操作，它是食品企业质量管理体系的重要组成部分之一，内容丰富。

《食品安全法》规定【食品安全的焦点问题及其解决——《中华人民共和国食品安全法》要点解读. 王月明. 《北方经济》. 2009-07-04】食品、食品添加剂和食品相关产品的生产者，应当依照食品安全标准对所生产的食品、食品添加剂和食品相关产品进行检验，检验合格后方可出厂或者销售。出厂前的检验工作是食品生产的最后一道工序，也是食品生产者可以控制的最后一个检验点，而监管部门的监管只能是作为一种辅助管理手段，只有当每个食品生产经营者能够真正承担起相应的主体责任，主动管控食品安全的关键项目和过程，食品安全才有保障。而如果食品企业不严格控制产品质量，将不符合标准的食品流入市场，就会对企业的声誉产生较大的影响，并损害消费者的健康，进而使消费者和企业均处于危险之中。企业作为食品安全的第一责任人，有责任和义务检查自己的产品，确保其合格、安全性，食品出厂前加工企业对于产品的检验是食品安全的第一道重要屏障。

食品企业的检验人员作为产品质量安全把关第一道屏障的实际执行者，可通过物理的、化学的和其他科学技术手段和方法进行观察、试验、测量后所提供的客观证据，规定要求已经得到满足的认定，其自身业务水平和责任心对于食品安全的保障具有重要的促进，应当保障检测技术人员在学好基础知识的同时不断提高检验检测的实际操作能力，保证检测结果的准确可靠，进而完善食品的验证，为消费者提供安全的加工食品。

1.1.4 保障食品安全及食品检验工作有助于国家安定与和谐

食品安全问题引发社会轰动，地沟油、苏丹红、奶粉污染等多起食品事故频发。人们逐渐将食品安全因素考虑在内，也因此高效率地推动了食品检验工作。通过多种新技术、方法、材料的应用，提高食品检验的技术水平，做好食品检验工作，建立健全高效、稳定、快速的食品检验技术体系，充分发挥对社会和国家的重要作用，是我国当前食品安全管理发展的重要内容。

依赖于政府相关职能部门的食品监管工作是衡量食品安全是否达到社会需求、监测和管理食品安全的主要标准。食物是人类生存的基础，是社会发展的源泉。食品安全是社会建设主要问题，没有粮食安全，就不可能有和谐社会。如果一个国家的人民不能吃到健康无害的食物，又怕吃到的食物有毒或有掺假，那么大家都会生活得胆战心惊，整个社会就会处于动荡不安的状态。如果国家不持续进行食品控制工作，就会经常发生潜在的食品危害和食品造假。那么人们对国家的信任就会大打折扣，人们将不再相信政府可以提供更好的生活环境。随着粮食危机的逐渐恶化，人们也可能对政府和国家产生不满和怀疑，从而导致一些破坏社会和国家稳定的极端行为（如一些人为投毒案件的发生）。因此，通过食品检验技术对食品安全进行科学管理，营造安全健康的食品消费环境，有助于使每个人保持良好的心情和健康的生活，形成安定和谐的社会氛围。

1.1.5 保障食品安全有利于企业持续发展和国家的繁荣进步

食品监管工作在食品工业中占有重要地位，在食品生产、流通和贸易的各个阶段都发挥着重要作用。食品检验工作确保食品质量达到一定标准，提高整个行业的发展水平。食品检验工作不仅影响消费者的选择习惯，也影响企业的成长和发展。食品检验部门采用先进的检验手段和先进的检验设备，检查食品的成分、标准和质量是否符合要求，并提出改进建议。调查部门发送调查结果和改进计划，为相关的食品企业发展做监督。

公司以此为基础，提高食品质量，改进不合理方法，生产更符合食品检验标准的产品。这不仅可以提高公司食品的质量，还可以增加产品的核心竞争力，进而打开更广阔的消费市场，提高公司的经营效率。因此，做好食品检验工作，有利于食品相关企业的长远发展进步。

做好食品检验工作，可以促进国家繁荣进步。做好食品检验工作，可以保证食品生产活动更加有序地开展，高效的食品检验工作将提高国家的食品监管和供给能力，及时而深刻地理解食品的发展现状。针对食品发展的实际情况，国家可以利用这些条件，以及本国的具体情况，做出科学有效的政治决策，从而协助政府进行适当的调整和控制。我们将进一步提高市场和我国粮食生产的质量。如果国家把食品检验工作做好，对其他方面的工作也会产生有益的影响。毕竟，人们以食物为一切活动的基础，国家以人民为中心。这就是为什么食物对于一个国家的繁荣非常重要。只有做好食品检验工作，国家才能得到更进一步的兴旺发达。

1.1.6 保障食品安全有利于预防各种食源性疾病和人们身体健康

食物是人们正常生命进行新陈代谢所依赖的重要物质和能量资源，是人们进行一系列正常的生产和学习活动的基础，在人们的日常生活中必不可少。因此，食物的质量和安全食品对保持和维护人们身体和心理的健康具有重要的意义，并且成为政府管理者和人民密切关注的热切话题之一。做好食品检验检疫工作有利于预防由食物受到各种污染和影响而引发的疾病，从而减少和阻止公民受到不必要的健康损害，从而保障国民的良好身体素质。然而，由于食品检验技术和范围的不足，以及一些亟待完善的食品安全保障体系的创新，使得近年来所报道的我国食品安全问题仍保持着一定的数量和热度，同时促使食品安全也日益成为社会公民所关注的热点之一。食品安全管理最直接的倚赖就是广泛分布于各企业、各相关科研机构、各级政府食品质量管理部门的专业化食品营养卫生检验实验室，其检验技术原理、人员技能的提高对于提高食品的安全系数和质量水平具有重要意义。进入流通领域的食品，应当是能够通过各种严格的检验和管理，对于消费者而言具有较高安全系数和质量水平高的加工食品，消费者可以按照自己的各种需求参考各种检验结果和食品营养标签自由地选购所需的食品，从而才能够有利于保障正常的社会经济秩序、保障和促进人民大众身体和心理的健康发展。

食品安全检测离不开技术上的发展与应用。控制食品安全的重要途径体现在检测技术上，没有检测技术，就无法确定食品是否安全。因此，关键问题是食品安全，预防和控制食源性疾病的发生，我们想知道哪些疾病与食品中的某些危险因素有关，没有必要的检测技术就很难找到这个秘密。同时，检测和监控过程也是对现行食品安全标准的验证。检测和监测技术也可以用来对一些现有食品安全管理标准的适用性和可行性进行"与时俱进"的发展目标评价，从而进一步完善和改进相关标准，最大限度地保证食品安全，满足各种场合的食品安全监督管理需求。

1.1.7 保障食品安全有利于自然的生态协调

我们赖以生存的各种食物是属于大自然的恩赐，大多数都是在自然环境中生长的，无论是谷物、肉类还是蔬菜都是如此。就算是温室中人工种植的植物与养殖的动物，也要创造符合的自然环境。所以食物与大自然息息相关。如果出现严重的食物问题，自然会受到影响。像是鸡鸭激素、水稻突变、鱼类避孕药等事故都会对生态系统造成严重破坏，而人类是生态系统的重要组成部分。作为粮食危机的一部分，它们影响了我们的健康，甚至导致了一些严重的疾病。病毒的传播影响到所有生物，做好食品检验工作有利于自然生态适应，促进自然和谐发展，保护脆弱的生态系统。

其次，要关注食品安全内在问题。食品安全问题多源于农药、兽药残留中毒和致病菌对人的侵害。应认识到农药、兽药残留的潜在危害性，可使人体产生抗药性；还应认识到人们在生产中使用添加剂原料不当和对生活废弃物处理不当时，对食品、加工原料及饲料的污染和潜在危害；人们对食品安全的认识和对自身健康的关注是持续的、无止境的，所以对那些能引起或造成健康危害的有毒有害污染、残留物的特异性、高效率检测方法和技术的要求也形成了日新月异、与时俱进的需求变化。

近几年来，随着化学工业发展成果的积累，各种化肥、农药、兽药的使用量不断增加，以及转基因工程技术、细胞工程技术等生物技术的应用，虽然在提高食物和食品原料产量方面具有很大的积极意义，丰富了人们生活中的饮食选择。但另外也导致了食品或原料中的各种化学污染物残留、食源性有害微生物种类和性质变化等多种区别于传统的新兴食品安全问题的涌现，使食品安全问题持续性地成为公共卫生领域的突出问题。食品安全检测技术及预警追溯体系的建立，已成为当前各国加强食品安全保障体系的重要内容。而要从根本上寻求解决食品安全问题的出路，就需要从食品生产的全过程入手，对食品从原材料的种植、养殖、捕捞等开始，贯穿食品生产、加工、流通、销售的全过程实行全程追踪和监控。分析和测试技术方面要满足这种需求，更需要全社会各个领域的共同发展和提高，从而提供快速、灵敏、准确和实用的食品安全检测技术、设备、人员，或其他方面的有力支持，从而分担义务和技术方面的要求。事实上，食品安全监测管理体系应当是涉及每一个公民共同为之服务的一种全民管理的设想和实践，只要每个人都参与其中积极开展餐厨资源的相关力所能及的检测与控制研究，对于保障食品安全、保护和保障公众健康具有重要意义。

1.2　食品安全的重要保障措施

食品安全工作的重点在于通过采取一系列积极行动防患于未然，将食品安全的各种隐患通过积极的预案构建、先进的检测技术研发推广、具有熟练技能和高度责任感的相关从业人员培训等进行合理的施行，以保障人民群众的饮食安全。此外，还应形成一定的应对突发食品安全事件的应急管控力量，尽可能保障能够做到针对一些较常见类型的食品安全突发状况时，要有快速有效的管理和应对措施。只有做到食品安全相关事务的预防和管控两手抓，并且两手都要硬，才能真正体现出食品安全规范管理的作用，确保各种食品从农田到餐桌的安全性。

随着数据信息处理技术以及网络技术在各个领域的广泛应用，基于各种大中小型计算机和网络的相关数据处理和信息的即时通信和共享现使得食品安全管理方面获得了许多便利的实践机遇，从而更好地服务于公民所关注的食品安全问题。越来越多食品生产过程以及相关传统或新兴技术测试分析获得的数据可以从商品所携带的特异性生物信息或标签中分析、追溯出来，并形成一些新的数据，进而通过结合、分析、应用等方式，为食品安全管理和消费者流通选购此类商品提供参考。从某种意义上说，当前高度发展的计算机、信息网络技术为食品安全的规范管理提供了前所未有的软、硬件支撑，有利于提高食品筛选的效率和质量，并且具有更显著的环保无污染优势，助力于实践建设绿色社会的战略构想。

目前我国食品安全管理中对于相关的快速检测技术及仪器的需求仍然非常迫切，这些新技术对于当前发展迅速的计算机数据处理、智能化识别、纳米技术等新兴事物的依赖和整合力度大大加大，因而在改善自身检测性能的同时，也更有利于上述的食品安全管理信息共享体系的建立和实现。快速检测技术及仪器对食品进行检验时一般都具有快速、便捷的优势，几乎可以用于食品加工生产的全部程序，包括原辅材料检验、加工、生产过程监督、产品品质评价、新产品技术的研发等领域，其所具有经济效益和社会效益，相比于传统的化学检验或物理检验手段来说更具优势，该类技术的创新使用能够形成针对食品制造过程中使用劣质原料，添加有毒物质、超量使用食品添加剂、滥用非食品加工用化学添加剂、销售加工转基因食品等食品安全危害现象进行针对性的有效监测和管理。以动物性食品为例，兽药残留是其主要的安全威胁之一，尤其对于常用抗生素残留的检测控制方法是迫切需要解决的关键。免疫生物传感器作为一种代表性的生物检测技术，可有助于实现分析物快速检测，有利于解决食品安全中的科技"瓶颈"。

1.2.1 加快构建食品安全预警系统

21世纪以来，随着食品工业、社会政治经济的大环境发展，如何在快节奏、城镇化的生活种快速、便捷、安全的供应各种加工程度和特色的食品，已经成为食品行业和全社会所面临的一个主要挑战。对于将食品供应过程中潜在的安全问题风险降到最低，需要一个快速的食品安全预警系统对提供重要的保障作用。我国食品安全预警工作是新近才开始开展的，因而现阶段还没有形成一定的完整有效的食品及农产品安全风险管控应对的预警系统。

在食品和农产品预警体系建设过程中，加强全食物链一体化管理的主导思想建设，强调系统性和协调性，兼顾食物链的各个环节，并通过它整合质量控制和安全控制的概念。而在食品安全的管理领域引入风险预警和管控的理念，主要目的是强调预防的重要性，从而在加强相应食品、农产品的生产和加工过程的安全隐患分析、监测、管控方面达到更加有针对性管理的实践目标，同时充分分析各种问题可能造成的危害特征和程度，构建安全预警和快速反应设计，进而实现对潜在风险管理。在实际建设中，应当确保对风险判定数据的科学分析和信息交流咨询系统能够独立、有效发挥作用，提高信息收集的客观性和准确性，进而通过有效的风险沟通，确保透明度和管理决策效率，提高消费者对食品安全管理的信心。

1.2.2 建立完善的食品安全监管体系和食品安全溯源管理体系

从现阶段的情况来看，鉴于全球范围内关于食品安全的广泛关注，世界各国大多已经根据各自国情通过立法建立了不同类型但行之有效的食品安全监管机构体系。美国食品被认为是世界上最安全的食品之一，民众对食品放心度普遍较高。美国实行的是一套立法、执法、司法三权分立的食品安全管理体系，主要包括①美国国会和各州议会作为立法机构，负责制定并颁布与食品安全相关的法令；②由美国农业部（USDA）、美国食品药品管理局（FDA）、美国环境保护署（EPA）组成执法部门，并以国会授权为准制定、修改和补充相关法令的实施细则；③美国司法部门则负责对强制执法部门的一些监督工作以及就食品安全法规引发的争端给予公正的审判。此外，联合国粮农组织、食品法典委员会等国际组织和机构也对食品安全具有指导和管理规范的相关条文。

在食品安全体系中，HACCP 是一个非常重要的组成内容，它可以清楚地识别对用户的潜在危害，设定有效的安全阈值，并为潜在危害的预防和控制制订适当的计划，它也是食品安全溯源管理体系的重要组成，便于尽可能减少风险的风险管理实现。

食品追溯体系是指通过一系列的管理和操作，使得食品生产加工的各个阶段，均能够在投入市场流通的食品相关标签或质量报告中得到体现，便于食品生产经营者应承担食品和织物跟踪系统设计的主要责任，食品质量安全跟踪和反向跟踪和风险控制。如果出现质量保证问题，可以召回产品，查明原因并检查责任。切实落实质量安全主体责任，确保食品质量安全。建立食品生产经营食品安全基本监测制度，全程记录质量安全信息。

1.2.3 加快建立食品安全政策法规及监管机构

对于食品安全管理体系的构建而言，关键是需要依据特色国情进行相关方面的立法，做到"有法可依"并结合自身特色形成对于立法的监督和管理。仍然以美国为例，其食品安全主要法律法规来源于两个方面：一是通过议会制定的法案（《美国法典》中规范相关律法），此部分内容共有27章，2252个小节；二是由议会授权的专门权力机构制定一些具有法律效力的规则和命令，如政府行政当局颁布的法规，例如《联邦食品、药品和化妆品法》《联邦杀虫剂、杀真菌剂和灭鼠剂法》《食品质量保护法》以及《FDA食品安全现代化法案》等。这些法律法规为美国的食品安全管理体系确立了指导原则以及具体操作标准与程序，使食品质量监督、疾病预防和事故应急都有法可依。

欧盟在立足内部统一管理的条件下，协调各国食品安全监管规则，也陆续制定了《食品安全白皮书》《食品卫生法》《欧盟食品安全卫生制度》等20多部相关法规规范，构成了能够直接或间接地从政府立法角度进行有效规范的强大法律体系。其中《食品安全白皮书》是属于其中最主要的立法。

日本的食品安全管理相关机构主要包括食品安全委员会、厚生劳动省、农林水产省、消费者厅。立法主要包括《食品安全基本法》和《食品卫生法》及其他相关法律法规。现行的食品质量安管监管体制主要依据CODEX风险分析方法，其风险分析主要包括风险管理和风险评估以及风险交流：农林水产省和厚生劳动省共同协作完成风险管理，食品安全委员会完成风险评估，而由3个府省合作完成风险沟通。

为此，食品安全管控应贯穿于食品生产的各个环节、全产业链，只有从管理的具体方面考虑，才能解决系统性问题。因此，食品安全管理必须是从地面到餐桌的所有过程的控制，食品链中的整个过程必须是封闭的、综合的、一体化的。

1.2.4 建立食品随机性抽检法规政策，保障食品质量检验

产品的检验是指通过观察和适当时结合测量和测试进行评估的综合评估。而对于食品，则是指按照政府、行业或企业制定的相关产品标准、检验方法程序对其原材料、加工流程产物、成品等进行观察，做出适当的测

试，以及将获得的性能与确定的值进行比较，技术检查以识别合格和不合格的产品或分组产品。质量检验的几个阶段如下：

(1) 熟悉规定要求，选择检验方法，制定检验规程。

(2) 观察、测量或试验。

(3) 记录。

(4) 比较和判定。

(5) 确认和处置。

1.3 食品安全管理体系的发展

食品安全的基本要求是需要保障相关经营主体生产并流通的食物产品，作为一种商品不仅能够满足无毒无害的基本条件，同时还需达到或符合相关的人体健康和营养需求的标准，更不能含有能够导致任何病种的致病因子、对人们的身体造成任何损伤。2002 年世界卫生组织所发布《世界卫生组织食品安全草案》将食品安全描述为"食物中因含有有毒有害物质而影响人类身体健康的一种公共卫生安全问题"。由此可知，食品安全是涉及原料筛选、产品加工工艺优化、流通、销售等食品制造多个环节的宏观社会问题，也是食品安全管理体系需要从制度、立法等方面提供保障的主要内容。因此，有文献中【天水市食品安全监管体系研究 武云霞-《兰州大学硕士论文》-2018-07-04】将食品安全管理体系定义为，是指为保障食物安全和质量、达到相关安全和营养标准的一系列监督、管理过程；食品安全监管体系包含多项要素，且相互联系、相互影响、相互制约，并构成了这一有机整体。

食品安全监督管理体系应当由各级政府相关管理部门、行业协会、生产企业，甚至广大消费者代表共同参与，形成各级各类法律法规制度、监管组织、监管方式、监管环节等基本要素，各种组织明确分工，并充分利用完善的法律法规制度为监管工作提供指导和参考基础，并实行科学的监管方式和监管流程，从而形成保障食品安全的重要屏障。

目前我国最新使用的食品安全管理体系是 ISO 22000：2018，它是一个关于食品安全管理体系（Food Safety ManagementSystem）的国际标准，涵括了所有消费者和市场的需求，具有快速简化的程序，且无须折中其他质量和食品安全管理体系。它适用于许多行业公司能够充分考虑自身特点的同时，按照最基本的管理要素要求建立基于危害分析和关键控制点（HAC-CP）为原理的食品安全管理体系，从整体上提高食品安全管理体系的效率，协调全球食品安全管理的要求。

2018 年 ISO 22000：2018 的发布在国际上受到广泛认可，被用于对整个供应链的食品安全进行审核和认证。随着信息网络化的建设和发展，在全国标准信息公共服务平台可以查询相关的国家标准。ISO 发布的与食品安全有关的综合标准，主要是病原食品微生物的检验标准，包括食品和饲料微生物检验规则、用于微生物检验的食品和饲料试验样品的制备规则、实验室制备培养基质量保证通则等。其中食品病原微生物的检验标准方法不断更新，已将随微生物、分子生物技术的发展而创新的生物检测技术，例如病原微生物的聚合酶链式反应的定性测定方法载入了标准中。

然而，由于我国存在着地域、城乡经济发展不平衡的现象，使得在实际的食品品质分析检测工作中为了兼顾检测机构的实验条件，往往许多国家或行业标准会给出两种或两种以上的检测方法，而不同部门制定的标准也具有一定差异，造成了关于标准使用方式方面的分歧和纠纷。另外，所制定的一些标准技术也由于水平有限而缺乏系统性，形成标准的应用和实施方面的一些阻碍。例如我国新近制定的国家标准体系中，对于食源性致病菌的鉴定仍然以微生物培养、血清抗体检测等为主。因此结合我国国情实际，改善 ISO 安全管理体系规范的适用性，是提高我国食品安全管理体系效率的有效途径之一。

2 食品检验工作的工作流程

一个完整的食品样品分析过程【食品农产品认证及检验教程 付晓陆，马丽萍，汪少敏，王冬群，周南镝-《杭州：浙江大学出版社，2018.03》-2018-05-06】，从采样开始到写出分析报告，大致分为 4 个步骤：样品采集、样品前处理、分析测定、数据处理与结果报告。统计结果表明，这 4

个步骤中各步所需的时间占全部分析时间的比例分别为样品采集18%，样品前处理61%，分析测定9%，数据处理与结果报告12%。

2.1 食品样品的采集抽样

2.1.1 抽样意义及相关概念

对于食品生产企业来讲，如果想对自己所生产产品的质量进行了解，则在绝大多数情形时，对所有产品菌进行相关质量指标的检验（全检）是不现实的，也是不必要的。因为现阶段食品质量分析所依赖的主要感官和理化分析技术大部分都是建立在对产品进行破坏性取样检验，较长时间处理以及单一项目检验，各种耗费均较大，难以达到对于产品的无损、高通量检测。食品主要是属于"快速消费品"检验的耗时以及对产品的破坏性，使得对其进行质量检测时，一般的方法是从所有被评价的产品中取出一部分产品，通过对所得产品的分析来评价和获得所有产品的性能。抽样食品公司常用的一种节俭实用的产品，质量评估方法。

抽样检验对于食品品质分析检测而言是一种十分必要的手段，其优势显而易见。例如，降低检定成本，节省产品进入消费和使用环节的时间，在具有一定理论依据指导下，能够通过科学的样本获取方法结合对应的统计分析保障结论的可信度，达到用尽可能少地采样数量来尽可能准确地确定评价产品整体质量。抽样是从整批产品中抽取一定数量的具有代表性的产品的过程，是调查分析的第一步。抽样主要的要求是确保采集的样本充分代表总体。否则，在后续的样本处理和测试计算中没有任何价值。适当的取样必须遵循两个原则：第一，所采集的目标产品必须一致和具有代表性从而保障采集样品的代表性，并且可以有利于从总体上反映被测产品的成分、质量和纯度。第二，在采样过程中尽量保持原来的指标，尤其是传播、污染或传播微生物。

如何从检测结果中抽取一小部分样本来代表整箱或食品的总量，可以考虑采用统计抽样的方法来克服人为或不均匀的误差。尽可能多地取样。

制定抽样方案之前应了解几个相关的概念【定量包装商品净含量计量检验规则，（国家计量技术规范 JJF1070-2005）】：

（1）计量检验：根据抽样方案从整批定量包装商品中抽取有限数量的

样品，检验实际含量，并判定该批是否合格的过程。

（2）单位商品：实施检验的商品中待检的包装单位。

（3）检验批（简称批）：接受计量检验的由同一生产者在相同生产条件下生产的一定数量的同种商品或者在销售抽样地点现场存在的同种商品。

（4）批量：检验批包含的单位商品数，用 N 表示。

（5）样本单位：从检验批抽取用于检验的单位商品。

（6）样本：样本单位的全体。

（7）样本量：从检验批中抽取，能够提供检验批是否合格的信息基础的定量商品的数量，用 n 表示。

2.1.2　抽样方法分类

抽样是指从选定的分析对象总体中获得样本的过程，一般按照产品的特性分随机抽样和代表性取样两种方法。随机抽样又可依据所研究总体的特性分为放回式和非放回式两种形式，即按照随机的原则，从大批待检样品中抽取部分样品。为保证样品具有代表性，取样时应当充分发挥随机的意义，从随机选择的不同被测样品、不同被测样品的不同部位分别取样，混合后再作为被检试样。随机抽样可以避免人为倾向因素的影响，但这种方法对难以混合的食品（如蔬菜、黏稠液体、面点等）则达不到效果，必须结合代表性取样。

随机抽样时常需依赖应用数理方法中常用的一些随机化方法来选取样品，以保障在随机选择过程中检测人员必须按照规定的程序和方法在保证总体中的每个样品都有同等被选概率的前提下，获得所需的样品及其组合。若不能保证随机抽样均等抽样概率的前提条件，就需要进行非概率抽样。

代表性取样使用系统抽样进行抽样，即了解抽样位置和时间变化的模式。采样就是按照这个规律进行的，采集的样本可以代表相应断面的组成和质量。就像是分层抽样，按生产程序流水时间抽样、按批次和件数抽样，对单位所列食品进行定期抽样。

2.1.2.1　常用随机抽样方法

（1）简单随机抽样

这种方法要求每个样本的抽样概率相同。首先定义样本集合，然后进行选择。当样本简单或样本采集量较大时，基于该方法的评价会存在一定的不确定性。虽然该方法使用方便，数据分析方法简单，但所选样本可能不能完全代表样本集合。

（2）分层随机抽样

调查对象按照不同的特征进行分组（分组），然后采用这种抽样方法的每个团队有两个原则：随机选择多个分层，每一层的每个团队都有明显的不同，每个人都必须在每一层。应及时记录存储以便从每一层采集的样本可以准确地代表该层。当研究对象的总体中每个个体都有很大的差异时，可以采用这种方法进行抽样，以增加样本的代表性。在这种方法中，从食品分层中采样是随机的，这种方法通过分层降低了错误的概率，但当层与层之间很难清楚地定义时，可能需要复杂的数据分析。

（3）整群抽样

与简单随机抽样和分层随机抽样需要从样本集合中选择单个样本不同，整群抽样是通过抽取样本或组样本达到一次选择一个组样本。当所研究总体需要采样的样本采集处是呈现数量多且分散的状态时，采用整群抽样可以减少时间和成本。这种方法抽样快速，缺点是它可能不能代表整个群体。

（4）系统抽样

这种抽样方法需要先在一个时间段内选取一个开始点，然后按有规律的间隔抽选样品，直到达到所需样本容量。例如，对于某些计件的产品，可以选择从同一批次样品生产开始时采样，然后按一定的间隔采集一次，如每隔 10 个，或者每隔一定时间匀速采集一次。如此即可均匀分布各采样点，使抽样更精确，但如果样品容易受到外界条件影响而有一定周期性变化时，则容易引起抽样的误差，不利于发现生产过程中相关的系统误差产生缘由的影响。

（5）混合抽样

这种抽样方法适用于散装生产食品，需要从各个散放生产的产品中抽取样品，然后将两个或更多的样品组合在一起，以减少样品间的差异。国家已经针对不同的产品发布了多项抽样标准。食品企业一般采用 GB/T2828.1-2012《计数抽样检验程序第一部分：按接收质量限（AQL）检索的逐批检验抽样计划》【GB/T2828.1-2012《计数抽样检验程序第一部分：按接收质量限（AQL）检索的逐批检验抽样计划》】进行。

2.1.2.2　食品性状特征抽样方法

市场上琳琅满目的各种食品种类繁多，它们的分类方法也有许多种，按照食品加工工艺的不同可以分为罐头类食品、焙烤食品、干制品、发酵食品、饮料、乳制品、蛋制品和各种挤压膨化工艺制作的小食品（糖果、饼干类）等。另外，食品的包装材料和类型也很多，有散装（粮食、食糖）、盒装，还有袋装（糖果）、桶装（蜂蜜、酒等）、马口铁听装（肉类罐头等）、木箱或瓶装（酒和饮料类）等。不同种类食品的抽样类型也不一样，依据加工工艺和产品特性可分为成品样品，半成品样品，以及原料类型样品等。尽管商品的种类、包装形式、加工工艺等具有差异，但对于采样，都需要保障所选的样品一定要具有代表性，要能代表该类型产品全部或整个批次的样品结果。对于各种食品，抽样方法中应当有明确的采样数量和方法说明【食品农产品认证及检验教程 付晓陆，马丽萍，汪少敏，王冬群，周南镶-《杭州：浙江大学出版社，2018.03》】，具体可参考如下介绍:。

（1）颗粒状样品（粮食、粉状食品）

对于这些样品抽样时应从某个角落，上、中、下各取一类，然后混合，用四分法得平均样品。如粮食、粉状食品等均匀固体物料，按照不同批次抽样，同一批次的样品按照抽样点数确定具体抽样的袋（桶、包）数，用回转取样管，插入每一袋的上、中、下三个部位，分别抽样并混合在一起。

（2）半固体样品（如蜂蜜、稀奶油）

对桶（缸、罐）装样品，确定抽样桶数后，用虹吸法分上、中、下三层分别取样，混合后再分取、缩减得到所需数量的平均样品。

（3）液体样品

液体样品先混合均匀，分层取样，每层取 500mL~1L 装入瓶中混匀到平均样品。

（4）小包装的样品

对于小包装的样品是连同包装一起取样（如罐头、奶粉等），一般按生产班次取样，取样比为 1：3000，尾数超过 1000 的取 1 罐。但是每天每个品种取样数不得少于 3 罐。

小包装产品：当每包样品重量小于 2kg 且样品较多时，按下式确定取样包数，总取样量不少于 2kg：

$$S=\sqrt{n}$$

式中：S 为取样包数；n 为样品总包数。

(5) 鱼、肉、果蔬等组成不均匀的固体样品

不均匀的固体样品（如肉、鱼、果蔬等）类，根据检验的目的，可对各个部分分别采样，经过组织破碎后混合成为平均样品。此外所采集样品的类型和数量要求还应当符合食品检验的项目和目标，例如若以分析水体对鱼的污染程度为目标，只取水中生长特征动物的内脏即可，此外还应当注意这类养殖生物类食品的本身各部位极不均匀，个体大小及成熟度差异大，更应该注意取样的代表性。

小鱼可以取多种样品，混合均匀，然后根据需要切碎；对于较大的鱼，可以将几个个体的少量可食用成分切碎后混合，进行减少与缩小。水果和蔬菜可以先去皮食用，随机挑选葡萄等小果蔬，切匀后减至所需量。对于西红柿、鸡蛋、冬瓜、苹果、西瓜等大型水果和蔬菜，根据个体的大小选择几个个体，每个个体都做自己的样本。采样方法将每个生长轴长期划分为 4 个部分，对角取 2 个部分，将它们混合在一起，用来减少内部差异。对于品种繁多的油菜籽、包菜、大白菜等不需要特殊分析其各品种差异的农产品，则需要大批量（包、篮）混合，取平均样品。包装食品（罐头、瓶装饮料、奶粉等）可按照批号从出厂成品中与对应包装一起散装收集。如果是在小包装外部需要以另外的大包装进行流通时，可以按生产和市场规模比例抽取一个特定的大包装，然后从中抽取小包装，按采样所需的量混合使用。不同食品的取样量和取样方法，如有具体规定，可采用。

2.1.3 抽样的数量要求

食品检测结果的准确性与抽样有密切关系，根据检测项目、食品的种类包装不同来确定抽样量，既要满足检测项目要求，又要满足产品确认及复检的需要量。

理化检测用样品抽样数量，总量较大的食品可按 0.5%~2% 比例抽样；小数量食品，抽样量约为总量的 1/10；包装固体样品>250g 包装的，取样件数不少于 3 件；<250g 包装的不少于 6 件。罐头食品或其他小包装食品，一般取样量为 3 件，若在生产线上流动取样，则一般每批抽样 3~4 次，每次抽样 50g，每生产班次取样数不少于 1 件，班后取样基数不少于 3 件；各种小包装食品（指每包 500g 以下），均可按照每一生产班次或同一批号的产品，随机抽取原包装食品 2~4 件。

肉类采取一定重量作为一份样品，肉、肉制品 100g/份左右；蛋、蛋制品每份不少于 200g；鱼类采集完整个体，大鱼（0.5kg 左右）3 条/份，小鱼（虾）可取混合样本，0.5kg/份左右。

2.1.4　抽样注意事项

（1）取样所用工具应清洁、干燥、无异味，不得给样品带来有害物质。用于微生物检测的样品必须按照无菌程序进行检测，以避免样品受到污染和给出错误结果。

（2）确保样品的初始微生物条件和理化参数不变，检测前无污染和结构变化。

（3）取样后，应尽快送实验室进行分析检验，以保留原有的理化、微生物、有害物质等，不污染、不降解或变质等现象的出现。

（4）应在样品上注明样品名称、取样点、日期、批号、方法、编号和样品的采样人等信息内容。

2.1.5　农产品抽样实用方法

普通产品的样品应选择能销售的产品，不成熟的产品或滞销的产品通常不抽样放置。例如，蔬菜样品应在蔬菜成熟期间或蔬菜上市前放置；对于水产品，必须对能够上市销售的产品进行抽样。

2.1.5.1　蔬菜

（1）抽样时间：抽样时间要根据不同品种作物在其种植区域的成熟期来确定，蔬菜抽样应安排在成熟期或即将上市前进行。抽样时间应选在晴天上午的 9~11 时或者下午 15~17 时，雨后不宜抽样。

（2）抽样量：一般每个样品抽样量不低于 3kg，单个个体超过 500g 的（如甘蓝、花椰菜、生菜、西葫芦和大白菜等）取 3~5 个个体。

(3) 抽样方式：每个抽样单元内根据实际情况按对角线法、梅花点法、棋盘式法、蛇形法等方法采取样品，每个抽样单元内抽样点不应少于5点，随机抽取该范围内的蔬菜作为检验用样品。

(4) 抽样部位：搭架引蔓的蔬菜，均取中段果实；叶菜类蔬菜去掉外帮；根茎类蔬菜和薯类蔬菜取可食部分。

2.1.5.2 粮油作物

(1) 抽样时间：抽样一般应在被抽查地块收割前的3d内进行，抽查作物应与全部作物的成熟度尽量保持一致。

(2) 抽样量：根据生产基地的地形、地势及作物的分布情况合理布设采样点，原则上选用对角线采样法，抽样点不少于5个。每个抽样点的抽样量按（表2-1）规定标准确定。该抽样量指植株被收割部分的现场称重，除可食部分外，还包括秸秆、豆荚、皮壳等不可食部分。

表2-1 食品作物生产基地抽样标准

产量（kg/hm²）	抽样量（kg）
<7500	150
7500~15000	300
>15000	按公顷产量的2%比例抽取

(3) 抽样方法：1. 散积采样法：分区设点。每区面积不超过50平方米，各区设中点、4角5个点，区数在2个以上交界线上的2点为共同点（即2个区共8个点，3区共11个点，以此类推），粮堆边缘的点设在距边缘50厘米处；2. 包装采样法：（1）中、小粒粮食与油料采样包数不少于总包数的5%；小麦粉和其他粉类采样包数不少于总包数的3%。（2）特大粒粮食、油料（如花生果仁、葵花子、大蚕豆、甘薯片等）取样包数：200包以下的取样不少于10包；200包以上的每增加100包增取1包。

2.1.5.3 散装谷物产品

(1) 分区：根据抽样单位的面积大小，分若干方块，每块为一个区，每区面积不超过50m²。

（2）设点：每区设中心、四角共5个点，区数在两个以上时，两区分界线上的两个点为共有点。边缘点距墙50cm。

（3）分层：粮堆高度在2~3m时，分上、中、下三层，上层在粮面下10~20cm处，下层在距地面20cm处，中层在中间。堆高在3~5m时，应分四层。堆高在2m以下或5m以上时，可视具体情况酌减或酌增抽样层数。

（4）抽样：按区按点，先上后下逐点取样。各点取样数量一致，不得少于2kg。将各点取样充分混合并缩分至满足检验需要的样品量。

2.1.5.4 包装产品

中小粒样品一个抽样单位代表的数量一般不超过200t，特大粒样品一个抽样单位代表的数量一般不超过50t。小麦粉等粉状样品，抽样包数不少于总包数的3%，中小粒样品抽样包数不少于总包数的5%。

抽样时按样品堆放方式均匀设点，每包取样不少于2kg。将各点取样充分混合并缩分至满足检验需要的样品量（表2-2）。

表2-2 散装产品抽样货物的取样标准

批量货物的重量（kg）或件数	抽检货物总量（kg）或总件数
≤200	10
201~500	20
501~1000	30
1001~5000	60
>5000	100（最低限度）

2.1.5.5 水果

（1）抽样时间：抽样时间要根据不同品种水果在其种植区域的成熟期来确定，一般选择在全面采收的前3~5d，抽样时间应选择在晴天上午的9~11时或下午的15~17时。

（2）抽样量：根据抽样对象的规模、布局、地形、地势及作物的分布情况合理布设抽样点，抽样点应不少于5个。在每个抽样点内，根据果园的实际情况，按对角线法、棋盘法或蛇行法随机多点抽样。

(3) 抽样方法：乔木果树，在每株果树的树冠外围中部的迎风面和背风面各取一个果实；灌木、藤蔓和草本果树，在树体中部采取一个或一组果实，果实的着生部位、果个大小和成熟度应尽量保持一致。对已采收的抽样对象，以每个果堆、果窖或储藏库为一个抽样点，从产品堆垛的上、中、下三层随机抽取样品。

2.1.5.6 茶园抽样

(1) 抽样量：抽样点通过随机方式确定，每一抽样点应能保证取得 1kg 样品，抽样点数量钱按下列规定确定：<3hm²，设一个抽样点；3~7hm²，设两个抽样点；7~67hm²，每增加 7hm²（不足 7hm² 者按 7hm² 计）增设一个抽样点；>67hm²，每增加 33hm²（不足 33hm² 者按 33hm² 计）增设一个抽样点。在抽样时如发现样品有异常情况时，可酌情增加或扩大抽样点数量。

(2) 抽样步骤：在茶园中，对生长的茶树新梢抽样。以一芽二叶为嫩度标准，随机在抽样点采摘 1kg 鲜叶样品。对多个抽样点抽样，将所抽的原始样品混匀，用四分法逐步缩分至 1kg。鲜叶样品及时干燥，分装 3 份封存，供检验、复验和备查之用。

2.1.5.7 进厂原料抽样：

(1) 抽样量：<50kg，抽样 1kg；50~100kg，抽样 2kg；100~500kg，每增加 50kg（不足 50kg 者按 50kg 计）增抽 1kg；500~1000kg，每增加 100kg（不足 100kg 者按 100kg 计）增抽 1kg；>1000kg，每增加 500kg（不足 500kg 者按 500kg 计）增抽 1kg。在抽样时如发现样品有异常情况时，可酌情增加或扩大抽样数量。

(2) 抽样步骤：对已采摘但尚未进行加工的原料，以随机的方式抽取样品，每一件抽取样品 1kg，对多件抽样，将所抽的原始样品温匀，用四分法逐步缩分至 1kg。样品及时干燥，分装 3 份封存，供检验、复验和备查之用。

2.1.5.8 屠宰场抽样

饲养场以同一养殖场、养殖条件相同、同一天或同一时段生产的产品为一检验批。屠宰场以来源于同一地区、同一养殖场且同一时段被屠宰的动物为一检验批。冷冻（冷藏）库以企业明示的批号为一检验批。

（1）鲜活动物生产制品类

将通过活体养殖动物生产而获得的产品，归纳为此类别。主要包括三种。①蛋：随机在当日的产蛋架上抽样。样品应尽可能覆盖全禽舍，将所得的样品混合后再随机抽取，鸡、鸭、鹅蛋取 50 枚，鹌鹑蛋、鸽蛋取 250 枚。②奶：每批的混合奶经充分搅拌混合后取样，样品量不得低于 8L。③蜂蜜：从每批中随机抽取 10%的蜂群，每一群随机取 1 张未封蜂坯，用分蜜机分离后取 1kg 蜜。

（2）养殖、捕猎获取的动物个体制品类：

主要指通过养殖、捕猎直接获取动物个体后，通过加工而获得肉制食品类。抽样与加工工艺流程、动物特征有关。

在屠宰、分割线上抽样时按照动物产品特征有 3 种情形：①猪肉、牛肉、羊肉的抽样。根据每批胴体数量，确定被抽样胴体数（每批胴体数量低于 50 头时，随机选头~3 头；51~100 头时，随机选 3~5 头；100~200 头时，随机选 5~8 头；超过 200 头，随机选 10 头）。从被确定的每片胴体上，从背部、腿部、臀尖三部位之一的肌肉组织上取样，每片取样 2kg，再混成一份样品，样品总量不得低于 6kg，按（3）封存样品。②猪肝。从每批中随机取 5 个完整的肝脏，封存样品。③鸡、鸭、鹅、兔的抽样。从每批中随机抽取去除内脏后的整只禽（兔胴体）体 5 只，每只重量不低于 500g，封存样品。④鸽子、鹌鹑的抽样，从每批中随机抽取去除内脏后的 30 只整体，封存样品

从冷冻（冷藏）库抽样时，有 3 种情形。①鲜肉。成堆产品，在堆放空间的四角和中间布设抽样点，从抽样点的上、中、下三层取若干小块肉混为一个样品；吊挂产品，随机从 3~5 片胴体上取若干小块肉混为一个样品，每份样品总重不少于 6kg。②冻肉。500g 以下的小包装，同批同质随机抽取 10 包以上；500g 以上的包装，同批同质随机抽取 6 包，每份样品不少于 6kg，冻片肉抽样方法同鲜肉。③整只产品。鸡、兔等为整只产品时，在同批次产品中随机抽取完整样品 5 只（鸽子、鹌鹑为 30 只）。④蜂蜜。货物批量较大时，以不超过 2500 件（箱）为一检验批。如货物批量较小，少于 2500 件时，均按表 2 抽取样品数，每件（箱）抽取一包，每包抽取样品不少于 50g，总量应不少于 1kg，封存样品。

2.1.5.9 水产品

同一养殖场内，以同一水域、同一品种、同期捕捞或养殖条件相同的鲜活水产品为一个抽样批次。初级水产加工品按批号抽样，在原料及生产条件基本相同的条件下，同一天或同一班组生产的产品为一个抽样批次。

（1）水产养殖场抽样：根据水产养殖的池塘及水域的分布情况，合理布设抽样点，从每个批次中随机抽取样品。每个批次产品不超过 400t 的，微生物指标检验的样品应采取无菌抽样，在养殖水域随机抽取，每个批次产品超过 400t 的，安全指标和感官检验抽样量加倍抽取，微生物指标抽样量加倍抽取。

（2）水产加工厂抽样：从一批水产加工品中随机抽取样品，每个批次随机抽取净含量 1kg（至少 4 个包装袋）以上的样品，干制品随机抽取净含量 500g（至少 4 个包装袋）以上的样品。

（3）水产加工品在生产企业（加工企业）的抽样

a）每个批次抽取 1 kg（至少 4 个包装袋）以上的样品，其中一半封存于被抽企业，作为对检验结果有争议复检用，一半由抽样人员带回，用于检验；

b）在生产企业抽样应抽取企业自检合格的样品，所抽样品的库存量不得少于 20 kg。被抽企业应在抽样单上签字盖章，确认产品。

（4）水产及水产加工品在销售市场的抽样【GB/T 30891-2014 水产品抽样规范】

a）每个批次抽取 1kg（至少 4 个包装袋）以上的样品，其中一半由抽样人员带回，用于检验，另一半封存于被抽企业，作为对检验结果有争议复检用，若被抽企业无法保证样品的完整性，则由双方将样品封好，由双方人员签字确认后，由抽样人员带回，作为对检验结果有争议复检用；

b）在销售市场随机抽取带包装的样品，应填写抽样单，由商店签字确认并/或加盖公章。企业应协助抽样人员做好所抽样品的确认工作，抽样人员应了解样品生产、经销等情况；

c）在销售市场抽取散装样品，应从包装的上、中、下至少三点抽取样品，以确保所抽样品具有代表性。

2.2 食品检验样品的缩分及预处理

样品的缩分及预处理的目的在于把抽取的样品制备成更小的均一、有代表性的待检样、备样和复检样品。

2.2.1 样品的缩分

对样品进行缩分能够使样品较大程度的形成质量较为均一的形态，从而便于后续的理化分析。常用的缩分方法有【食品理化检验预处理前样品的准备 宋彦辉；王金英；于浦清；高延硕；崔晓立-《中国卫生工程学》-2008-07-20】：瓜果常采用米字形分割再横切的方法；粮食采用圆锥循环反复1/2缩分的方法，直到缩分至满足检测需要为止，形状不规则的可采用等分法缩分样品；还可以采用对角线法、棋盘法等缩分方法。

为了缩分后的总体试样均匀，即均质，一般必须根据水分含量、物理性质等因素，考虑到不破坏待测成分，用以下方法混匀：粉碎、过筛、磨匀、配成溶液、加热使其成为液体、搅拌均匀。一般含水分较多的新鲜果蔬类食品（如蔬菜、水果等）等样品可采用研磨、组织捣碎等方法混匀；而含水分较少的粮油作物或干果等固体食品（如谷类等）等样品用粉碎方法混匀；液态食品容易溶于水或适当的溶剂使其成为溶液，以溶液作为试样。

食品分析中还应注意在均质时样品成分的变化。碳水化合物、蛋白质、脂肪、灰分、无机物主成分、食品添加剂、残留农药、无机物等是比较稳定的，用前述方法干燥、粉碎或研磨时试样成分不会有多大变化。而新鲜食品中的微量有机成分、维生素、有机酸、胺类等很容易减少或增加，原因是被自身的酶分解或微生物增殖。所以在对样品进行均质处理时要加入酶抑制剂，而且研磨样品时要在5℃以下，以防止上述两种情况的发生。

如样品要进行微生物检验，一定要注意抽样和样品制备的无菌操作，防止污染。

2.2.2 样品的预处理

2.2.2.1 瓜果类样品

以苹果为例，说明其重金属指标的处理方式。试样的制备方法：将试样置于阴凉处洗涤，除去不可食用部分，将芯分成中心相同的 8 段，然后横切。先取上半部分的两半，然后取下半部分的两半。如果因为日常作用，苹果的上、下皮、核心部位的成分有差异，用这种方法分出一个苹果，得到的四个苹果仍具有代表性。根据测试需要制作更多的苹果。通过这种还原获得的苹果片是通过混合器混合和混合制成的，混合器是为该测试准备的样品。在实际工作中，不经意间将一定数量的苹果直接变成灰烬是很常见的。经过清洗等处理后，使用样品溶液，但缺少对样品进行收缩和整合的过程。

2.2.2.2 蔬菜类

也可按苹果、瓜果样品的制作方法使用等分法。将样品等距分成若干段，取等距段，均匀制备样品。如果这是无机产品测试，可以结合消化和其他处理进行取样。例如，萝卜根的根尖和靠近叶的部分可能有不同的成分，所以必须准备好分成几部分，然后等份取样。一般方法：先将可食部分取出，用水冲洗干净，迅速晾干，防止食材融化。需要注意的是，收缩时混合均匀会导致水分不均匀，从而产生导致重大实验差异。

如果需要测定食品样品中的维生素 C、胡萝卜素等有机元素，在制备样品时要小心用刀切开，否则会导致水分流失和维生素流失。例如，合成法破坏细胞壁、促进氧化、使酶反应、样品维生素损失等。因此，每个部分都可以单独取样，定量测量，并进行详细综合判断。

2.2.2.3 禽类样品

不同的测试成分在动物中的分布是不同的。例如，有机农药主要存在于动物脂肪中，重金属主要存在于器官和肌肉中。因此，为了确定总含量，样品的制备必须考虑其代表性。例如，鸡可以分成 3 份，样品部分试过，切成细块，压碎制备样品，同时去除不可食用的部分。还可以根据测试需要，结合具体情况，对样本进行取样并缩分、均质等准备样品。

2.2.2.4 肉制品

如香肠、小肚、火腿等，形状均匀可纵向分取再缩分、均质处理样品；也可按照前文的分法分取样品。形状不均匀的可以按等分法分取样品，搅碎后完成样品准备工作，香肠中添加的着色剂亚硝酸盐等就经常出现混合不均匀的情况，所以对样品进行缩分、均质是十分必要的。

2.2.2.5 糕点类

对饼干等含水分较少且各部位组成相差不大的糕点类样品可取三分之一采样量样品。然后用对角线取 2/4 或 2/6 有代表性样品。将样品置于研钵或研磨机中，研磨混匀用于分析（吸湿性强的样品可粗碎后立即测定，同时取一部分细碎后测定水分，用两者的系数来修订测定值）。豆沙馅等带馅的且各部位成分相差较大的糕点，可根据其形状不同进行分割缩分。对于水分多的样品应进行预干燥，干燥后再进行缩分。

2.2.2.6 糖果类样品

预先用混匀方法达到均质是比较困难的，可取其一部分等量切割之后混在一起称重，然后加入等量温水使其溶解，进行样品准备；也可直接取缩分后的样品进行消解处理。

2.2.2.7 鱼类样品

先去除不可食的头部、内脏、鳍等部分，去鳞后取画线部分搅碎均质进行样品准备。彻底搅碎均质需反复搅拌 3 次左右，可得到均匀鱼糜。

2.2.2.8 贝类样品

应用清水充分洗净外表泥沙等，滴干表面水分后，用刀切开闭合肌，连同贝壳内液汁一起收集于烧杯中，然后置于组织捣碎机中绞碎。

对于包装产品的处理比较简单。如果包装较小，一般取同一批次、同一包装的多个样品混匀、取其中一部分作为检测样、备样；如果是包装较大的样品，可以少取几个大包装样品，在其中按上述四分法或等分法分取部分样品混匀，取其中一部分作为检测样、备样（如表 2-3）。

表 2-3 包装产品抽检货物的取样标准

批量货物中同类货物件数	抽件货物的取样件数
≤100	5
101~300	7
301~500	9
501~1000	10
>1000	15（最低限度）

2.3 样品的保存

采集的样品以及经过预处理的样品，为防止其水分或挥发性成分散失以及其他待测成分含量的变化，应在短时间内进行分析。但有时样品检测任务太多、仪器故障等原因使样品来不及及时分析，就需要妥善保存样品以备检验，样品保存的目的是防止样品发生受潮、挥发、风干、变质等现象，确保其成分不发生任何变化。

2.3.1 样品在保存过程中的变化

（1）吸水或失水

样品原来含水量高的易失水；反之，则易吸水。易失水或吸水的样品应先测定水分。

（2）霉变

含水量高的还易发生霉变，特别是新解的植物性样品更易发生霉变，当组织被损坏时因氧化酶发生作用而更易发生霉变，对于组织受伤的样品不易保存，应尽快分析。

（3）细菌污染

食品由于营养丰富而有助于微生物生长，通常采用冷冻的方法进行保存，

样品保存的理想温度为-20℃。有的为防止细菌污染可加防腐剂，比如牛奶可加甲醛作为防腐剂。

2.3.2 样品保存方法

抽取的样品应当由专业人员按照规范进行保藏和运输，供检验检疫。有包装的加工食品按照食品包装上的保存条件保存，一般预处理过的样品应冷藏或冷冻保存。以动物性食品为例：

（1）猪肉、牛肉、羊肉

将抽得的6kg样品，分成4份，2kg一份，1kg四份，分别包装，其中一份1kg样品随抽样单（第三联），贴上封条后交被抽检单位保存，另外四份随样品抽样单（第二联），分别加贴封条由抽样人员送交检测单位进行检测。

（2）禽肉和猪肝

将抽得的样品，分成5份（鸡、鸭、鹅、猪肝每份1整只，鹌鹑、鸽

子每份6只），进行包装，其中一份样品随抽样单（第三联），贴上封条后交被抽检单位保存，另外四份随样品抽样单（第二联），分别加贴封条由抽样人员送交检测单位进行检测。

（3）禽蛋

将抽得的50只鸡、鸭、鹅蛋，每10只为一份，分成5份（鹌鹑蛋、鸽蛋每50只一份，分成5份），分别包装，其中一份样品随抽样单（第三联），贴上封条后交被抽检单位保存，另外四份随样品抽样单（第二联），分别加贴封条由抽样人员送交检测单位进行检测。

（4）蜂蜜

将抽得的1kg蜂蜜，分成3份，密封包装，其中一份样品随抽样单（第三联），贴上封条后交被抽检单位保存，另外四份随样品抽样单（第二联），分别加贴封条由抽样人员送交检测单位进行检测。

2.3.3 样品在保存过程中应注意的问题

（1）盛样品的容器应是清洁干燥的优质磨口玻璃容器、不含待检测组分的塑料袋（瓶）等，容器外贴上标签，注明食品名称、采样日期、编号、分析项目等。

（2）易腐败变质的样品需进行冷藏或冷冻。

（3）要经常检查样品的保存状态是否正常，注意样品的保质期限。

2.4 食品样品的前处理

2.4.1 概述

食品企业生产的产品千差万别，涉及的分析对象包括各种原料、半成品、添加剂和辅料、成品等，它们来源广、种类多、组成成分繁杂，因而相应的分析项目和要求也各具差异，因而对于相对统一的样品前处理方法也需求多样，这也在一定程度上导致了食品安全管理中难以统一标准，规范操作。对样品进行前处理，首先，可以专注于痕量成分，提高方法的灵敏度，并减少对于检测非目标物质的限制。其次，可以消除测定的干扰，保持正确的分辨率，提高测定的灵敏度。此外，预检测可以减少样品的质量和数量，便于运输和储存，提高样品的稳定性。使得最终供目标物检测的样品中可以尽量多地去除那些相对而言对仪器或分析系统有害的物质，从而延长仪器的使用寿命并保持其稳定可靠的运行状态。

现今，自动化、精密机械等科学技术和分析仪器技术的发展，不仅各种适宜于不同分析目标的传统的样品前处理技术得到了稳步的改进和完善，而且创新发明了许多新颖的样品前处理技术和装置。例如，需要对样品中的某些成分进行提取后进一步分析时，依据样品的特性，可以选择的有经典的索氏提取法、捣碎法、液液分配法，以及比较新颖的、科技含量相对较高的微波辅助萃取、超声波辅助萃取、超临界流体萃取和加速溶剂萃取技术等；如需要对样品进行净化时，具体方法可供选择的有经典的柱层析技术、液液分配法，以及对新材料、新技术依赖程度较大的凝胶色谱（GPC）、固相萃取（SPE）、固相微萃取（SPME）、基质分散同相萃取（MSPD）、膜分离技术以及微量化学法技术（MICCM）等。可见，样品前处理技术总体上正在向快速、高效、简便便携、无溶剂，以及自动化智能化的方向发展。实际生产和安全管理中应结合实际，根据分析对象及样品的性质以及所选用分析检测方法的特色，选择合适的前处理方法。

2.4.2 提取技术

溶剂提取技术【食品农产品认证及检验教程 付晓陆，马丽萍，汪少敏，王冬群，周南镶-《杭州：浙江大学出版社，2018.03》-2018-05-06】是指通过每种成分在溶剂混合物中的不同溶解度进行分离的方法。清洗后，用于测定，它是食品安全检测中使用最广泛的抽样技术。主要提取技术包括传统的溶剂提取方法，以及在此基础上发展起来的微波提取、超声波辅助、过冷、加速熔化等技术。

2.4.2.1 传统溶剂萃取法

（1）概述

传统溶剂萃取法通过较为简单的仪器和设备，直接利用被分离物质在两种不同性质的溶剂中的溶解度差异进行目标物提取，原理简洁、设备经济，提取率相对不宜保障。

（2）基本原理

存在于样品原溶液中某种组分的溶解度小于该组分在某一新溶液中的溶解度，即该组分在两种溶剂中具有不同分配系数，此时可用该种新溶剂把样品中的一种组分萃取出来，即为溶剂萃取，具体包括液-固萃取、液-

液萃取。其中常用的液-固萃取是从固体样品中萃取待测组分，需要首先将待测组分溶解、分散于溶剂，再另外用有效的新溶剂进行萃取，其主要形式有传统的索氏提取法、捣碎法，以及在此基础上发展起来的微波辅助萃取法、超声波辅助萃取法、超临界流体萃取法等。而液-液萃取法是指通过在包含被测组分的液体混合物中加入与其不相混溶（或稍相混溶）的选定的溶剂，利用该组分在此新、旧二种溶剂中的具有不同溶解度而达到分离或提取目的，因而也称溶剂萃取或抽提，常用作净化工艺。

（3）设备基本操作

最为经典的一种液-固萃取方法即为索氏提取法，至今仍被普遍应用于各种需要进行固体样品的萃取分离操作的食品分析中。索氏提取装置（图2-1）所示。

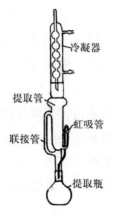

图 2-1　索氏提取装置示意图

使用时根据检测目标物质合理取 10g 到 100g 的固体样品试样（若为含水的样品，则须与无水硫酸钠 1：1 混合）加入样品管中，并将萃取溶剂置于平底烧瓶内加热并气化，冷凝的溶剂经过固体样品，将目标物质溶解，而此过程在索氏提取器内可循环多次用溶剂进行回流提取，回流速度控制在 6~12 次/h。此方法的目标物分离效果及富集倍数与样品的性质、萃取温度、萃取时间、溶剂的性质及用量等有关。

（4）特点

传统的溶剂萃取技术具有萃取过程有选择性、仪器实现简单、可与其他技术相结合、物质交换快、规模易于控制等优点，然而也存在处理时间过长，萃取溶剂等化学试剂用量大，干扰物质较多、重现性较差等缺点，因而该方法目前已逐渐在被其他方法所取代。

2.4.2.2　微波萃取

（1）概述

微波是指频率在 300MHz～300GHz（波长在 100cm～0.1cm）范围内的电磁波，包括分米波、厘米波和毫米波，因其频率较高也称"超高频无线电波"，其特性主要体现为穿透、反射、吸收。微波加热是材料中所包含的某些对于电磁波敏感的介质可在电磁场中进行快速分子运动而引起材料整体发热的"内加热"，它将微波电磁能通过空间或媒介传递而转变成热能，其能量是以电磁波形式来的，对物质的加热过程与物质内部分子的极化密切相关。传统加热是以热交换、热传导、热辐射等方式由外向里进行，而微波萃取是通过偶极子旋转和离子传导两种方式里外同时加热，提高了加热和萃取的效率。微波萃取由于其加热以及目标物质萃取的高效性，现已广泛应用于食品、药品、化妆品和土壤等领域。

（2）基本原理

微波萃取是一种利用微波能量提高回收效率的技术。不同材料的介电常数的稳定性不同，对微波能量的吸收程度也不同。因此，传递到环境的热量和传递的热量也不同。在微波炉中，吸收微波的能力差异是显而易见的。基质材料的区域被选择性加热，因此获得的材料与基质或系统分离。

一方面，微波辐射将光波所具有的能量赋予到高频电磁波的输出介质中，进而随着波动到达物质内部。而样品物料的内部由于吸收微波能量，使其所具细胞形态的内部温度迅速升高，促进内部压力超过其细胞壁的提升能力，进而破裂，使其中有效的目标分析成分与蒸汽在提取容器内自由流动而被捕获并溶解，进一步过滤分离，得到所得材料。另一方面，微波炉产生的电磁场加速了熔体界面提取成分的传播速度。用作水溶剂时，在微波场作用下，水分子快速旋转并被激发，是一种高能量不稳定性状态（或水分子蒸发以增加提取组分的推进力；选定的能量被转移到其他材料分子上，加速了它们的热作用并缩短了所得组分的分子从材料释放到提取溶液表面的时间）。水分子的运动状态使电磁波所罕有能量的吸收率提高了数倍，同时降低了提取温度，最大限度地提高了提取质量。

（3）设备基本操作

微波萃取设备分微波萃取罐和连续微波萃取线两类，实验室中主要使用分批处理物料的微波萃取罐（图2-2）。它由内萃取腔、进液口、回流口、搅拌装置、微波加热腔、排料装置、微波源、微波抑制器等构成。微波萃取样品首先需经必要的预处理和粉碎，然后通过与极性溶剂（如丙酮）或极性-非极性混合溶剂（如丙酮-正乙烷等）混合后，装入微波提取装置的制样容器中，在密闭状态下，放入微波萃取仪中加热。

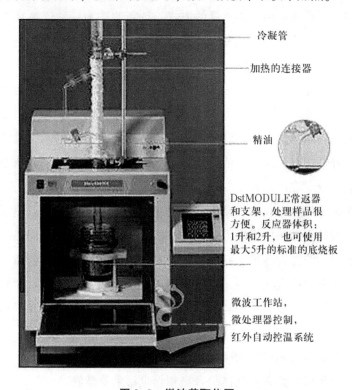

冷凝管

加热的连接器

精油

DstMODULE常返器和支架，处理样品很方便。反应器体积：1升和2升，也可使用最大5升的标准的底烧板

微波工作站，微处理器控制，红外自动控温系统

图2-2 微波萃取仪图

微波萃取装置一般由聚四氟乙烯材料制成耐高温高压且不与溶剂反应的专用密闭容器作为萃取罐，它可允许微波自由通过，进一步结合自动化智能控制技术可制作成带有可自动化操作来进行功率选择、控温、控压、控时等操作的微波试样制备系统，其中主要的部件是特殊制造的微波加热装置、萃取容器和根据不同要求配备的控压，控温装置。微波加热使用的频率一般有 2450MHz 和 915MHz，使用时根据被萃取组分特

性的具体要求，控制萃取压力、温度和时间，微波辐射处理结束后，样品溶液需冷却然后经离心分离出固相残渣，溶液经过滤后备用。若需进一步分离，可采用分馏、反渗透、抽提等处理方法进一步分离出目标产物。一般情况下，微波萃取加热时间为 5~10min。萃取溶剂和样品总体积不超过制样容器体积的 1/3。

（4）特点

①加热迅速。传统热萃取是以微波萃取将传统加热主要依赖的热传导、热辐射等自外向内传递热量的方式，创新改进为一种依赖具有"波动传递"穿透性的内外同时运动加热的"体加热"过程，使加热更均匀，提高热效率。如此微波萃取时没有可进行高效辐射的高温热源，物料受热均匀，不形成温度梯度，且加热速度快，物料的受热时间短，因而有利于热敏性物质的萃取。

②选择性加热。微波可对萃取物质中的不同组分依据其组成性质不同而进行选择性加热，因而可使目标组分与基体直接分离开来，从而可提高目标萃取的效率和产品纯度。

③高效节能。常规加热设备的能耗组成主要包括物料升温热损失、设备预热、向外界散热的损失等，因而热能利用率较低。微波加热时，主要是物料吸收微波能，各种材料制成的容器只能反射而不能吸收微波，故而微波加热不需要高温热介质，绝大部分微波能量可被物料吸收而转化为升温的热量，形成能量利用率高的加热特征，与传统的溶剂提取法相比，可节省 50%~90% 的时间。

④易于通过控制微波功率实现加热和终止。

⑤安全环保，无有害气体、余热和粉尘污染等排放。

⑥可伴随产生一定生物效应。微波加热时，存在于生物体内的极性水分子，可在交替变换的电磁场作用下引起强烈的极性震荡，从而导致生物材料细胞分子间的氢键松弛，细胞膜结构破坏，加速溶剂分子对生物物料基体的渗透和待提取成分的溶剂化。

2.4.2.3 超声波辅助萃取

（1）概述

超声波辅助萃取（超声波萃/提取）是利用超声波辐射使经过的传播

介质中能够产生各种分子强烈的机械震动、空化效应、扰动效应，高加速度、促使样品物质发生乳化、扩散、击碎和搅拌作用等多级效应，达到增大物质分子的运动频率和速度，增加溶剂物质的穿透力，从而加速目标成分进入溶剂，为高效率地提取目标物质提供保障。

（2）基本原理

超声波是具有较高振动频率的一种声波，传播过程中介质分子的剧烈振动能产生并传递强大的能量，给予其极大的分子加速度，使之在某些样品（如植物组织细胞）中具有比电磁波更深的穿透力，以及更长的停留时间。如传播介质为液体环境，则膨胀过程可形成局部负压，当超声波能量足够强时，其中所溶解的空气能够形成气泡或将液体撕裂成很小的空穴。这些空穴瞬间闭合时产生高达 3000MPa 的瞬间压力，称为空化作用。空化作用从气泡形成到破裂整个过程在 400μs 内完成，可使各种物质颗粒进一步细化以及制造乳液，从而加速目标成分进入溶剂，极大地提高提取效率。除空化作用外，超声波的许多次级效应（扰动扩散、击碎、搅拌等）也都利于目标成分的转移和提取。

空穴形成的位置对其所产生的效应具有一定影响，当其产生在固-液接触界面附近时，空穴破裂的动力学发生明显改变；在纯液体中时，由于它周围条件相同而总保持球形；紧靠固体边界附近时，空穴非均匀破裂使膨胀气泡的势能转化成液体喷流的动能形成高速液体喷流（速度可达 400km/h），进而穿透气泡壁。这些喷流对固体表面具有非常强的冲击力，破裂气泡形变在表面下产生的冲击力比气泡谐振产生的冲击力要大数倍，因而能促进冲击区形成高活性的新鲜表面。

（3）设备基本操作

超声波辅助萃取的装置有两种，即浴槽式（图2-3）和探针式（图2-4）。探针式超声波设备较为常用，有利于将能量集中在样品某一范围从而在液体提取环境中形成有效的空穴作用。

提取时，先往设备内注入适量溶剂（水或乙醇等）并开启蒸汽阀门预热。当溶剂达提取温度时，可向设备内匀速投入需处理的样品，同时开启主机电机，合理控制转速（可依据提取时长、样品特性等进行调整），当物料被输送至筒体长度的 1/2 时开启出料泵、过滤器、套料机、挤榨机等，当物料被输送至末端时开始出料，提取液则通过过滤器的收集漏斗进入提取液暂储罐进行回收利用。使用时需注意控制溶剂进料量、提取液用量，以及设备内的液面高度。

图2-3　浴槽式

图2-4　探针式

使用时需在每次启动设备之前，先检查所有的安全保护设施（如保温隔热层，护栏等）是否完好。当设备停止以后才可以撤离安全保护设施，若发生紧急情况，操作人员需要进行紧急关机和热元件（如热管道等）的隔离。

（4）特点

①快速、价廉、高效，与索氏提取相比，其操作时间短，萃取效率较高。还可加入共萃取剂进一步增大液相的极性，该方法适合用于不耐热目标成分的萃取。

②酸消解时使用超声波辅助萃取相对常规微波辅助萃取安全性较高。

③操作步骤少，萃取过程简单，不易对萃取物造成污染。

④超声波在不均匀的介质中传播时会发生散射衰减，以及在两种介质的界面处发生反射、折射、散射等，从而影响样品的提取效果。样品量较大时，样品内部能量衰减严重，提取效果较差。样品堆积厚度增大时，试剂对样品内部的浸提作用不充分；样品粒度较大时，颗粒内部的溶剂浸提作用会明显降低，颗粒细小时浸提作用增强。

⑤该处理的目标成分提取率与提取前样品的浸泡时间、超声波强度、

超声波频率及提取时间等因素有关。此外提取容器的放置位置、瓶壁厚度等也对提取效果有直接影响。

2.4.3 消解技术

消解也称消化【廖美林，马作江，谢义梅，等 . 2015. 微波消解—原子荧光法测定人体血头发中的痕量硒［J］. 微量元素与健康研究，32（6）：70-71.】，是将样品与酸、氧化剂、催化剂等共置于回流装置或密闭装置中，加热分解并破坏有机物的一种样品处理方法，一般分为干灰化法和湿消解法。

2.4.3.1 干灰化法

干灰化法是测定食物中无机物含量的一种方法。由于食物中所含有的无机元素会与有机物质结合而形成一些难溶、难解离的化合物，影响测定。故测定食物中的无机元素含量时，常采用将其有机成分破坏的方法来消除有机物的干扰。干法灰化通过高温灼烧将有机物破坏，使有机物脱水、炭化、分解、氧化，再于高温电炉中灼烧灰化，残灰为白色或浅灰色。

干法（又称灰化）【水产品综合利用工艺与检测实验技术 方旭波，袁高峰主编-《北京：海洋出版社，2016.07》-2018-12-09】通过高温灼烧将有机物破坏。除汞外的大多数金属元素和部分非金属元素的测定均采用此法。具体操作是将一定量的样品置于坩埚中加热，使有机物脱水、炭化、氧化、分解，再将剩余物料置于高温电炉中（500~550℃）灼烧灰化，残灰应为白色或浅灰色。否则应继续灼烧，得到的残渣即为无机成分，可供测定用。

干法灰化的特点是对于样品所含物质破坏彻底，技术操作简便，使用试剂少，空白值低。但操作温度高，对于设备、材料的性能要求较强；对样品的破坏时间长、容易造成汞、砷、锑、铅等成分的挥散损失；而还有一些特殊元素测定时，则需要在必要时加入某些助灰化剂。

2.4.3.2 湿消化法

（1）概述

湿消化法是食品或生物制品成分测定的一种样品预处理方法，是在适量的食品样品中，加入氧化性强酸，加热破坏有机物，使待测的无机成分施放出来，形成不挥发的无机化合物，以便进行分析测定。该方法的操作过程是：在酸性溶液中，向样品中加入硫酸、硝酸、高氯酸、过氧化氢、高锰酸钾等氧化剂，并加热消煮，使有机质完全分解、氧化，呈气态逸出，待测组分转化成无机状态存在于消化液中。

（2）基本原理

湿消化法系利用氧化性强酸试剂与样品共同加热消化，将含有检测目标的有机物转变成相应的酸根离子，继而经适当的无机酸还原成无机离子，在经过一定的特异性化学反应，将有机物质彻底氧化从而使待测元素进入溶液中，使检测目标转变为便于检测的形式，进而测定检测。

（3）基本操作

用于湿法消解的加热设备有电炉、水浴锅、油浴锅、电热板和微波消解仪等。一般单一的氧化性酸不易将样品分解完全，且在操作中容易产生危险，因此在日常工作中多将两种或两种以上的强酸或氧化剂联合使用，利用各种酸的特点，取长补短，以达到安全、快速、完全破坏有机物的目的，使有机物质能快速而又平稳地消解。湿法消解的样品可分为三大类：有机物含量高的样品、有机物含量低的样品、简单易消解的样品，具体操作中需针对不同样品、不同仪器设备将会选择不同方法。酸消化通常在玻璃、聚四氟乙烯容器或高压消解罐中进行，由于湿法消解过程中的温度一般较低（<200℃），待测物不容易发生挥发损失，也不易与所用容器发生反应，但有时会发生待测物与消解混合液中产生的沉淀发生共沉淀的现象，其中最常见的例子就是当用含硫酸的混合酸分解高钙样品时，样品中待测的铅会与分解过程中形成的硫酸钙产生共沉淀，从而影响铅的测定。另一种常用设备是微波消解仪。随着仪器设备和实验方法的发展更新，未来实验室将向绿色环保型的实验室发展，试剂的回收、分离、纯化再利用，消耗能源的湿消化，全自动化的实验方案这些都将是实验室未来的发展方向。

（4）特点

①由于使用强氧化剂，有机物分解速度快，消化所需时间短；

②由于加热温度较干法灰化低，故可减少金属挥发逸散的损失，同时容器的吸留也少；

③被测物质以离子状态保存在消化液中，便于分别测定其中的各种微量元素；

④在消化过程中，有机物快速氧化常产生大量有害气体，因此操作需在通风橱内进行；

⑤消化初期，易产生大量泡沫外溢，故需操作人员随时照管；

⑥消化过程中大量使用各种氧化剂等，试剂用量较大，空白值偏高。

2.4.4 净化技术

净化是对提取得到的物质进行进一步纯化和分离的过程。主要的净化技术有传统的液–液萃取、柱色谱法以及固相萃取和固相微萃取等。

2.4.4.1 液–液萃取

（1）概述

液–液萃取法是用溶剂分离和提取液体混合物中的组分的过程。在液体混合物中加入与其不相混溶（或稍相混溶）的选定的溶剂，利用其组分在溶剂中的不同溶解度而达到分离或提取目的，可应用于有机化学、石油、食品、制药、稀有元素、原子能等工业方面。

（2）原理

与溶剂提取法相近，液–液萃取利用物质在两种互不相溶（或微溶）的溶剂中溶解度或分配系数的不同，充分混合液体溶剂后，使物质从一种溶剂内转移到另外一种溶剂中。经过反复多次萃取，将绝大部分的化合物提取出来。萃取工艺过程一般由萃取、洗涤和反萃取组成。一般将有机相提取水相中溶质的过程称为萃取（extraction），水相去除负载有机相中其他溶质或者包含物的过程称为洗涤（scrubbing），水相解析有机相中溶质的过程称为反萃取（stripping）物质对不同的溶剂有着不同的溶解度，当在两种互不相溶的溶剂中加入某种可分别溶解于两种溶剂的物质，且该物质在一定温度下，不与此两种溶剂发生分解、电解、缔合和溶剂化等作用时，该物质在两液层中之比是一个定值，为该物质特征物理性质参数之一，称为"分配系数"，用 K 表示：

$$C_A / C_B = K$$

C_A，C_B 分别表示一种物质在两种互不相溶地溶剂中的浓度。有机化合物在有机溶剂中一般比在水中溶解度大。用有机溶剂提取溶解于水的化合物是萃取的典型实例。在萃取时,若在水溶液中加入一定量的电解质(如氯化钠),利用"盐析效应"以降低有机物和萃取溶剂在水溶液中的溶解度,常可提高萃取效果。要把所需要的溶质从溶液中完全萃取出来,通常萃取一次是不够的,必须重复萃取数次。利用分配定律的关系,可以算出经过萃取后化合物的剩余量。

(3)仪器操作

实验室中进行液-液萃取,通常用分液漏斗等仪器进行。操作时应当选择容积较液体样品体积大1倍以上的分液漏斗,将分液漏斗的活塞擦干,薄薄地涂上一层润滑脂,塞好后再将活塞旋转数圈,使润滑脂均匀分布,然后放在萃取架上。关好活塞,将含有有机物的水样品溶液和萃取溶剂依次自上口倒入分液漏斗中,塞好塞子。一般情况下,溶剂体积约为样品溶液的30%—35%。为了增加两相之间的接触和提高萃取效率,应取下分液漏斗进行振荡。开始时摇晃要慢,每摇晃几次之后就要将漏斗下口向上倾斜(朝向无人处),打开活塞,使过量的蒸气逸出(也叫放气)。然后将活塞关闭再进行振荡。如此重复直至放气时只有很小的压力,再剧烈地摇晃3-5min后,将分液漏斗放回漏斗架上静置。待漏斗中两层液相完全分开后,打开上面的瓶塞,再将活塞慢慢地旋开,将下层液体自活塞放出。分液时一定要尽可能分离干净,有时在两相间可能出现的一些絮状物也应立时放出。然后将上层液体从分液漏斗的上口倒出,切不可也从活塞放出,以免被残留在漏斗颈上的第一种液体所玷污。将水倒回分液漏斗中,再用新鲜的溶剂萃取。萃取次数取决于在两相中的分配系数,一般为3—5次。如果浓缩倍数不够,还可将萃取液进行蒸发浓缩。工业上则需在填料塔、筛板塔、离心式萃取器、喷洒式萃取器等中进行。

(4)特点

(1)萃取过程的传质前提是两个液相之间的相互接触;

(2)两相的传质过程是分散相液滴和连续相之间的相际传质过程;

(3)两相间的有效分散是提高萃取效率的有效手段;

(4)两相的分离需借助两相的密度差来实现;

(5)液液萃取过程可以在多种形式的装置中通过连续或间歇地方式实现。

此外，萃取过程关于液体和过程的管理可实现自动放气，气源集中收集经由保护芯统一处理；易于适用智能化控制，可一键启动、智能程序设置、漏电保护等实现整个萃取实验的自动化；可在提高萃取效率的同时使用，有效地避免了人与有毒气体的接触。

2.4.4.2　固相萃取

（1）概述

固相萃取（solid-phaseextraction，SPE）是在传统的液-液萃取和液相色谱的基础上发展起来的分离纯化方法，是利用固体吸附剂将液体样品中的目标化合物吸附，使之与样品基体及干扰化合物分离，然后再用洗脱液洗脱或热解吸，从而达到分离和富集目标化合物的目的。因其具有明显的优点而得到了迅速发展，目前已广泛应用在环境、制药、临床医学、食品等领域。

（2）基本原理

固相萃取的基本原理是样品在两相之间的分配，即在固相（吸附剂）和液相（溶剂）之间的分配，其实质是一种液相色谱分离，利用被萃取物与吸附剂表面活性基团以及被萃取物与液相之间相互作用的不同，当两相做相对移动时，被测物在两相间进行连续分配，使分析物与干扰物分离，固相萃取样品处理流程如图2-5所示。固相萃取的主要分离模式也与液相色谱相同，可分为正相（吸附剂极性大于洗脱液极性）、反相（吸附剂极性小于洗脱液极性）、离子交换和混合机理分离模式，其所用的吸附剂也与液相色谱常用的固定相相同，只是在粒度上有所区别。固相萃取填料的粒径比高效液相色谱的填料要大得多，而且是不规则的颗粒，以增加接触样品的表面积。固相萃取柱较短，其柱效比高效液相也低得多。因此，固相萃取只能分开保留性质差别较大的化合物。

（3）萃取装置操作

固相萃取实质上是一种液相色谱分离，装置也相近，主要包括固相萃取柱和固相萃取过滤装置。最简单的固相萃取装置就是一根直径为数毫米的小柱，下端有一孔径为20微米的烧结筛板，用以支持吸附剂，填装吸附剂后，其上方再放一块筛板，以防加样时破坏柱床。

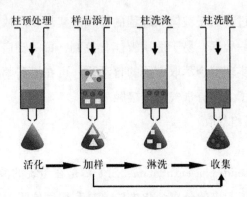

柱预处理　　样品添加　　柱洗涤　　柱洗脱

活化 → 加样 → 淋洗 → 收集

图 2-5　固相萃取样品处理流程图

固相萃取操作首先应活化吸附剂，即用适当的溶剂淋洗小柱，以使吸附剂保持湿润，可以吸附目标化合物或干扰化合物。反相固相萃取通常用水溶性有机溶剂淋洗，正相固相萃取通常用目标化合物所在的有机溶剂淋洗，离子交换固相萃取所用的吸附剂在用于非极性有机溶剂样品时可用样品溶剂来淋洗，用于极性溶剂中样品时可用水溶性有机溶剂来淋洗后再以适当 pH 的有机溶剂和盐溶液淋洗。第二步上样。将液态或溶解后的固态样品倒入活化后的固相萃取小柱，然后利用抽真空、加压、或离心的方法使样品进入吸附剂。第三步洗涤和洗脱。在样品进入吸附剂，目标化合物被吸附后，可先用较弱的溶剂将保留的干扰物洗掉，然后再用较强的溶剂将目标化合物洗脱下来，加以收集。如果在选择吸附剂时，选择对目标化合物吸附很弱或不吸附，而对干扰化合物有较强吸附的吸附剂时，也可让目标化合物淋洗下来加以收集，而使干扰化合物保留在吸附剂上，实现分离。第四步洗脱。用小体积的溶剂将被测物质洗脱下来并收集。

（4）特点

①固相萃取采用高效、高选择性的固定相，能显著减少溶剂的用量，减少对环境的污染，简化样品的前处理过程；

②避免了液-液萃取过程中经常出现的乳化问题，萃取回收率和富集倍数高，重现性好；

③采用高效、高选择性的固体吸附剂，能更有效地将分析物与干扰组分分离；

④可选择的固相萃取填料种类很多，因此其应用范围很广，可用于复杂样品的预处理；

⑤操作简便快速，费用低，一般来说固相萃取所需时间为液-液萃取的1/2，而费用为液-液萃取的1/5，可同时进行批量样品的预处理，易于实现自动化及与其他分析仪器的联用。

固相萃取技术作为一种更简单、更快速、更准确的分离技术，今后将会更加广泛地应用于复杂样品的前处理，并朝着多样化、标准化、仪器化和自动化的方向发展。在固相萃取原理基础上发展起来的固相微萃取、基质分散、插管固相微萃取、分子印迹等技术逐渐成为一种新前处理技术。随着固相萃取技术的不断发展与完善，在食品样品分析前处理方面的应用将会发挥更大的作用。

2.4.4.3 固相微萃取

（1）概述

固相微萃取（solid-phasemicroextraction，SPME）是在固相萃取技术基础上发展起来的一种样品前处理和富集分离技术，属于非溶剂型选择性萃取法，克服了固相萃取的缺点，大大降低了空白值，同时又缩短了分析时间。固相微萃取采用一支携带方便的萃取器，类似于气相色谱微量进样器的萃取装置。可直接从液体或气体样品中采集挥发和非挥发性的化合物，然后直接与气相色谱仪联用，在进样口将萃取的组分解吸后进行色谱分离与分析检测。

（2）基本原理

固相微萃取是根据"相似相溶"原理，结合被测物质的沸点、极性和分配系数，通过选用具有不同涂层材料的纤维萃取针头，使待测物在涂层和样品基质中达到分配平衡来实现取样、萃取和浓缩的目的。操作中涉及纤维涂层、样品基质及样品的顶空气相，是一个复杂的多相平衡过程。

（3）装置及操作

SPME装置形状类似于一支注射器，由手柄和萃取纤维头两部分构成，如（图2-6）所示。

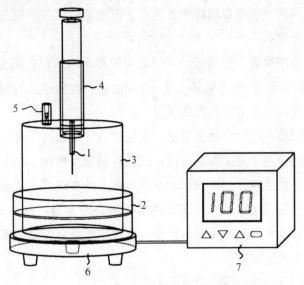

图 2-6 固相微萃取装置示意图

这种装置分为：1. 固相微萃取探针；2 加热皿；3 捕集罩；4 推杆；5 水蒸气出口；6 加热器；7 测定仪器。固相微萃取操作步骤简单，主要分为萃取过程和解吸过程两步。首先，萃取过程将萃取器针头插入样品内，压下活塞，是具有吸附涂层的萃取现为暴露在样品中进行萃取，经过一段时间后，拉起活塞，使萃取纤维所回到起保护作用的不锈钢针头中，然后拔出针头完成萃取过程。其次，解析过程将已完成萃取过程的萃取针头插入分析仪器进样口，当待测物解吸后，可进行分离和定量检测。

（4）特点

固相微萃取技术作为一种简单、快速的样品前处理方法，克服了传统的液-液萃取、索氏提取等大量使用有机溶剂和样品前处理时间长、难用于挥发性有机物的分析等的缺点。该技术只需很小的样品体积，在无溶剂条件下可一步完成取样、萃取和浓缩，便于携带，真正实现样品的现场采集和富集；能够与气相色谱、液相色谱仪联用，可以快速高效地分析样品中的痕量有机物，重现性好，操作简便，易于实现自动化，检出限低，线性范围可达 3~5 个数量级以上。可用于环境、食品等多种样品的分析管理。

2.4.5 浓缩技术

浓缩是为提高样品中待测组分的浓度，常见有常压浓缩和减压浓缩。常压浓缩适用于对不易挥发、热稳定性大的组分的浓缩，可用蒸发皿直接加热浓缩或用装置浓缩。减压浓缩适用于对易挥发、热不稳定性组分的浓缩。食品安全检测样品前处理过程中，主要使用的浓缩技术包括水浴蒸发、氮吹仪吹扫、旋转蒸发、真空离心浓缩、K-D浓缩器（常见的减压浓缩，图2-7）和自动定量浓缩装置等。在实验室最常用的是氮吹仪吹扫和旋转蒸发，操作简单方便，但自动化程度低，对数量多的样品操作不利，且大量溶剂挥发出来，对环境和试验人员健康的影响较大，试验结果的重复性也较差。全自动浓缩仪克服了旋转蒸发仪和氮吹仪的缺点，通过自动程序控制，在密闭系统中连续处理多个样品，试样通过自动真空操作浓缩到指定体积，操作简单，结果准确性和重现性极高。

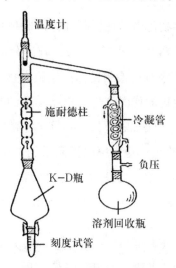

温度计
施耐德柱
冷凝管
负压
K-D瓶
溶剂回收瓶
刻度试管

图2-7 K-D浓缩器示意图

通过浓缩，试样浓度可提高2~6个数量级。但是随着体积的缩小，组分的损失会迅速增加。在痕量分析时，操作应特别小心，注意防止浓缩过程中组分的损失待测组分的提取、净化和浓缩具体使用哪种方法，要根据样品和待测组分的性质来定，一般的食品检验标准都有具体的提取方法。

2.4.6 生物检测技术特色样品前处理方法

如前所述，一个完整的食品样品分析过程中，样品前处理所占用的时间损耗约为61%，几乎占用了所有检测过程的2/3，是一个烦琐而且容易引入各种分析测定误差的过程。而今，由于样品的多样性以及繁多分析物种类的不同特性，样品前处理仍旧是目前食品安全检测中的薄弱环节。因此对于样品前处理流程和方法进行创新和改进，并与特定的生物检检测技术相匹配，也是生物检测技术发展和推广的特色之一。

生物检测技术的主要类型包括生物酶、生物传感器、生物芯片以及电子鼻、电子舌、生物光学检测技术等新发展的技术种类，其分析目标物质种类涉及微生物、蛋白质、核酸、农药残留、兽药残留、重金属离子等多种物质。不同分析目的、分析方法、分析目标相匹配的样品处理技术也有差异，但相对较为简便、快速。

对于食品中的微生物污染，在样品预处理时依据样品种类不同，可分别采用缓冲液直接稀释样品（液态食品）、破碎分离样品后取样稀释（固态样品）等预处理方式来直接检测目标污染微生物。另外，也可以不同检测原理而检测污染微生物的代谢产物，食品样品的预处理则需设置满足微生物正常生活必须[①]。Ugochukwu C. Nze 等[②]检测牛肉中大肠杆菌 O157：H7 时，从杂货店购买的85%瘦肉率的样品采用美国 FDA 提出的"细菌分析手册"[③] 中的具体要求和方法进行了预处理，随后接种培养目标菌。Alexandra Poturnayova 等[④]用 ELISA 检测牛奶中的纤溶酶时，只是将超高温

① 陆金丹，陈飞龙，侯军沛，杨嘉慧，陶扬. 致病性大肠杆菌现状分析及检测技术研究进展 [J]. 广东化工，2019，46（03）：137+126.

② Ugochukwu C. Nze, Michael G. Beeman, Christopher J. Lambert, Ghadhanfer Salih, Bruce K. Gale, Himanshu J. Sant. Hydrodynamic cavitation for the rapid separation and electrochemical detection of Cryptosporidium parvum and Escherichia coli O157：H7 in ground beef. Biosensors and Bioelectronics 135 （2019）137-144.

③ H Andrews, W., S Hammack, T., 2003. BAM：Food Sampling/Preparation of Sample Homogenate. pp. 1-19.

④ Alexandra Poturnayova, Katalin Szabo, Marek Tatarko, Attila Hucker c, Robert Kocsis, Tibor Hianik. Determination of plasmin in milk using QCM and ELISA methods. Food Control 123 （2021）107774.

灭菌、巴氏消毒、生牛乳、生羊乳等原材料用离心机离心 10 分钟后，再用滤膜过滤 2 次即可。Ziqi Zhou 等①用 DNA 酶-铜纳米簇荧光生物传感器检测饮用水和苹果汁中的大肠杆菌 O157：H7 时，试样制备只是将过夜培养的目标菌接种到 5 毫升 pH 约为 7.0 的饮用水或苹果汁中，继续 37 度培养 4 小时，而后取出 1 毫升试样在冰浴中经 150W 超声处理 10 分钟，混匀。

对于食品中的核酸分子类目标进行检测时，样品预处理主要依赖于分子生物学技术的特征和进步，通过对原始样品构建核酸提取反应体系，以便从待测样品中获得裸露的目标核酸分子。而对于满足快速检测的特异性样品预处理方法，则体现在将先进的核酸体外扩增技术与检测体系实现集成，从而减少样品处理的程序、简化检测时的操作步骤，实现快速检测②。等温扩增技术（isothermal amplification）通过生物技术改进各种工具酶的特性以及功能特点，改进常规 PCR 需要依赖于温度循环改变的技术实现障碍，实现在恒温的条件下使核酸稳定扩增。常用的等温扩增技术包括环介导等温扩增技术（loop-mediated isothermal amplification，LAMP）、链置换扩增技术（strand displacement amplification，SDA）、切口酶核算恒温扩增技术（nicking enzyme mediatedamplification，NEMA）、滚环扩增（rolling circleamplification，RCA）、依赖解旋酶恒温扩增、依赖核酸序列扩增、QB 复制酶扩增、转录介导扩增技术、交叉引物扩增技术等③。总体而言，等温扩增依赖的主要原理分为两种，一是依赖于设计特异性的引物而延伸，

① Ziqi Zhou, Yangzi Zhang, Mingzhang Guo, Kunlun Huang, Wentao Xu. Ultrasensitive magnetic DNAzyme-copper nanoclusters fluorescent biosensor with triple amplification for the visual detection of E. coli O157：H7. Biosensors and Bioelectronics 167 (2020) 112475.

② XU JG, GUO J, MAINA SW, et al. An aptasensor for staphylococcusaureus based on nicking enzyme amplification reaction and rolling circleamplification [J]. Anal Biochem, 2018, 549：136-142; JIANG YQ, ZOU S, CAO XD. A simple dendrimer-aptamer based microfluidic platform for E. coli O157：H7 detection and signal intensification by rolling circle amplification [J]. Sens Actuators B Chem, 2017, 251：976-984.

③ 向文瑾，徐瑗聪，许文涛. 水及水产品中微生物快速检测技术研究进展 [J]. 中国渔业质量与标准，2016，6 (1)：45-52.

另一类是依赖于限制性内切酶的特异性功能[1]。这些等温扩增技术已经应用到了核酸分子类目标的检测实践中，环介导等温扩增技术只需在65℃恒温扩增45~60min，即可达到10^9~10^{10}数量级。反应程序简单、时间短、效率高，便于满足现场快速检测的要求。目前该技术已用于各种食源性致病菌的定量检测，如对沙门氏菌的检测，其检测限可达0.14CFU/mL[2]，对副溶血弧菌的检测，其检测限是89CFU/g[3]。2020年肆虐全球的新型冠状病毒检测方法中，也涌现出了依赖于先进核酸扩增技术的检测方法创新。Zhu等通过设计两个引物集以逆转录环介导等温扩增技术同时扩增并修饰了SARS-CoV-2的开放阅读框1a/b（F1ab）片段和N基因的两个靶标，结合链霉亲和素修饰的聚合物纳米材料后，与固定的地高辛或荧光素标记物抗体通过免疫反应构建侧流生物传感器，检测灵敏度为12copies。提高检测效率的同时节约了检测时间[4]。对于样品量需求较少的目标DNA检测，样品的处理也相对较简单。Chao Zhang等[5]通过DNA差异检测鉴别牛肉和驴肉，其样品处理方法为随机取样，切分后经液氮冷冻研磨粉碎，随后用专门的DNA提取试剂盒处理即可。

对于食品中农药残留检测时，食品样品的预处理只需取样、破碎、建立含有残留的食品样品生理缓冲体系等，以便于样品中的残留农药能够在

① 王冲，宋亚宁，梁煜，朱云，周润，肖静，马力，陈祥贵，黄玉坤. 滚环扩增技术在食品安全检测中的研究进展 [J]. 食品安全质量检测学报，2021，12（2）：423-429.

② Li X, Zhang S, Zhang H, et al. A loop-mediated isothermalamplification method targets the phoP gene for thedetection of Salmonella in food samples [J]. Int J FoodMicrobiol，2009，133（3）：252-258.

③ 徐芊，孙晓红，赵勇，潘迎捷. 副溶血弧菌LAMP检测方法的建立 [J]. 中国生物工程杂志，2007（12）：66-72.

④ Zhu X, Wang X X, Han L M, et al. Multiplex reverse transcription loop-mediated isothermal amplification combined with nanoparticle-based lateral flow biosensor for the diagnosis of COVID-19 [J]. Biosensors and Bioelectronics，2020，166（10）：112437.

⑤ Chao Zhang, Xiujie Zhang, Guozhou Liao, Ying Shang, Changrong Ge, Rui Chen, Yong Wang, Wentao Xu. Species-specific TM-LAMP and Trident-like lateral flow biosensor for on-site authenticity detection of horse and donkey meat. Sensors & Actuators：B. Chemical 301（2019）127039.

检测依赖的机理中正常发挥对生物敏感材料的抑制或催化等功能，从而通过检测代谢产物进一步确定残留的种类和含量。或者保持样品中农药残留正常的分子形态，通过生物特异性的免疫反应直接检测，均不需对农药残留分子在预处理过程中进行特殊的化学反应或提取分离等[①]。例如，Wang等[②]采用有机配体可向 Eu^{3+} 传递能量敏化 Eu^{3+} 发光的 Hf-MOF 荧光探针，直接识别检测尿中两种农药（对硫磷、甲基对硫磷）的特殊代谢物对硝基苯酚（PNP）和杀螟松特殊代谢物 3-甲基-4-硝基苯酚（PNMC）。Zhang等[③]以纳米金免疫层析（ITS）技术检测人体唾液中毒死蜱特殊代谢物TCP，该技术是免疫分析法的一种，主要依赖于待测物与膜上固定的纳米金标记的抗体（或为抗原）间的特异性结合。作者采用实验室研制的前处理缓冲液对 ITS 样品垫进行预处理，优化了 Au 纳米颗粒与 TCP 抗体偶联比等参数，实现了对 TCP 的高灵敏度和选择性的直接检测，TCP 在0.625~20 ng/mL 内线性关系良好，检出限为 0.47 ng/mL。Haiyan Zhao等[④]用适体生物传感器检测苹果汁中的展青霉毒素和赭曲霉毒素 A 时，从当地购买的新鲜苹果和部分腐烂苹果，首先经过切片和粉碎榨汁，离心后取上清液，然后用缓冲溶液稀释上清液后，即可 4℃ 贮存，并检测。需要注意的是，每次检测均需新鲜榨取苹果汁。Jianhui Zhen 等[⑤]检测橘子汁中的吡虫清农药残留时，从当地超市购买的果汁，直接由 0.45 微米滤膜过滤

① 史晓亚，高丽霞，黄登宇. 快速检测技术在果蔬安全控制中的研究进展［J］. 食品安全质量检测学报，2017，8（3）：882-889.

② WANG B H, LIAN X, YAN B. Recyclable Eu3+functionalized Hf-MOF fluorescent probe for urinary metabolites of some organophosphorus pesticides［J］. Talanta, 2020, 214: 120856.

③ ZHANG W Y, TANG Y, DU D, et al. Direct analysis of trichloropyridinol in human saliva using an Au nanoparticles-based immunochromatographic test strip for biomonitoring of exposure to chlorpyrifos［J］. Talanta, 2013, 114: 261-267.

④ Haiyan Zhao, Xiujuan Qiao, Xuelian Zhang, Chen Niu, Tianli Yue, Qinglin Sheng. Simultaneous electrochemical aptasensing of patulin and ochratoxin A in apple juice based on gold nanoparticles decorated black phosphorus nanomaterial. Analytical and Bioanalytical Chemistry（2021）413: 3131-3140.

⑤ Zhen J, Liang G, Chen R, JiaW（2020）Label-free hairpin-like aptamer and EIS-based practical, biostable sensor for acetamiprid detection. PLoS ONE 15（12）: e0244297.

后，再用缓冲液稀释，即可用于检测。

对于食品中的兽药残留检测，其样品预处理的方法类似于农药残留检测预处理方法，区别在于样品对象一般为动物性食品，故而切分破碎和缓冲分散体系的建立需要有一定的针对性特点。具体预处理方法又随着检测物、检测机理不同而有所差异，但均不需额外的化学反应过程。刘伟怡等[1]以 ELISA 方法直接通过特异性抗体快速检测牛奶中青霉素类抗生素残留，测得 8 种青霉素类抗生素最低可检测浓度 2.22 μg/mL，检测限 0.14 μg/mL。Liu 等[2]用多层 Co-MOF@ TPN-COF 新型纳米材料构建电化学适配传感器检测氨苄青霉素残留，测得氨苄青霉素超低检测限为 2.0 ng/mL，可用于检测人体血清、河水和牛奶中氨苄青霉素残留，具有良好的再现性、稳定性和适用性。Xiaodan Wang[3] 等对牛肉中 L-谷氨酸盐的检测时，对样品牛肉的处理首先选用生长期适中切近一致的同一品种、重量相近的饲养牛，并用标准的屠宰程序加工，4℃冷却 48 小时后，选取理胸部的高品质肌肉，再切分成 10 mm³ 的小块，再用绞肉机统一搅碎，随后分装成 20 克，贮存备用。进而分别冷藏后煮熟和采用生鲜原料经由 GB 5009.124-2016 中的酸解法直接消化处理样品，用于实际检测中。Ayat Mohammad-Razdari 等[4]采用 DNA 生物传感器检测肉中磺胺类药物残留时，肉品样品的处理方法是用 2 克鸡肉、鱼肉、牛肉样品，加入 10 倍磷酸缓冲液后 10800 转/分离心 25 秒混合样品各组分，随后 24000 转/分离心 60 分后，样品冷藏备用介入合理浓度的目标检测兽药即可。

---

① 刘伟怡，刘凤银，江海超，等. 青霉素类抗生素广谱性酶联免疫分析方法的建立 [J]. 生物化工，2019，5（1）：52-59.

② LIU X K, HU M Y, WANG M H, et al. Novel nanoarchitecture of Co-MOF-on-TPN-COF hybrid: Ultralowly sensitive bioplatform of electrochemical aptasensor toward ampicillin [J]. Biosensors and Bioelectronics, 2018, 123: 59-68.

③ A modified nanocomposite biosensor for quantitative l - glutamate detection in beef. Xiaodan Wang, Jinjiao Duan, Yingming Cai, Dengyong Liu, Xing Li, Yanli Dong, Feng Hu. Meat Science 168 (2020) 108185.

④ Ayat Mohammad-Razdari, Mahdi Ghasemi-Varnamkhasti, Zahra Izadi, Sajad Rostami, Ali A. Ensafi, Maryam Siadat, Etienne Losson. Detection of sulfadimethoxine in meat samples using a novel electrochemical biosensor as a rapid analysis method. Journal of Food Composition and Analysis 82 (2019) 103252.

对于食品中重金属离子的检测，样品预处理方法也比传统的分光光度计发、原子吸收光谱法等化学分析方法所需的过程简单许多。由于检测机理的不同，样品预处理的方法也各不相同。Berezhetskyy 等[①]设计了由金电极和含碱性磷酸酶酶膜组成的生物传感器，以其酶活性被抑制作用的强弱来直接检测多种重金属离子。重金属离子免疫分析方法开发方面，由于重金属离子分子小因而不具有抗原性，对样品预处理时，需要考虑先将重金属离子与已知的分子量较大的抗原蛋白分子相连接、或用其他方法构建半抗原的处理过程，然后再通过构建间接或直接检测机理，进行检测免疫反应发生时产生变化引起的电信号转变。Trnkova 等[②]将金属硫蛋白（MT）通过抗 MT 抗体固定在碳糊电极（CPE）表面制备得到了可用于检测饮用水中的 Ag^+ 的电化学免疫生物传感器。电化学生物传感器已成功用于食品样品污染物检测。刘京萍等[③]将市场买来的鱼、虾、藕等样品洗净后直接用匀浆机打成浆，储于塑料瓶冷藏备用，并用湿式消化法制备检测样品。

随着纳米技术、信息技术的发展，生物检测技术的样品预处理方法也随之创新。生物分析技术与纳米颗粒、磁分离浓缩技术实现了广泛的联合应用，大大提高了检测效率[④]。磁性纳米颗粒【磁性纳米粒子在检测中的应用 赵晓丽；周琦；张凯；邓丛良 -《检验检疫学刊》- 2013 - 08 - 10】（Magnetic Nanoparticles, MNPs）是指含有磁性金属或金属氧化物的超细粉末且具有磁响应性的纳米级颗粒，具有独特的超顺磁性能。磁分离技术（Magnetic Separation, MS）即借助磁性纳米颗粒的超顺磁性将生物材料修饰其表面，进而与目标物质之间的发生特异相互作用的反应颗粒，在外加

① Berezhetskyy AL, Sosovska OF, Durrieu C, et al. Alkaline phospha-tase conducto-metric biosensor for heavy-metal ions determination [J]. TTBM-RBM, 2008, 29 (2, 3): 136-140.

② Trnkova, L.; Krizkova, S.; Adam, V.; Hubalek, J.; Kizek, R.Immobilization of metallothionein to carbon paste electrode surface via anti-MT antibodies and its use for biosensing of silver. Biosens. Bioelectron 2011, 26, 2201-2207.

③ 刘京萍, 李金, 葛兴. 葡萄糖氧化酶抑制法检测食品中镉、锡、铅的残留 [J]. 北京农学院学报, 2007 (4): 59-62.

④ 李蕴. 纳米磁分离技术在食品微生物快速检测领域的应用 [J]. 黑龙江科技信息, 2016 (31): 107.

磁场作用下，实现快速分离[①]。磁性纳米颗粒具有体积小，比表面积大；磁性强劲；表面活性基团功能多样等诸多优点，因而被广泛地应用于生物检测技术样品检测物的预处理富集中。Decory 等[②]建立了免疫磁珠-免疫脂质体（IMB/IL）荧光试验法，可在 8h 内对多种液态样品（水样、苹果汁、苹果酒）中低至 1cfu /mL 的 E. coli O157：H7 进行快速的鉴别检测。陈伶俐[③]等人将 IgG 结合到磁珠上，用该磁珠对样品中的金黄色葡萄球菌进行快速分离检验，发现应用此法分离检验金黄色葡萄球菌，富集速度快，灵敏度高，效果好。

综上所述，生物检测技术的推广应用，不仅需要对检测机理、技术规范进行创新，还需要进行技术配套的样品前处理技术的规范和标准化，进而以与特色试剂盒相近的形式"打包"、集成进行市场化及推广，从而进一步促进生物检测技术的发展和繁荣。

2.5 食品质量检验评价

对于所选购、使用的食品，需要和能够保障其质量与安全是广大消费者对于食品行业最低的需求，而相关政法管理部门和行业、企业所提供的各级食品检验检测实验室是保证食品的质量最基本工作职责的承担者，是提供人民群众信赖、支持力度的基本依据，与社会信誉、公信力关系密切。食品加工企业和相关政府质量监管部门应当在综合评价食品特性以及各级各类检验检测机构的技术特征和执行能力基础上，统筹合理安排对消费者所关注的各类食品进行正确有效地分析检验工作，并为消费者提供不同层次的管理、说明、引导消费的作用和意图。从基本上来说，通过这种

---

① 甘蓓，胡晓云，胡文斌，甘冬兰. 纳米磁分离技术在食品微生物快速检测领域的应用 [J]. 江西化工，2015（4）：16-17.

② DECORYTR，DURSTRA，ZIMMERMANSJ，etal. Development of animmuno magnetic bead – immunoliposome fluorescence assay for rapid detection of Escherichiacoli O157：H7 in aqueous sample sand comparison of the assay with a standard microbiological method [J]. Applied and Environmental Microbiology，2005，71（4）：1856 – 18641.

③ 陈伶俐，刘琳琳，曾力希，等. 金黄色葡萄球菌及 SPA 快速分离检验新技术的研究 [J]. 中华微生物学和免疫学杂志，2011，19（2）.112 – 114.

检测管理，应该可以达到以下一些主要目的【食品检验新技术《白新鹏主编》-2010-06-06】：①检验原料成分是否符合国家标准、行业标准、企业标准或合同要求；②有助于控制并改进成品或半成品食品的加工工艺与制造方法；③校准计算机配方成分的理论计算值与实际化验分析值的差异；④指导选择食品原料或食品添加剂供应货源及供应厂商；⑤指导生产者科学合理地使用食品原料、成品及半成品；从而保障产品的相关质量和性能符合相关规范要求。

需要注意的是，对于各类型加工食品的质量检测，应当充分体现出对于行业、企业以及相关科学研究机构对于策略方针、技术人员、仪器设备等方面的依赖性，进而科学审慎循序有序地进行工作，做到"有的放矢"和"行之有效"。食品的种类众多，而相关加工工艺的细小改变以及生产产地特性方面的差异等，均能够引起产品特色和安全性管理要求方面的变异，因而如果对于需要检测的食品漫无目的不加分析地应用不合理的分析方法和检测标准要求，不进行正确有效的食品检测方案和步骤设计，就会导致不能合理配置检测方法、技术、设备、人员等，对检测过程缺乏规范管理等关于食品安全管理标准应用方面相对具体的实践操作的问题。不论何种原料或产品都很难进行，不仅浪费，也由于项目过多过杂。因此，为了合理的评价和管理食品加工过程以及产品的安全性，不对其进行全面或过多项目的分析检测、浪费人力和财力，就必须依赖于正确的标准进行食品检验设计、评价管理程序和规范，抓住食品分析检测的关键问题，以达到质量控制的目的。食品安全检验评价具体应当从以下几个方面进行。

（1）构建食品安全检测实验室分级管理标准体系

市场经济的不断深入以及高新技术的不断发展，促进农产品、食品经济的繁荣，但也逐渐凸显了经营准入门槛较低、从业人数激增等原因引起的相关食品安全问题。尤其在食品加工原料生产、销售相关的农业生产中，当前的模仿创造技术以及一些可用做替代的廉价添加物生产制作增多，使得食品中的各种危害来源越来越多地被隐蔽化、源头化。虽然产品的质量由生产企业的设备、工艺等作为主要保障的，而不是通过对于加工成品的检测进行相关说明，但必要的测试方法仍旧是能够进行产品质量保证的重要因素。另外，在市场需求的影响下，调查市场逐步放开，国家监管机构主导的格局被打破。面对国外监管机构、公益检验机构、民间检验机构的竞争，实验室必须加快优势和竞争力。

因而，按照原料、或加工食品产品的特性，制定不同等级食品质量分析检验实验室的规范标准体系，鼓励和引导企业、第三方社会独立机构等，按照自身需求构建各种达标的食品检验实验室、提供相关检验服务，并对检验项目和结果的真实性、可信度、安全性等负有相关的责任。进而在市场经济的调节下、政府部门的监督管理下，从食品安全检验的源头上提供科学、可信的管理，服务于广大消费者的食品安全保障。

（2）规范食品实验室检验的一般程序和方法

在已经分级、分类配备检验人员、仪器的实验室中，需进一步按照原料或产品特征明确对其进行检验的缘由和目的；确定其中合理数量的必须分析检验项目；并明确各项目按照当前检测条件所需依赖的具体检测方法（感官法、物理法、化学法、微生物法、动物实验法）；进而在条件允许的情形下加强对于所得检测结果与相关同工艺、同类型或同行业产品的分析比较；判定是否达到检验的目的；并向相关经营和管理部门提交检验报告和检验相关文件。

（3）实验室检验规范性评价

食品检验实验室分析的对象具有特殊性，加工原料是所需要营养物质的来源，而加工经营的产品又是直接入口的食物，是维系生命活动、生产活动及构成人体和人们良好生活的物质基础。因此在质量检验时，需要注重检验过程的规范性，以保障检验结论的可信度。在检验一些新来源的食品原料（包括新产地等，以及一些通过技术创新获得或加工的原料或产品时），是不能够仅采用简单的单一检验技术、结果便对其特性轻易下检测结论。而为了科学和经济地配制食品加工和检验的资源，必须在实验室中进行以下科学的步骤，以进行逐项、综合的评价。

首先应当进行的是关于产品的感官评价。食品的感官评价是一项专业性极强的评价方法，包括颜色、味道、嗅、透明度和混浊度等，它主要是直接利用人们的感觉器官来进行最直接的判定，因而它是食品评价中最简单、应用范围较广的一种获取预测与决策数据的方法，但其施行的基础却需要对于能够做评价的检测人员进行严格的培训和筛选。食品的感官评价是最基本的内容，一些食品原料的优劣、安全性等问题会在其外观、气味等方面有着明显的变化，经过感官评价保障原料的安全性是其在投入使用之前的先决条件，经过管理和经营部门评价后，在保障其检验过程中相关感官评价的人员、地点、次序、方法、独立性等规范的前提下，即可做出相关的评价和判断。其次还应当进行食品理化检验。应当依据食品的特性合理筛选确定所需进行的检验项目体现出安全管理的规范性，而各项目的规范性需体现在试剂购买、配置、存放规范，样品采样及预处理规范，检测仪器使用规范，检测技术人员操作规范等。一般而言，各种检测均需与相关检测项目的国家标准做参照。

（4）食品生物技术检验的评价

生物技术检测方法的使用涵盖了食品检验的方方面面，如食品质量评估、质量控制、生产过程质量控制和食品研究，尤其是食品卫生检测。首先，生物技术在食品检验中的优势体现在应用领域。例如，生物技术可用于食品质量评估、质量控制、生产质量控制和食品科学研究等领域，这些领域以前已经超越了难以衡量的领域。我国的食物的开发和使用提供了国家动力。其次，生物检测技术检测能力强，因为生物检测技术具有特殊的生物检测能力，选择性强，可与物理化学技术结合，具有灵敏快速的检测特性，检测成本还相对较低，在食品检验领域有着长远的发展前景。可通过与相关国家标准检测方法的比较，提供真实、可信的对于食品生物技术检验结果的评价。

（5）建立和完善各类检验机构的质量检测评价体系

一个合理规范建设的器材、人员、职能等完善的食品检测实验室是进行食品检验分析的基础，而食品产地特色的质量检验机构对于产品特性的检验报告尤为重要，若没有特色、没有规范的公信度，那么市场上所出现的各种不符合安全要求的产品就得不到应有的拒绝与抵制，真正的特色产品就会被淹没。因此，加强建设一些具有产地特色的小型食品安全实验室，对产地特色产品的特色检验项目进行施行和确证，并形成具有防伪效力的产品报告，对于全面、完善的食品安全管理体系构建是十分必要的。包含于公共监督系统中的食品安全监管工作是一项集政策保障性与技术创新性较高要求的项目，其基于科学调研及检测技术数据所做出结论的准确性和公正性对于维护国家、企业和消费者的利益均具有重要意义。因此，质量控制、食品药品监管系统中的食品检测执行主体必须通过国家的相关计量评定规定，并获得合格的资质，才能依法为企业生产者和消费者提供相关的服务，并保障其效力。另外，还需大力鼓励和引进社会力量，设立一些具有特色的民营食品品质检测实验室，进而解决公众监督中有关群众需求的短板。食品质量检测是评估食品质量是否能够达到安全标准要求的重要手段，能够为经营市场的规范、合理管理提供强有力的技术支持和保证。因此，当前加强食品检验实验室建设是非常重要的，只有加强和完善食品检验实验室的各项必备要件，使得其只能和特色充分凸显，监管部门才能够在获得大量真实、可信数据资料的情况下，优化市场的监管，从而最终保障到各个体消费者的利益。

第三章

生物检测技术的主要类型

 1　生物酶检测技术

　　酶是由活细胞产生的、对其底物具有高度特异性和高度催化效能的蛋白质或 RNA。大多数酶的本质是蛋白质,具有一级氨基残基序列结构以及与生物催化功能有关的空间结构,因而辅基和辅因子也对酶的空间结构维持和催化效率具有较大关联。作为一种生物催化剂,酶对于维持各种生物的生命特征具有重要意义,关乎新陈代谢的方方面面。酶的催化作用具有特异性高、反应条件温和、容易受到环境影响等特性,随着酶制备、分离、固定化等技术研究方面的不断进步,酶促反应的特征逐渐被应用于各种相关工业、产业中。

　　食品安全监测管理方面,由于生物酶检测技术具有分析快速、特异性高等优点而受到研究者的青睐,研究开发了多种原理的检测方法类型以适应不同的分析目标和环境。

1.1　酶联免疫分析技术

1.1.1　技术原理

酶联免疫分析(ELISA)【人体尿液中蝶呤类化合物的分析方法研究

谭婷-《南昌大学硕士论文》-2007-01-22】是把抗原抗体免疫反应的特异性和酶的高效催化作用有机地结合起来的一种检测技术，它既可测抗原，也可测抗体。ELISA 一般通过聚合材料构成的一定容积固相载体通过一些特定的化学试剂将抗体（抗原）吸附在其表面，再在其中加入待测定的抗原（抗体），培育反应一定时间后，再与能与相应添加抗体（抗原）制剂具有特异性相互识别能力的酶标抗体（抗原）进行另外的抗原抗体的特异免疫反应，生成抗体（抗原）-待测抗原（抗体）-酶标记抗体（抗原）的复合物，最后再与该酶的底物发生反应生成有色产物。该方法检测目标分析物引起的换能器信号转化时，主要依赖于标记偶联酶的高效底物催化性能，常用的主要标记抗体（抗原）酶为辣根过氧化物酶（horseradish pero xida se，HRP），该酶是一种含有铁卟啉（IX）的糖蛋白，易制取、价格低、活性稳定、固定化技术也较成熟，主要催化过氧化物（过氧化氢）的氧化还原反应，引起催化反应体系的颜色变化。待测抗原（抗体）的定量与有色产物的变化量成正比，因此可通过酶标仪上吸光度值的变化计算抗原（抗体）的量，ELISA 法既可进行定性测定，也可用于分析物定量测定，其检测反应过程中，酶促反应只进行一次，而抗原抗体的免疫反应可进行一次或数次。

1.1.2 技术特点

酶联免疫吸附分析又称酶标法，具有特异性强、检测依赖的反应条件温和、检测时间短、检测所需样品量少、灵敏度高、便于集成化、高通量分析、易于偶联高效小型可移动的带电脑数据分析、自动化控制仪器等，随着食品安全问题受到行业、政府、消费者关注的增长，科学家们对于将其用于食品安全检测中的研究和应用也逐渐增长，形成了许多相关成果，ELISA 方法的分类至今无统一的标准，常用的测定方法有三类【根据中药免疫效应判别方程筛选中药的实验观察 鄢建华-《大连医科大学硕士论文》-2007-06-07；花生黄曲霉毒素 B1 单链抗体的研制及其检测 孙宪连-《福建农林大学硕士论文》-2006-08-11；GPC3 在肝癌中的临床应用研究方芳-《第二军医大学博士论文》-2005-01-23】：

（1）间接法测抗体

将特异性抗原包被在固相载体上，形成固相抗原，加入待检样品（含相应抗体），其中抗体与固相抗原形成抗原抗体复合物，再加入酶标记的抗抗体（又称二抗），与上述复合物结合，此时加入底物，复合物上的酶则催化底物而显色，由于每步之间均有冲洗步骤，因此，若样品中不含相应的抗体，酶标抗体则将被洗掉，底物不显色而呈阴性反应若样品中含相应的抗体底物显色而呈阳性反应。

（2）双抗体夹心法测抗原

将已知的特异性抗体包被在固相载体上，形成固相抗体，加入待检样品（含相应抗原），其中抗原与固相抗体结合成复合物，再加入特异性的酶标抗体，使之与已形成的抗原抗体复合物结合，当加入底物时，酶则催化底物而显色，根据颜色的有无和深浅对待测抗原进行定性和定量分析。

（3）竞争法测抗原

将特异性抗体与固相载体联结，形成固相抗体加入待测样品（含相应抗原）和相应的一定量的酶标抗原，样品中的抗原和酶标抗原竞争与固相抗体结合，待测样品中抗原含量越高，则与固相抗体结合的越多，使得酶标抗原与固相抗体结合的机会就越少，甚至没有机会结合，这样加入底物后就不显色或显色很浅，显色深者为阴性。

前两种方法主要用于测定抗体和分子结构较大的抗原，适用于分析一些生物来源的分子量相对较大的分析物上，而竞争法则适宜于测定一些分子结构较小的抗原，因而尤其适用于食品安全检测中对于化学来源的污染物的分析和检测，比如一些农药、兽药残留等。由于食品安全检测需测定的物质大都是结构相对简单、分子量相对较低，但免疫动物产生抗体的抗原分子量要大（至少50000u），因此，为了基于该方法对于生物性特异免疫反应的适应性，首先必须将小分子化学来源的物质结合上在分子量较大的蛋白质（尽量要求结构清晰、易于分析、功能单一）上，才能用作生物免疫源（半抗原）之用，进而在目标生物体内或体外检测环境中进行免疫反应。竞争法按实验操作步骤的不同又可分成直接竞争法和间接竞争法。研究者可根据自身的条件和实际要求，灵活地设计适当的ELISA法。

1.1.3 酶联免疫分析检测技术在食品安全检测中的应用

1.1.3.1 食品中毒素的测定

真菌毒素是由一定的特色真菌菌株在适合产毒的条件下培育生长所产

生的次生代谢产物。在食品加工时，虽经过高温、高压等加工过程处理，但这类型的生物毒素一般不能被破坏，并仍具有产生健康危害后果的能力。因此，真菌毒素在食品卫生理化检验项目中占据了一定的比例，并且随着分析鉴定方法的进步发展使鉴定种类更加丰富而日益受到人们的重视。黄曲霉毒素是一种致毒性和致癌性很强的真菌毒素，各国都严格限制其在食品中的含量。它是一组化学结构类似的化合物，目前已分离鉴定出12 种，一般食品中黄曲霉毒素含量以毒性最强的 B_1 计【酶联免疫吸附分析及其在食品安全检测中的应用 邱伟芬-《粮食与饲料工业》-2004-08-13】。LaWell【ChuA. Production and characterization of antibodies against microcystins［J］. Appl Enviro M-icro，1985，55（8）：1928.】，首先采用了ELISA 法来检测黄曲霉毒素，利用小分子黄曲霉毒素 B_1 结合蛋白质免疫动物得到抗黄曲霉毒素 B_1 的免疫球蛋白（抗体），并合成了酶标黄曲霉毒素 B_1 结合物，建立了直接竞争 ELISA 法检测黄曲霉毒素 B_1。

1.1.3.2　食品中病原微生物的检测

病原微生物是食品生物性污染的重要因素。ELISA 法可检测食品中沙门氏菌、军团菌、大肠杆菌 O157：H7 等微生物。其中沙门氏菌是细菌性食物中毒中最常见的致病菌，它严重影响着食品安全。传统的沙门氏菌检测法试剂繁杂、检测周期长，远远不能适应实际需要，而 ELISA 试剂盒则能方便、快速地筛选出沙门氏菌污染的食品或饲料。

用 ELISA 法来筛选沙门氏菌，采用的抗体既可以是单克隆抗体（McAb），也可以是多克隆抗体。其基本步骤是首先包被抗沙门氏菌的单克隆抗体（多克隆抗体），然后在微孔板内加入经过前增菌和选择性增菌的待检样品，样品中如有沙门氏菌存在，则与微孔板内的特异性抗体结合形成复合物。洗涤掉多余的反应物，加入酶标二抗，则形成抗原抗体酶标二抗复合物。加入底物，测定光密度，当光密度值大于或等于临界值时，即可推断为阳性。

1.1.3.3　食品中药物残留的检测

ELISA 最大的优点是准确灵敏，用 ELISA 对蔬菜和水果中的杀菌剂噻菌灵检测的敏感度达到 9ng/g，对牛奶中的除草剂的检测限可达 1~10ng/mL。因此世界粮农组织（FAO）已向许多国家推荐此技术，美国化学会将

ELISA 列为农药残余分析的支柱技术之一。国内在这个方面开展得相对较晚，但也取得了一些进展。柳其芳建立了一种酶联免疫测定牛奶中黄曲霉素与抗生素的方法，样品不需经过特殊处理，操作简单准确快速。蒋宏伟等人利用竞争性酶联免疫检测方法，并用乙酸乙酯萃取，增加灵敏度和特异性。一些研究人员还通过不断的探讨，以进一步完善 ELISA 技术，并取得了一些可喜的成果。Mickova 等则通过检测婴儿食品中的杀虫剂，比较 ELISA 与高效液相色谱的相关性，结果发现用 ELISA 的对三种杀虫剂的检测限起码要低 1~2 个数量级①，该技术作为一种新型免疫测定技术，常应用于蔬菜、水果的农药残留检测以及水产品的自带毒性检测中。

此外，ELISA 还可用于分析检测食品中的芳香胺、酚类化合物、过氧化物、过氧化物酶激活剂（抑制剂）等多种物质的安全管理检测。

1.1.4 酶联免疫分析检测技术发展前景

随着亲和力高、特异性强的抗体生产技术逐渐完善，以及酶固定化技术取得的新成就，酶联免疫法在超微量农药残留分析检测以及现场快速检测等方面的技术也在逐渐完善，使 ELISA 在食品检验方面具有广阔的应用前景和开发潜力。ELISA 技术的研究热点是开发特异性强的重组抗原，并且可以进行多项标记的全自动酶联免疫测定方法。提高检测样品的稳定性，有利于检测技术的产业化发展。

目前研究方便快捷的酶联免疫试剂盒是 ELISA 的发展方向。免疫胶体金技术是继酶标记技术后发展起来的固相标记免疫测定技术，因其易制备、价格低、可控性强、不影响待测样品的生物活性、检测方便、应用范围广等优点，在食品检测方面有极大的发展潜能。

1.2 酶抑制法检测

1.2.1 技术原理

酶抑制法是利用酶的功能基团受到某种物质的影响，而导致酶活力降

---

① Mickova B, Zrostlikova J, Hajsova J et al Correlation study of en-zyme-linked im-muno sorbent assay and high-perfo rmance liquid chro-matography/ tandem mass spectrometry for the dete rm ination of N-methylcarbamate in secticides in baby food [J]. Analytica Chim ica Ac-ta, 2003（495）：123~132.

低或丧失作用的现象进行检测的方法，该物质即称为酶抑制剂。酶抑制剂对酶有选择性，是研究酶作用机理的重要工具。对于加工食品及其原料中涉及的酶抑制剂，主要包括农业生产中用到的农药或兽药（杀虫剂）。有机磷和氨基甲酸酯类农药能够抑制昆虫中枢和周围神经系统中的乙酰胆碱酯酶活性，从而引起昆虫死亡。在酶反应试验中加入乙酰胆碱酯酶的底物和显示剂，即可通过某种特定化合物引起的信号变化，检测农药残留。由于检测过程依赖酶促反应，酶抑制法与酶的种类、显色反应的底物、反应时间、温度等有密切关系。

另外一大类使用酶抑制法检测的食品安全污染物是重金属类，其原理是重金属离子对碱性磷酸酶具有抑制作用，可选择本身无色的底物，发生酶促反应之后生成有色底物进行检测，也可通过产物再与其他发色物质产生作用，增强颜色反应，从而进行测定，开发出重金属离子酶抑制法检测技术。

1.2.2 技术特点

酶抑制检测法能在较短的时间内检测出有机磷类和氨基甲酸酯类农药在果蔬中的残留量，将残留超标的产品控制在市场之外，防止食用引起急性中毒。酶抑制检测法能在短时间内检测大量样本，成本低，对操作人员技术要求不高，易于在农产品生产基地和批发市场推广，是目前我国控制农药残留的一种有效方法。有些植物如黄瓜、韭菜、菜花、马铃薯、葛芭等本身存在对有抑制作用的活性物质如氯代烟碱类物质，这些活性物质对检测造成一定的干扰，易引起"假阳性反应"，并且有些样品提取液颜色较深，在检测的时候会严重影响测定结果，必须使用活性炭或者硅藻土吸附颜色，操作显得有些烦琐。

该技术应用主要有酶片法和比色法两种检测类型。酶片即为浸渍有胆碱酯酶或其他敏感酶类的滤纸片或类似载体物质，可以达到便于携带和现场操作，用于固定的酶主要是乙酰胆碱酯酶和植物酯酶。比色法检测农药残留所用的主要仪器是分光光度计以及对分光光度计进行改装而生产的速测仪。具有良好的检测效果，具有操作简单、快速、自动化程度高、灵敏度合适、成本低等优点。

1.2.3 酶抑制法在食品检测中的应用

乙酰胆碱酯酶抑制法是目前使用最广泛的有机磷农药电化学检测法，能在半小时内快速测定蔬菜中有机磷农药及氨基甲酸酯类农药残留。邱朝坤等对酶抑制法快速检测有机磷农药残留进行了研究。以鲫鱼脑、肝脏和肌肉乙酰胆碱酯酶为检测用酶，对 5 种蔬菜中有机磷农药残留进行检测，根据 AChE 酶活抑制率和农药抑制方程，判断农药残留情况。当 AChE 酶活抑制率大于 35% 时，可判断该样品中农药残留超标，该方法的回收率在 80%~120% 之间。此外，Jin 等[①]用酶抑制法测定有机磷和氨基甲酸酯类农药含量，酶活力的抑制率与农药的浓度呈正相关。有机磷水解酶也被用于检测农药残留适应范围广，缺点是目前尚无商品化的有机磷水解酶，所发表研究成果中的有机磷水解酶均是通过基因工程的方法制备获得。因此，该方法目前普及较为困难，成本较高。

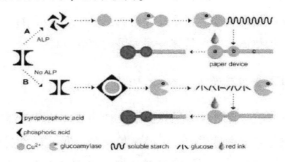

图 3-1 试纸条检测碱性磷酸酶的原理图【Zhang 等[②]】

Zhang 等开发了一种试纸条用于定量检测 ALP，ALP 存在时，ALP 水解焦磷酸生成磷酸，检测体系中的铜离子抑制葡萄糖氧化酶，使其无法水解可溶性淀粉，淀粉沉积在 b 区，当 a 区加入红墨水时，被 b 区的沉积淀粉阻挡，导致红色墨水无法流出。当没有 ALP 存在时，焦鳞酸不水解，并

① Jin Shengye, Xu Zhaochao, Liang Xinmiao, et al. Determination of organophosphate and carbamate pesticidesbased on enzyme inhibition using a pH-sensitive fluorescence probe [J]. Analytica Chimica Acta, 2004, 523 (1): 117-123.

② Zhang) L,) Nie) J,) Wang) H,) Yang) J,) Wang) B,) Zhang) Y,) Li) J,) Instrument-free) quantitative) detection) of) alkaline) phosphatase) using) paper-based) devices) [J],) Analytical) Methods,) 2017, 9 (22): 3375-3379.

能包裹住铜离子，使得铜离子无法抑制葡萄糖氧化酶，可溶性淀粉在葡萄糖氧化酶作用下水解成葡萄糖，葡萄糖不会堵塞 b 区，a 区的红墨水可顺利流出，该方法的检测限为 75U/L。

此外，酶抑制法由于所选择酶类的特异性不同，还可以适用于兽药、抗生素等多种食品危害污染物的测定分析。

1.2.4 酶抑制法发展前景

随着科技的进步，酶抑制法有利于实现快速和便携的检测，在食品安全管理过程中的应用不断扩展，其中比色法已经得到了较广泛的应用。但仍存在一些需要解决的技术性难点，这也是酶抑制法发展的方向和前景。首先，检测仪器还需要针对检测机理并与当前先进的自动化控制技术等结合以利便捷化创新；其次，胆碱酯酶的制备、提取、贮存等技术以及适宜于固定化酶重复使用的改进，是该技术能够降低成本，不断推广的坚实后盾；此外，克服酶抑制法不利于多分析物同时测定的缺陷，通过制备试剂盒，实现技术的整体推广，是该技术发展的前景目标！

1.3 ATP 生物发光法

ATP（三磷酸腺苷）生物发光法是一种利用荧光素酶催化 ATP 参与反应，引起检测体系光学性质变化，并被检测的一种比较常见的食品细菌检测技术。ATP 是活细胞中的一种供能物质，含有两个高能磷酸基团。一般来说，不同细菌中的 ATP 含量基本相同，约含有 $1\sim2\text{fg}$，在相同的实验条件下，一定浓度范围内的 ATP 发光反应的光强与 ATP 浓度呈良好的线性关系。荧光素酶催化的化学反应如下（$h\nu$ 表示光能）：

$$\text{ATP+荧光素+荧光素酶} \xleftrightarrow{\quad\text{Mg}^{2+}+\text{O}_2\quad} \text{氧化荧光素+AMP+CO}_2+ppi+h\nu$$

（1）

但是 ATP 荧光反应所发出的荧光强度较低，较低的发光强度使得检测系统的准确度较低且较容易受到外界的干扰。

ATP 生物发光法的优点主要是快速、简便、重现性好；而由于其要求样品中细菌浓度最低不少于 1000 个/ml，使得灵敏度有时达不到卫生学要求。此外，ATP 生物发光法不能区分微生物 ATP 与非微生物 ATP；并且由于食品本身、ATP 提取剂等含有离子，某些离子又会对 ATP 的测定造成干扰、抑制发光作用等。

　　ATP 生物发光法的应用范围十分广泛，现已应用于食品工业的众多领域。例如，用生物发光法测定肉类食品中细菌污染情况，表明二者具有良好的相关性。ATP 生物发光法还可用于乳制品中乳酸菌的测定、啤酒中菌落总数测定、调味品及脱水蔬菜的细菌学测定等。生牛乳检测时，将其用 PBS 缓冲液稀释 20 倍，取 50μL 加入滴体细胞裂解剂混匀并过滤，然后膜上加入 2 滴细菌裂解剂，再加入 50μL 酶反应试剂，用枪反复吹吸 3 次后检测发现，ATP 生物发光法检测结果与培养及平板计数法结果之间有良好的线性关系。肉类食品中微生物检测时，生肉类食品由于体细胞 ATP 对结果的干扰较大，因此需要清除掉样品中体细胞 ATP，其采用的方法是首先用 0.2% 的 TritonX-100 和 0.15% 的 apyrase 混合液清除体细胞 ATP，然后加入 3% 的三氯乙酸混合并振摇 1min，离心后取上清检测 ATP，该光值即为细菌 ATP 发光值，整个过程需 15min。而熟肉类中非细菌 ATP 含量低，对结果影响较小可以省略清除体细胞 ATP 步骤而直接测定，整个过程需 4min。

　　ATP 生物发光法快速，操作简便、灵敏度高，具有其他微生物快速检测方法不可比拟的优势，但会受到微生物数量、非微生物 ATP、ATP 提取剂、pH、温度、色素等诸多因素的影响。在实际应用中，应设法将这些干扰因素减少到最低。当前科技发展条件下提高 ATP 荧光发光强度可从两方面进行，一是富集并提高细菌溶液的浓度时所释放出的 ATP 含量便会增加，提高发光强度；二是通过增强荧光素酶的活性或将游离 ATP 富集来提高相同浓度 ATP 溶液的发光强度。

2　生物传感器技术

　　生物传感器选用选择性良好的生物材料（如酶、DNA、抗原等）作为分子识别元件，当待测物与分子识别元件特异性结合后所产生的复合物

（光、热等）通过信号转换器变为可以输出的电信号、光信号等并予以放大输出，从而得到相应的检测结果。生物传感器具有较好的敏感性、特异性、操作简便、反应速度快等优势，横跨生物、化学、物理、信息等域，结合了生物技术、材料技术、纳米技术、微电子技术等，是一门交叉学科的研究与应用技术，也是当今世界科学发展的前沿。李会芹等（李会芹，李遂亮，李伟，江敏，魏文松，胡枫江，赵媛媛，胡建东．光学表面等离子共振测定盐酸克伦特罗的试验研究［J］．河南农业大学学报，2012，46（2）：198-202．）报道了一种将盐酸克伦特罗抗原固定于表面金膜的表面，通过竞争抑制法监测其微量的物质量的波动并将信号变化经由光学表面等离子共振测量的生物传感器技术，测得样品中盐酸克伦特罗含量。对于有毒有害成分的检测，生物传感器可大大缩短检测时间，如对沙门氏菌的检测时间可缩短到 24h 以内。已有报道用抗体作为检测器做成了一个实时生物传感器，用于检测牛奶、热狗等食品中的葡萄糖球菌肠毒素，灵敏度可达 10~100ng/g，而且检测过程不超过 4min。

2.1 生物传感器原理及分类

生物传感器是一种由天然（组织、细胞、核酸、抗体、酶等）、加工（重组抗体、工程蛋白等）生物材料或仿生材料（合成催化剂、印迹聚合物等）与物理化学的换能器或换能微系统紧密结合或集成的分析仪器。换能器包括光学、电化学、温变、压电、磁性或微机械性等种类，能够将生物化学变化转换为电信号输出（图 3-2）。不同种类的生物材料和换能器具有不同的性质，能适应不同物质的检测。

按照换能检测原理不同，生物传感器可分为电化学式和光学式两大类。其中电化学式包括电位式、电流式和电导式，光学式包括吸光式、反光式和发光式。根据传感器输出信号的产生方式可分为生物亲和型、代谢型和催化型、生物亲和型生物传感器利用抗原与抗体间特异性识别来对抗原、半抗原或抗体进行检测，它检测的是热力学平衡的结果；催化型生物传感器则利用酶专一性和催化性，在接近中性和室温条件下对酶作用的底物进行检测，它检测的是整个反应动力学过程的总效应。根据生物传感器中生物分子识别元件上的敏感物质可分为酶传感器、微生物传感器、组织传感器、基因传感器和免疫传感器等。根据生物传感器的信号转换器类型可分为电极式、热敏电阻式、离子场效应晶体管式、压电晶体式、表面声波式和光纤式等。

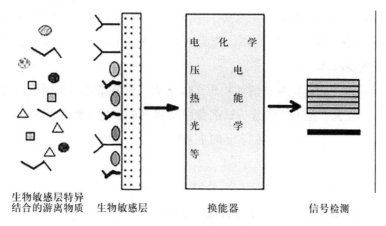

图 3-2　生物传感器基本原理示意图

（生物敏感层一般由酶、抗体、核酸、细胞等组成）

Fig. 3-2　Structurediagramofabiosensor

（bio-elements：enzyme，antibody，DNA，cell，etal.）

各类型电化学生物传感器中，生物活性物质与特定反应物发生反应，从而使特定生成物的量有所增减。常用的这类信号转换装置有氧电极、过氧化氢电极、氢离子电极、其他离子选择性电极、氨气敏电极、二氧化碳气敏电极、离子场效应晶体管等。

压电生物传感器利用压电石英晶体对表面电极区附着质量的敏感性，并结合生物功能分子（如抗原和抗体）之间的选择特异性，使压电晶体表面产生微小的压力变化，引起其振动频率改变可制成压电生物传感器。它主要由压电晶体、振荡电路、差频电路、频率计数器及计算机等部分组成。

光学生物传感器利用各种特制光学元器件，将生物特异性反应引起的物质变化转变为光发生、传递等过程的信号变化，并加以检测。

2.2　生物传感器技术特点

生物传感器相比其他常规化学分析方法，具有快速、准确、方便等优点，具有广阔的应用前景。传感器是一种可以获取并处理信息的特殊装置，如人体的感觉器官就是一套完美的传感系统。通过眼、耳、皮肤来感知外界的光、声、温度、压力等物理信息，通过鼻、舌感知气味和味道这样的化学刺激。而生物传感器是一类特殊的传感器，它以生物活性单元（如酶、抗体、核酸、细胞等）作为生物敏感单元，对目标测物具有高度选择性的检测器。

（1）采用固定化生物活性物质作催化剂，价值昂贵的试剂可以重复多次使用，克服了过去酶法分析试剂费用高和化学分析烦琐复杂的缺点。

（2）专一性强，只对特定的底物起反应，而且不受颜色、浊度的影响。

（3）分析速度快，可以在一分钟得到结果。

（4）准确度高，一般相对误差可以达到 1%。

（5）操作系统比较简单，容易实现自动分析。

（6）成本低，在连续使用时，每例测定仅需要人民币几分钱。

（7）有的生物传感器能够可靠地指示微生物培养系统内的供氧状况和副产物的产生。在产控制中能得到许多复杂的物理化学传感器综合作用才能获得的信息。同时它们还指明了增加产物得率的方向。

生物传感器具有多分析及同时分析特性，便于使用芯片进行化验检测等。物传感技术可以准确、轻松地检测食品中的有害物质，并完成在线检测。作为功能元件，生物传感器的尺寸很小，主要基于生物技术，可以检测标准物质。具体参数的输入可以保证系统识别和生物成分分析过程中信息的正确识别。同时，研究人员可以分析蛋白质和糖含量，并在细菌检测过程中测量大肠杆菌毒物等有害物质。该技术因其检测结果高、准确率高而被广泛应用于广泛的检测中。

2.3 常见的生物传感器及其在食品安全检测中的作用

2.3.1 酶传感器

酶生物传感器是将酶作为生物敏感基元，利用酶的高效特异性催化生物活性，通过各种物理、化学信号转换器捕捉目标物与敏感基元之间的反应所产生的与目标物浓度成比例关系的可测信号，实现对目标物定量测定

的分析仪器。它既有不溶性酶体系的优点，又具有电化学电极的高灵敏度，同时还具有酶促反应体系的高选择性，能够直接在复杂试样中进行测定。根据信号转换器的不同，酶传感器主要有酶电极传感器、离子敏场效应晶体管酶传感器、热敏电阻酶传感器和光纤酶传感器等几类。

随着生物技术、纳米技术、酶固定化技术等研究的深入和成果的积累，酶生物传感器的发展经历了 3 个不同阶段。首先是通过直接检测电极反应体系中生成或消耗的电活性物质，来检测分析物；其次是通过引入以过渡金属阳离子及其络合物为代表的电子媒介体（如醌类等）取代 O_2、CO_2 等天然底物作为电子受体，以实现酶促反应氧化还原中心与电极之间的电子快速传递，并用于检测；最后是以电极基质材料进行改性研究以及酶的固定化研究为基础，提出酶与电极直接建立电子通信的直接电化学传感器。受酶催化特性所限，辣根过氧化物酶、葡萄糖氧化酶、超氧化物歧化酶等少数物质酶可用于构建传感器并广泛应用。

对于食品安全监测管理，各种酶生物传感器的应用范围涉及食品工业生产在线监测、食品中成分分析、食品添加剂分析、鲜度、有害毒物的检测、感官指标分析法等诸多方面。例如，将玻碳电极表面氧化处理后，用戊二醛作交联剂，将新亚甲蓝及辣根过氧化酶标记的青霉素多克隆抗体修饰到电极表面，制成的高灵敏电流型青霉素免疫传感器，可用于鸡肉中含有的青霉素检测，其线性范围为 5~45 ng/g，最低检出限为 1.90 ng/g。通过将亚硫酸盐氧化成硫酸盐来检测食品中的亚硫酸盐的酶生物传感器也得到了应用。

2.3.2　组织传感器

组织传感器是以动植物组织薄片固定在载体材料上作为敏感元的生物传感器，主要依赖生物组织中所包含的酶发挥功能，基本原理与酶传感器相同。区别在于组织传感器用自然界中的物质本身探测自然，省去了酶传感器中酶的分离提取等复杂的过程；重建酶时也不需要额外添加辅助因子，制作简单，价格低廉，使用寿命相对而言比较长，还可以用于酶催化途径不清楚的体系上。

Rechnitz 等首次报道了利用猪肾组织薄片与氨气敏电极组成测定谷氨酰胺的生物传感器。其后，又报道了将南瓜组织薄片与二氧化碳电极结合起来可以检测 L-谷氨酸的植物组织传感器。组织传感器用于食品安全监测管理，大多适用于通过特定的组织固定和培养方式将嗅觉黏膜组织、味蕾组织用于研究和开发用于滋气味分析的"电子鼻"式生物传感器。

2.3.3 微生物传感器

微生物传感器是生物传感器的一个重要分支，由固定化微生物、换能器和信号输出装置组成，以微生物活体作为分子识别敏感材料固定于电极表面构成的一种生物传感器。它的基本原理是：固定化的微生物数量和活性在保持恒定的情况下，它所消耗的溶解氧量或所产生的电极活性物质的量，反映了被检测物质的量。微生物传感器可分为两大类：一类利用微生物的呼吸作用；另一类是利用微生物菌体内所含有的酶的作用。

Divies 制成了第一支微生物传感器，由此开辟了生物传感器发展的又一新领域。与最早的酶电极相比，微生物传感器具有更好的稳定性、更长的寿命和更低的成本。生殖细胞中的酶仍然存在于自然环境中并增加稳定性和活性。此外，传感器的生物成分在生长期重新浸渍，使其生物分析活性得以长期保持，延长传感器的有效寿命。

食品工业中，微生物传感器成本低和设备简单，尤其适用于主要在发酵过程监测，因为发酵过程中常存在对酶的干扰物质，并且发酵液往往不是清澈透明的，不适用于光谱等方法测定。主要常用的种类有葡萄糖传感器、同化糖传感器、醋酸传感器、酒精传感器、甲酸传感器、谷氨酸传感器等。如在谷氨酸发酵生产过程中，利用大肠杆菌作为敏感元件制成的微生物传感器，将产生的 CO_2 与 CO_2 气敏电极组装在一起，来测定谷氨酸的含量。

环境监测中，微生物传感器主要用于生化需氧量的测定。生化需氧量的测定是监测水体被有机物污染状况的最常用指标，比如日本在污水检测中，利用荧光假单胞菌做成的微生物传感器，可在 15min 内测定 BOD 而取代传统的 5 天 BOD 测定法。

另外，微生物遇到有害离子 Ag^+、Cu^{2+} 等会产生中毒效应，可利用这一性质，实现对废水中有毒物质的评价，使用基于活性污泥的微生物传感器监测污染废水中染料对微生物的毒性影响，从而避免有毒染料进入生物反应器内，确保废水处理体系稳定运行。微生物传感器还可应用于测定多种污染物，气体传感器用于监测大气中氮氧化物的污染；硫化物微生物传感器用于测定煤气管道中含硫化合物；酚微生物传感器能够快速并准确地测定焦油、炼油、化工等企业废水中的酚。

2.3.4 免疫传感器

免疫传感器是基于抗原抗体特异性识别功能与高灵敏的传感技术结合而形成的一类生物传感器。免疫传感器的工作原理和传统的免疫测试法相似，都属于固相免疫测试法，即把抗原或抗体固定在固相支持物表面，来检测样品中的抗体或抗原。免疫传感器的检测方法与 ELISA 方法近似，主要包括直接法、竞争法和夹心法，竞争法可以分为直接竞争法和间接竞争法；按照分析过程中是否使用标记物可分为非标记型和标记型两种形式。

免疫传感器的检测器适应性广，种类多，其中研究最早，种类最多，也较为成熟的是电化学检测器，包括电位型、电导型、电容型和电流型四种；光学检测器主要包括光纤、光栅、表面等离子体振荡等；此外还有压电晶体、声波等其他种类。

免疫传感器的特点与抗体性质有关，专一性强，选择性高，一般只能检测具有抗原性的物质。

免疫传感器在食品安全管理监测中可用于检测各种致病菌、农药残留、抗生素、生物毒素的检测等诸多方面。例如，可以先用含有抗沙门氏菌的磁珠将待测液中的沙门氏菌分离，然后加入碱性磷酸酯酶标记的二抗，形成抗体-沙门氏菌-酶标抗体的结构，先经磁分离，再由酶水解作用后，底物对硝基苯磷酸产生对硝基苯酚，通过在 404nm 下测定对硝基苯酚的吸光度来测定沙门菌的总数，结果良好。还可以将带有能分辨出活性、完整内酰胺结构的，具有羧肽酶活性的微生物受体蛋白用作探测分子，利用内酰胺类抗生素存在时，受体蛋白和抗生素之间形成稳定的复合物抑制酶活性，从而检测牛奶中青霉素 G，获得低于欧洲标准的检测限。

抗体的制备技术和固定化酶技术日益成熟，同时基因工程进行定向化也为抗体的多能性提供了可能，从而为免疫传感器的创新发展和应用提供了基础。纳米技术、信息技术逐渐与免疫传感器相结合是未来发展的主要趋势之一，生物传感器寿命、稳定性及制备的复杂性制约着研究成果商品化与批量生产。相信随着新一代生物兼容性强、稳定性高的生物传感器的开发和成熟，免疫传感器在食品检测中的应用将会更加广泛。

按照免疫传感器信号检测过程是否需要对参与反应的生物分子进行标记，免疫传感器可分为非标记型和标记型两种。非标记免疫传感器是将抗体或抗原固相化在电极上，当其与溶液中的待测特异抗原或抗体结合后，引起电极表面膜和溶液交界面电荷密度的改变，产生膜电位的变化，变化程度与溶液中待测抗原或抗体的浓度成比例。标记免疫传感器则是将特异抗原或抗体用酶等标记后，在反应溶液中其可与待测抗原或抗体竞争与电极上抗体或抗原结合，取出电极洗涤去除游离抗原或抗体后，再浸入含酶的底物的溶液中测定。

由于免疫传感器的结构特征，不同的抗体可用于构建不同原理和用途的检测仪器，使其在食品安全检测中的应用广泛、适用分析物众多、性能各异。免疫生物传感器用于检测食源性致病菌的种类众多，包括沙门氏菌、单核增生李斯特菌、大肠杆菌等，各传感器检测信号种类也存在差异，但为快速检测技术的发展提供了借鉴。免疫传感器用于分析小分子药物类物质，同样开发了许多实际应用范例，农、兽药残留以及微生物产生的毒素等均可被特异性的快速分析检测。重金属污染的种类多、且不同离子对于化学检测的适用原理也具有差异，相应的样品预处理方法要求也不同，使得传统化学检测方法难以同时进行安全管理检测，而免疫传感器的开发和使用，则使同时快速分析食品中的不同重金属离子污染得以实现。免疫传感器本身所具有的多学科交叉融合特性，使其具备了便于自动化、集成化、检测灵敏高效、特异性强等其他学科领域的优势，更有利于其在食品安全检测中的广泛应用。

2.3.5 核酸生物传感器

核酸生物传感器是以 DNA（RNA）为敏感元件，通过换能器将 DNA 与 DNA、RNA、药物、化合物、自由基等相互作用的生物学信号转变成可检测的光、电、声波等信号的物理装置。其识别层由固定在换能器上的用于特异性识别靶序列的探针以及其他一些的辅助物质组成，换能器则可将杂交过程所产目标 DNA 进行准确定量，类型包括电化学、压电晶体、光学器件等。

核酸生物传感器是基于核酸分子杂交和 Watson-Crack 碱基配对原理而发

展起来的一种用于核酸序列识别检测的新技术。与其他检测方法如凝胶电泳检测相比，它的出现大大缩短了目标物的检测时间，而且无污染、操作简单化，既可定量，又可定性，并且便于变性分离与重复利用，为 DNA 序列检测和单碱基突变的识别提供了新型高效的检测手段。其中，适配体是一类通过指数富集配体系统进化（systematic evolution of ligands by exponential enrichment，SELEX）技术筛选出来的，能与相应配体专一性紧密结合的一类单链 DNA 或 RNA 寡核苷酸序列，一般由几十个核苷酸（20-60nt）组成，称为适配体（aptamer）。适配体与其靶物质的结合通常是基于其核酸链的三维结构和本身的柔韧性，一定条件下核酸链折叠形成一些适合靶物质结合的稳定的空间结构，如发夹（haripin）、G-四股螺旋（G-quartet）、假结（pseudoknot）、鼓包（stem-bulge）等，形成适配体与靶物质之间较大的接触面积，并据此而与靶物质紧密结合，表现出高亲和力和高特异性。

核酸生物传感器用于食品安全管理监测的主要检测对象是各种污染食品的微生物检测，可以通过遗传物质快速体外扩增后，直接检测目标特异性序列，达到高效、快速鉴别微生物污染。例如，一种一次性电位计传感器，用于核酸的扩增偶联检测。在核酸的等温扩增期间通常会释放氢离子。使用带有商业金属氧化物半导体场效应晶体管（metaloxide semiconductor field effect transistor）和环形振荡器组件的完整电路直接测量扩展栅极的氧化物功能化电极上的表面电势，从而实现了经济高效，便携式且可扩展的时核酸分析。另外，对于转基因食品的监测管理是核酸生物传感器的又一优势应用，能够用于转基因食品中外源基因的特异性检测，从而便利转基因食品安全管理。例如，将样品进行 PCR 扩增，进行信号放大；利用标记在等离子共振传感器表面的单链 DNA 探针，检测 PCR 扩增产物中的 35S 启动子和 NOS 终止子来检测转基因作物。此外，随着核酸适体结构、用途、原理、种类等研究成果的积累，以及核酸生物传感器相关技术的成熟和稳定，适体生物传感器由于对目标检测物的广泛适用性，将愈加促进相关研究和产品推广。伴随指数富集配体系统进化技术的发展，核酸适配体被筛选出来，并能与各种靶物质发生高特异性结合，因此开发基于适配体的生物传感器具有很大的发展潜力。比如将多层纳米结构的石墨烯与等离子体聚丙烯酰胺结合，利用探针对汞离子的特异性识别，形成结构，引起石英芯片表明频率的变化，从而达到检测汞离子的目的，该传感器至少可以重复使用 10 次。此外基因工程研究中涌现出的基因编辑等技术原理与核酸生物传感器的有效结合，也将有利于核酸生物传感器的进一步发展和推广应用。

2.3.6 细胞生物传感器

细胞生物传感器是基于活细胞作为生物敏感元件承载生物特异性反应，使之与电极或其他信号元件结合，定性定量地检测细胞的基本功能信息。生命过程中存在各种氧化还原反应、离子组成和浓度的变化，细胞生命活动伴随着电子产生和电荷转移，可以利用电化学方法来揭示细胞功能变化以及细胞生长和发育的信息。细胞传感器的换能检测方式包括光学荧光、分子磁共振成像、表面增强拉曼散射（SERS），比色法，扫描检测和电化学等。

依据相应的机理，可以把电化学细胞传感器分为两种：一种是利用细胞体内的酶系和代谢系统对其相应底物进行检测。比如报道的一种基于 FA-GAM-OA 独特的结构，对 $Fe(CN)_6^{4-}$ 产生了极好的电催化活性，使得电化学传感器对肝癌细胞的检测表现出极佳的分析性能。

细胞是构成生物形态和功能的基本单位，对细胞结构和活性的研究是生命科学研究的重要基础。细胞传感使用活细胞作为检测装置或传感元件，通过发现活细胞的基本功能信息和细胞对化合物的反应，它可以量化和确定细胞的活力和分析特性。活细胞感知对于细胞的结构和功能、生命活动的规律和自然、疾病的诊断、癌症和抗衰老药物的设计以及环境的监测都非常重要。

2.4 影响生物传感器性能的因素

生物传感器是依赖于生物分子的特异性反应而运行的，因此，制作固定生物敏感电极、检测过程中所有对于生物大分子功能和活性以及生物、化学反应动力学具有影响的因素条件（如温度、pH 和离子强度、生物识别元件的浓度、催化剂、抑制剂等），都会对生物传感器的性能产生影响。

2.4.1 生物敏感分子固定

影响免疫传感器性能的关键是生物敏感层与传感器换能仪器的相互结合有效性。共价固定后的生物分子活性一般只能保持在 20% 左右。对于近年来采用较多的硫醇分子自组装单层膜（Self-assembled Molecular Layers, SAMs）共价固定方法，硫醇不同长度的碳链、不同的末端基团的种类以及固定反应过程中缓冲液的 pH 通过影响电极表面抗体结合的空间位阻、表面电荷状况等影响固定生物分子的有效性和生物活性。

通过对不同碳链长度、不同末端基团的硫醇形成自组装膜、固定辣根过氧化物酶效果进行了比较，发现碳链短，覆盖率低，电极表面空隙多；有机链的非极性相互作用对于定向分子、增加硫醇覆盖率是很重要的；碳链较长时由于酶距离电极表面长度增大而使固定酶的灵敏性降低。对于不同的硫醇末端基团（-COOH 和-NH$_2$），循环伏安法的研究结果表明，最好的酶固定效果是由含有-NH$_2$末端的自组装膜提供的（Au-CYSTE-HRP 和 Au-CYS-HRP、Au-CYSTE-GLU-HRP 和 Au-GLU-CYS-HRP），尤其半胱氨酸。

另外，通过电化学阻抗谱研究了两种不同末端基团含硫化合物组成的混合自组装膜（HS-C$_{11}$OH（11-mercapto-1-undecanol）和 SH-C$_{15}$NHP（16-mercapto-hexadecanoic-phtalimidateester）发现，对于单一 SAMs，其检测的线性范围为 100~800ng/ml，而混合的 SAMs 则表现出了较高的灵敏性和 20~200ng/ml、200~1200ng/ml 两个显著不同的线性范围。这充分说明不同含硫化合物形成的自组装膜，其固定生物分子的性能存在显著差异。

2.4.2　pH、离子强度

pH、离子强度对于生物传感器性能的影响贯穿从制作到应用的整个过程，对于生物传感器的开发尤为重要。

2.4.2.1　固定过程的缓冲溶液 pH

缓冲溶液的 pH 影响生物分子的解离状况和表面带电荷状态，生物分子本身活性就对 pH 具有高度依赖性。固定过程的缓冲溶液影响有很大的个体特异性，需要针对不同的生物分子进行优化。

不同的 pH 值、缓冲液种类、离子强度对于各种不同传感器电极材料吸附固定生物大分子的影响是有很大差别的。有研究表明，细胞色素 c 在聚 2-羟乙基丙烯酸酯-甲丙烯酰氨基组胺（2 - hydroxyethylmethacrylate-methacryloylamidohistidineHEMA-MAH）螯合铜珠上所表现出的吸附能力对于缓冲液的依赖关系为：磷酸盐（PhosphateBufferSaline，PBS）>4-羟乙基哌嗪乙磺酸（2-［4-（2-Hydroxyethyl）-1-piperazinyl］ethanesulfonicacid，HEPES）生物缓冲剂＞3-吗啉丙磺酸（3-（N-Morpholino）propanesulfonicacid，MOPS）＞2-吗啉乙磺酸（2-（N-Morpholino）ethanesulfonicacidhydrate，MES）＞三羟甲基氨基甲烷-盐酸（Tris（hydroxymethyl）aminoethaneHCl，Tris-HCl）。有报道称，在接近胰凝乳蛋白酶等电点的 pH8.6Tris-HCl 缓冲液中增大缓冲液浓度时，降低了白云母上吸附胰凝乳蛋白酶的数量。PBS 是 pH 范围接近 7 时最常使用的缓冲液种类，已知磷酸根离子能强烈的吸附在金属氧化物上，如赤铁矿、针铁矿、TiO2 和一些金属如金、铂的表面。有报道 TiO2 表面以 pH7.0PBS 缓冲体系吸附的抗体 G 能够通过用高浓度的 pH10 无蛋白磷酸盐缓冲液冲洗而部分的被磷酸根离子取代。人血清蛋白吸附在二氧化硅和二氧化钛表面时，磷酸缓冲液中的速度明显低于在 HEPES 缓冲液。

CalvoE. J. 等人在表面带负电荷的硫醇金电极表面先吸附带正电荷的氧化还原聚合物，然后连接抗体，用石英晶体微天平（QuartzCrystalMicrobalance，QCM）和原子力显微镜（AtomicForceMicroscope，AFM）研究其电化学性质。结果表明，蛋白质等电点影响电势峰的改变，固定效果最好时的缓冲液 pH 为 7.7；试验中的分子间的相互作用也体现出了疏水相互作用的影响。另外，有研究表明在电极表面固定磺胺药物与牛血清蛋白（BovineSerumAlbumin，BSA）的偶联物时 pH 是影响抗原固定效率的关键因素，在 pH4.2-pH4.4 具有较好的固定效果，随着 pH 值的增大，抗原结合速度逐渐降低。在 pH4.8 和 pH4.6 的条件下抗原在芯片表面的结合速度远远低于 pH4.4。TaoWei 等研究指出缓冲液的浓度也较为复杂地影响着蛋白的吸附，牛血清蛋白吸附对于 Tris-HCL 缓冲液浓度增加提高单调性，然而对于 PBS 浓度增加的对应变化是非单调的。因此，由于须对大量不同的蛋白质和表面，以及所用的复杂的溶液环境进行研究，还不能做出一般的结论和物理模型。

2.4.2.2 检测过程 pH、离子强度

检测过程中 pH 和离子强度主要通过影响生物化学反应的过程来影响生物传感器的性能。研究不同 pH 值（0.1-M 磷酸盐缓冲液，pH5.8、6.2、6.6、7.0、7.2、7.4、7.6、8.0）对阻抗谱免疫生物传感器检测卵黄蛋白原的影响时发现：pH 从 5.8-7.0 逐渐增大时，阻抗响应信号也呈线

性迅速增大，pH7.0-7.2信号增大缓慢，7.2-7.4信号达到最大并基本持平，而当pH增大到7.6时，信号显著降低，7.6-8.0响应信号进一步降低。另一有关研究缓冲液不同pH（7，7.2，7.4，7.6，7.8和8.0）、离子强度（5，10，15，20，25和50mM）对电容免疫传感器检测霍乱毒素影响的结果表明：低于pH7.4响应值明显减小，7.4信号响应最强。信号随离子强度增加而减小直到信号完全消失，伴随着高电容基线值在50mM时可以观测到。一种可能的原因是，溶液中高的离子强度可能引起电极表面由于自组装层的移去而使覆盖层产生孔洞，因而减小电容基线。

2.4.3 温度

温度对于生物传感器检测性能的影响，既能直接影响生物化学反应过程，又能影响信号检测仪器的稳定性，从而影响检测过程。

LabibM用电容免疫传感器检测霍乱毒素，研究了检测温度的影响。结果表明，在0.1MpH7.4的磷酸缓冲体系中，加入4.0μg/l待测物，5℃时传感器没有产生响应信号，其后，在温度由10℃上升到30℃时，响应信号也随之快速增大，而当免疫反应温度大于35℃时，由于蛋白的热钝化引起响应信号随温度升高而下降。BaldrichE等通过对在不同温度下，对于用不同碳链长度的硫醇自组装单层方式免疫功能化金表面进行研究，得出37℃温度只对较长碳链硫醇形成自组装膜有促进作用。而LiuY等人的研究中，由于采用了新的抗体连接试剂（聚N-异丙基丙烯酰胺，polyN-isopropylac-rylamide，PNIPAAm），实现了使用25℃和37℃分别作为无活性和有活性的传感器检测状态，从而使免疫传感器能够获得再生重复使用。

2.4.4 流动速度

生物传感器的检测方式可以分为静态和流动两种，可靠的免疫响应只能在一个流动注射系统中获得。开发连续流动注射传感器具有以下能够提高传感器性能的优点：

（1）由于样品注入能实现自动化而导致更有效的过程，能够以一种可再生的方式实现，从而为实现自动化提供可能。

（2）流动减少了非特异性吸附，每注射一次后，清洗缓冲液都要流过传感器表面。将可能引起信号改变的可逆吸附成分冲走，从而消除样品的黏度、浓度效应。

（3）基于浓度变化的换能检测器对于分批注入的样品引起的信号变化敏感。因此，越来越多的研究将生物传感器与流动注射检测结合起来进行研究，流动注射速度也成了影响生物传感器性能的主要因素之一。

流速主要影响抗原和固定抗体之间的相互作用效果。一般地，低流速允许更长时间的免疫反应发生。一方面，低流速也可能引起由于延长了酸性较强的再生溶液的接触时间而引起电极表面固定抗体和自组装膜的退化。LabibM 等人在电容免疫传感器检测霍乱毒素的研究中，当流速低于 75μL/min 时，传感器的响应会增加。另一方面，流速继续较小时，则引起了传感器响应明显的降低。LeungA 等从实际出发研究了 10~50μL/min 流速对于锥形光纤免疫生物传感器检测模式蛋白（BSA）的影响，选择了流速 25μL/min。流速对响应时间也有影响。在理想环境中，响应时间与理论响应时间一致，等于样品循环量除以流速。当液体和液体混合后，响应时间就会增加。10μL/min 时响应时间相当长，达到 11 分。50μL/min 是响应时间与理论值相当，说明样品到达金电极表面前未发生混合反应。然而，当抗原抗体接触时间减少时，灵敏性也降低。因此 25μL/min 被认为是最佳流速，响应时间 4 分。PaniniNV 等研究表明，静态 ELISA 的理论框架不能满足连续流动注射抗原-抗体反应动力学解释的需求；一些变量相差很大，缓冲液注入减小了在静态体系中观测时的扩散局限性。此外，MessinaGA 等对于检测血液中白细胞介素 6 的研究表明，由于被控制的小孔增加了约三个数量级的抗原固定区域，固定抗原的表面密度在流动免疫分析中至少比静态中扩大了 3 个数量级；流速在 1~5μL/min 对抗原抗体反应的影响很小，而当流速在 8μL/min 或更大时，信号显著的降低，因此所选择的检测流速是 5μL/min。

2.4.5 其他

其他条件包括抗体浓度、抗体温育时间、检测中的干扰物质等。抗体浓度要适宜，基本呈上凸型曲线变化，低浓度时正相关，高浓度时，则影响传感器的性能，抗体层厚度增加，竞争加剧。

Harteveld JLN 等人对压电免疫传感器检测葡萄球菌肠毒素 B（SEB）时 SEB 抗体浓度的影响进行了研究。当 SEB 抗体浓度减小时，会出现两种相反的后果。传感器响应的抑制将出现在较低 SEB 浓度时，另外，在低抗体浓度时，传感器的绝对响应也降低。抗体浓度 $10\mu g/ml$ 时，线性范围为 $0.1\sim1\mu g/ml$，基本上比 $100\mu g/ml$ 浓度时低一个数量级。原理上，检测限虽然有所降低，但传感器的响应值也相应变小了。传感器的最大响应（无竞争抗原时）分别为 200、1000Hz。

Leung A 等在检测模式蛋白的生物传感器开发中，参照 ELISA 方法，对培育时间对检测的影响进行了研究。选择培育时间分别为小于 1、10、20、60 分，流速、抗体浓度不变（$100\mu g/ml$ 抗体、流速 $25\mu L/min$）。曲率随培育时间加长而增大，曲率形状对检测限很重要：当曲率较大时可能得到更低的检测限。从 20 分钟起，曲率与培育一小时相比变化都不明显。

2.4.6　各种因素之间的交互作用

影响传感器性能的各种因素之间大量存在着相互作用，从而使得研究的难度进一步增大。DejaegereA 等人着重研究了温度、pH、离子强度三种因素对于免疫反应动力学的交互作用影响。选择了不同的 pH 和离子强度范围（5-10mM 和 50-500mM）、温度变化范围为 $15\sim30℃$ 进行研究。结果表明，获得最大和最小起始反应速率的条件分别为 pH6.0，50mMNaCl，$30℃$ 和 pH9.5，100mMNaCl，$15℃$；最大最小终反应速率条件分别为 pH5.0，100mMNaCl，$20℃$ 和 pH9.5，400mMNaCl，$15℃$。离子强度对起始反应速率的影响仅仅在 pH 小于等于 6.5 时才能体现：$20℃$ 时，当氯化钠浓度从 400mM 减小到 100mM 时，pH6.0 时起始反应速率增加因数为 6.5，而 7.0 时则仅为 1.2。pH 和离子强度主要影响蛋白质分子的质子化状态和电荷分布状况，温度对于反应的影响则是依赖于热力学作用，间接影响反应动力学。除此之外，以上综述中也提到了流速和反应时间、培育温度和时间之间也存在着相互作用。在开发和研究生物传感器的过程中需要对这些影响因素进行细致的分析和研究，才能进一步优化和确定生物传感器的检测性能。

2.4.7　提高生物传感器性能途径

要提高生物传感器的性能，可以从以下方面推动：

（1）通过分子生物学和生物信息学的研究揭示更多功能蛋白的结构和功能机理，从而针对性地开发出避开活性中心必需基团、能够确定分子方向的共价固定方法；

（2）对已知结构的蛋白质活性中心进行改良、修饰，通过加入或置换能用于共价固定反应的氨基酸残基，以保证固定后活性中心的完整性；

（3）进一步通过生物技术、计算机技术等方式，设计重组、合成适宜于固定的功能蛋白质；

（4）通过合理的试验设计和统计分析方法对试验结果进行优化；

（5）采用数学和计算的方法对一些可能的结果进行模拟仿真，从而使试验研究更具有针对性。当前是生物信息学研究的快速发展时期，生物信息学、计算机技术的进一步发展和应用，也一定会为生物传感器检测性能的优化和定性带来巨大的帮助。生物技术、计算机技术、纳米技术的快速发展将极大地改进生物传感器的性能，促进其市场化进程。

一些特色研究方法可用于优化生物传感器的研究过程，优化其性能。试验设计是以概率论、数理统计和线性代数等为基础理论，科学的安排试验方案，正确地分析试验结果，尽快获得优化方案的一种数学方法。通过合理的试验设计可以是避免系统误差，控制、降低试验误差，无偏估计处理效应，从而对样本所在总体做出可靠、正确的推断，用较少的试验次数获得较为可靠和全面的结论。例如，Dejaegere A 等人就通过多变量试验设计，研究了 pH、离子强度、温度三种条件对检测的影响。禹萍等人选择载液流速、缓冲液类型、测定温度及 pH 值四种因素，综合考虑各因素的影响及各因素间的交互作用影响，在众多实验设计中选择正交设计作为最佳方案。每个因素分别取 4 个水平按照 L_{16}（4^5）进行五因素 4 水平正交试验设计，研究了检测多胺的生物传感器的性能。

2.5　分子模拟基本体系及其在生物传感器研究中的应用

2.5.1　分子模拟理论

分子模拟是依赖于量子力学、分子力学的在分子或原子水平上进行的科研。它利用计算机来构造、实现、分析和存储复杂的分子模型，计算微观粒子之间的相互作用，提供直观的分子立体图像，观察分子间的相互作用。其中力场（forcefield）是对体系中分子能量的数学描述，是分子动力学模拟（moleculardynamicssimulation，MD）、蒙特卡洛模拟（MonteCarlo-simulation，MC）等方法的实现基础。不同的力场适宜于不同的分子和化学体系，通过使用不同的模拟计算方法即可获得各种相应的结果。分子模拟的应用相当广泛，如溶液、计算机辅助药物设计、纳米材料、超临界流体、石油化工，等等。例如，分子模拟氨基酸、蛋白质的一般过程如下：在进行分子模拟的第一个阶段，为待模拟的蛋白质分子体系建立物理模型，描述分子内和分子之间的相互作用。在进行分子模拟的第二个阶段，对所建立的模型进行模拟计算，常用方法为分子动力学或蒙特卡洛模拟。考虑生化反应所需要的时间、分子体系之间表现出的不同疏水性、亲水性等，最后对模拟结果进行分析。

与实验相比较，利用计算研究化学有一些优点：①成本降低；②增加安全性；③可研究极快速的反应或变化；④得到较佳的准确度；⑤增进对问题的了解。虽然利用分子模拟方法研究生化分子体系，目前还处在起步阶段，以现今的计算机计算速度与容量模拟研究生化分子体系仍远远不能满足实际的需要，计算结果与实际体系相比较仍有相当的误差存在。但科研人员已经逐渐认识到分子模拟技术的应用潜力，近年来，国内外相关的研究人员针对这些方法发表了一些综述和专著，系统详细地介绍了它的原理、方法以及典型的应用，为相关研究领域应用这一技术提供了范例和借鉴。

使用计算机成功的研究蛋白-配体相互作用，关键依赖于所应用的抽样技术和力场。蛋白-配体结合时，存在静电相互作用、氢键相互作用、范德华力和疏水相互作用等都可以通过数学方法进行模拟。作用方式遵循几何形状互补、静电相互作用互补、氢键相互作用互补以及疏水相互作用互补原则。具有代表性的方法有 FlexX、LigandFit、ZDock、GOLD 等。随着研究的不断深入，许多软件被开发出来用于相关的模拟研究，受到了广泛的关注。BrunoO. Villoutreix 等①对其中一些免费的蛋白-配体相互作用研究软件进行了细致的介绍和比较。

2.5.1.1　力场

力场可以看作势能面的经验表达式。分子的总能量为动能与势能的总和，分子的势能通常可表示为简单的几何坐标的函数。这样以简单数学形

---

①　Villoutreix B o, Renault N, Lagorce D, et al. Curr. ProteinPept. Sci., 2007（4）：381—411

式表示的势能函数成为力场（forcefield），是分子力学、分子动力学等分子模拟方式的基础，力场的完备与否决定计算的正确程度。复杂分子的总势能一般可分为各类型势能的和，包括：

总势能=非键结合能+键伸缩势能+键角弯曲势能+二面角扭曲势能+离平面振动势能+库仑静电势能。

非键结合能，一般在分子力场中，若 A、B 两原子属于同一分子但其间隔多于两个连接的化学键（如，A-C-C-B），或两原字分属于两个不同分子，则原子对间有非键结合范德华力。

键伸缩势能，分子中互相键结的原子形成的化学键，其键长于平衡值附近呈小幅的振荡。

键角弯曲势能，分子中连续键结的三原子形成键角，键角亦于其平衡值附近呈小幅的振荡。

二面角扭曲势能，分子中连续键结的四个原子形成二面角，一般分子中的二面角较松软，易于扭动。

离平面振动势能，分子中有些部分的原子有共平面的倾向，通常共平面的四个原子的中心原子离平面小幅振动。

库仑静电势能，离子或分子中的原子带有部分电荷，这些带电粒子间存在景点吸引或排斥作用。

各种立场对各部分势能的数学描述侧重有一些差异，适用的分子系统也有一定区别，在执行分子力学或分子动力学计算时，选择适当的立场极为重要，往往决定计算成果的优劣。常见的立场有 MM（molecularmechanics）、AMBER（assistemodelbuildingwithenergyminimization）、CHARMM（chemistrya-tHarvardMaromolecularmechanics）、CVFF（consistentvalenceforcefield）以及形式较复杂的第二代力场（CFF，consistentforcefield）等。

MM 力场将一些常见的原子细分（如碳原子分为 sp^3、sp^2、sp、酮基碳、环丙烷碳、谭自由基、碳阳离子等），这些不同形态的（碳）原子具有不同的力场参数，适用于各种有机化合物、自由基、离子。可得到精准的构型、构型能、各种热力学性质、振动光谱、晶体能量等。AMBER 力场主要适用于较小的蛋白质、多糖、核酸等生物分子，可得到合理的气态分子几何结构、构型能、振动频率和溶剂化自由能。CHARMM 力场除参数来自计算结果与实验值的比对外，还引用了大量的量子计算结果为依据，可应用于研究许多分子系统，包括小有机分子、溶液、聚合物、生化分子等，通常均可获得与实验值相近的结构、作用能、构型能、转动能障、振动频率、自由能与许多时间相关物理量。CVFF 力场最初以生化分子为主，适用于计算氨基酸、水及含各种官能基的分子体系，计算系统的结构与结合能最为准确，也可提供合理的构型能和振动频率。第二代力场的形式较为复杂，设计目的为能精确地计算分子的各种性质、结构、光谱、热力学性质、晶体特性等资料，尤其适用于有机分子或不含过渡金属元素的分子系统，对于研究碳氢化合物、蛋白质、蛋白质-配位基的交互作用、多糖、核酸、有机聚合物等尤为助益。

2.5.1.2　分子对接法的基本原理

配体与受体的结合过程是一个很复杂的过程，涉及配体和受体的去溶剂化、配体和受体（主要是活性位点处的残基）的构象变化以及配体与受体之间的相互作用。由以下方程知，配体与受体的结合强弱取决于结合过程的自由能变化。

$$\Delta G_{binding} = 1RT\ln K$$

配体与受体的相互作用包括静电作用（Eelectrostatic）、范德华作用（Evdw）和氢键相互作用（Eh_ bond），即：

$$E_{interaction} = E_{electrostatic} + E_{vdw} + E_{hbond}$$

根据所采用的力场的差异，上式中的氢键作用可以显式地表达，也可以通过调整相应原子的范德华半径来处理，或者将其包含在静电作用能中。根据分子对接程序寻找配体与受体的结合构象的方法的差异，可以将分子对接程序分为：

（1）局部优化法不对配体和受体进行构象搜寻，只是对初始构象进行优化，得到配体与受体结合的一个局部最优结合构象；

（2）树搜寻法采用树搜寻中的深度优先或广度优先搜索方法，通过有限的步骤，找到一个相对较好的局部最优结合构象；

（3）全局优化法在进行构象搜寻时，利用模拟退火算法或遗传算法，寻找配体与受体的全局最优结合构象（受问题规模以及计算资源的影响，一般难以找到真正的全局最优值）。

不同的程序用不同的方法处理配体与受体结合时的柔性问题，有的方法将受体和配体都当成刚性的，有的只考虑配体的柔性，而有的程序则同时考虑受体与配体的柔性。

用于分子对接模拟的算法和软件有许多，其中一些可免费用于学术研究。研究应用过程中需根据蛋白-配体相互作用、蛋白-蛋白相互作用的主导影响形式、是否需要考虑体系分子的柔性等，选择有侧重的适宜程序和软件。本研究中选用的分子对接程序特点将结合试验进行介绍分析。

2.5.1.3　分子动力学模拟

分子动力学模拟计算，自 1966 年起发展迅速，目前已有许多成熟的商用软件，使用方便，图形清晰，功能较强。计算的成败很大程度上取决于力场的适用性、计算速度的快慢、计算方法的正确性以及起始结构的合理性。含有 N 个分子或原子的运动系统，其总势能为各原子位置的函数，通常可分为分子间的非键范德华力与分子内部势能两部分。

$$U = U_{\text{vdw}} + U_{\text{int}}$$

范德华力则近似为各原子对间范德华力的加成。

式中 r_{ij} 为二原子 i 与 j 之间的距离，分子内势能则为各类型的内坐标（如键伸缩、键角弯曲等）势能的和。

依照经典力学，系统中任一原子 i 所受的力为势能的梯度：

$$\vec{F}_i = | \nabla_i U = | \left(\frac{\vec{i}\partial}{\partial x_i} + \frac{\vec{j}\partial}{\partial y_i} + \frac{\vec{k}\partial}{\partial z_i} \right) U$$

由此可得 i 原子的加速度为：

$$\vec{a}_i = \frac{\vec{F}_i}{m_i}$$

将牛顿运动定律表达式积分，可预测 i 原子经过 t 时间后的速度与位置：

$$\frac{d^2}{dt^2}\vec{r}_i = \frac{d}{dt}\vec{v}_i = \vec{a}_i$$

$$\vec{v}_i = \vec{v}_i^{\,0}t + \vec{a}_i t$$

$$\vec{r}_i = \vec{r}_i^{\,0} + \vec{v}_i^{\,0}t + \frac{1}{2}\vec{a}_i t + 2$$

式中，r、v 分别为粒子的位置与速度，上标"0"为各物理量的初始值。

分子动力学计算即利用牛顿有运动定律，先由系统中个分子位置计算系统的势能，再计算系统中各原子所受的力及加速度，然后令 t＝δt，δt 表示极短的时间间隔，即可得到经过 δt 后个分子的位置及速度。重复以上步骤，可得到各时间下系统中分子运动的位置、速度、加速度等参量，各时间下分子的位置称为运动轨迹（trajectory）。

分子动力学模拟需要选取一定数量的原子，将其置于以立方体盒子中，通过适宜的周期性边界条件减小与实际宏观试验的差异。δt 称为积分步长（integrationtimestep），是关系到分子动力学运算结果准确性的关键参数，选取以节省计算时间且不失精准性为原则。由于所研究体系为多个原子或分子组成的体系，因此还需要同时考虑统计力学中系综选择。一般常见系综包括 3 种稳定系综：正则系综（N，V，T 系综，与外界有能量交换的系综）、微正则系综（N，V，E 系综，能量不变的孤立系综），以及巨正则系综（N，P，T 系综，与外界有粒子交换的系综），在模拟过程中根据需要选择恰当的系综进行计算。

2.5.1.4　商业化大型分子模拟软件

随着分子模拟方法应用范围的不断扩展，出现了多种商用版和学术版的分子模拟软件。商用版主要以 InsightⅡ、Cerius2 和 Sybyl 为代表，这三款软件已在化工、材料、医药类产品开发以及学术研究中得到广泛应用与认可。学术版一般可以免费使用，在 Internet 上有大量分子模拟软件可供研究者免费下载使用，如：Gromacs，DL_ POLY，MOLDY 等开放源代码的软件。

InsightⅡ是 Accelrys 公司开发的大型分子模拟软件系统，主要用于生物大分子的模拟，基于结构的药物设计以及生物大分子结构的解析，由 Biopolymer、Discover 等 20 多个模块组成，提供分子建模与模拟的专业工具，是生物大分子模拟领域应用最为广泛的软件系统。Cerius2 是 Accelrys 公司开发的大型分子模拟软件系统。Cerius2 由 Builders、Discover 等 30 多个模块组成。涉及多个研究领域，包括无机材料、高分子、半导体以及介观体系的模拟和设计，还涉及构效关系、分子对接、药效团模型等药物设计的多个方面。Discovery Studio Modeling 是 Accelrys 公司开发的第一个可以基于 Windows 系统面向生命科学领域的完整的分子建模和模拟环境，目前主要推广版本是 2016 年推出的 Discovery Studio 2016。它主要用于 DNA、蛋白质序列和结构的显示、分子力学和分子动力学模拟、蛋白质建模与评估、药效团构建、分子对接及分子性质计算等，由 Visualizer、CHARMm、CFF、Analysis、Protein 等 10 多个模块组成。MaterialsStudio 是 Accelrys 公司专为材料科学领域而开发的基于 PC 的新一代材料模拟软件，可帮助研究人员解决当今化学及材料工业中的许多重要问题，Sybyl 是 Tripos 公司开发的大型药物设计软件系统，也是应用最为广泛的药物设计软件系统。Sybyl 中的模块几乎覆盖了计算机辅助药物设计的各个方面。此外 Sybyl 还可以用于生物大分子的模拟以及晶体结构的解析等。小型分子模拟软件系统有 GALAXY、Alchemy2000、HyperChem 等。GALAXY 是 AM 技术公司开发的分子模拟软件系统。功能涉及分子性质的计算、多种电荷计算、构象分析、分子力学优化、分子动力学模拟、统计分析、2D 和 3D-QSAR 计算、药效团搜索、相对结合自由能计算、分子力学和量子力学结合计算等。Alchemy2000 是 Tripos 公司开发的功能较为齐全的基于 PC 的分子模拟软件系统。功能涉及小分子、多肽以及高分子的模型搭建、分子力学优化等。HyperChem 是应用广泛的基于 PC 的分子模拟软件，包含了分子模建、量子化学计算、分子力学计算、分子动力学模拟等功能。其他软件还有 Chemoffice、PCMODEL、CaChe5.0、MacroModel 等。

2.5.2 分子模拟与生物传感器

2.5.2.1 生物大分子的吸附

生物传感器制作的最基本步骤就是生物敏感膜的制作，因此生物大分子如何与电极固定连接以及固定后生物活性的保留状况是最受研究者关注的重要问题。从已有的研究结果看，模拟和试验能够互相印证。

（1）酶分子类

细胞色素 c 是电子传递链中的一种氧化酶。它发挥理想的电子转移功能需要它的亚铁红素环与靠近的垂直表面保持良好的分子方向性，除此外，细胞色素 c 还需要保持它的天然构象。Zhou J 等[1]人用蒙特卡洛结合分

---

[1] Zhou J, Zheng .J, Jiang s Y. J. Phys. Chem. B, 2004, 108 (45): 17418—17424.

子动力学的模拟方法对羧基末端 SAMs 上结合细胞色素 c 进行调查。结果表明（如图 3-3）在负电荷的表面，能够获得亚铁红素垂直于表面的良好细胞色素 c 方向性。细胞色素 c 偶极子的方向主要由靠近表面的赖氨酸和远离表面的谷氨酸残基贡献，决定细胞色素 c 最终吸附在带电荷表面的方向。尽管表面负电荷多时对优越的分子方向体现有帮助，但太多的表面负电荷将引起吸附蛋白构象的变化，从而丧失其生物活性。在亲水的自组装膜表面细胞色素 c 更容易形成垂直表面的分子方向，而在疏水表面亚铁血红素则趋向于形成平面方向。

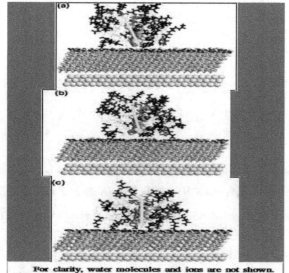

图 3-3 细胞色素 c 在不同浓度-COOH 末端

（a，5%、b，25%、c，50%）自组装膜上的构象。

Figure3-3 Cyt-c configurations on carboxyl terminated SAM sofssociation of

（a）5，（b）25，and（c）50%。

Ji XP 等[1]通过试验研究了二元混合自组装单层膜（硫辛酸和硫辛酰

---

① Ji X P, Jin B K, Jin J Y, et al. J. Electroanal. Chem., 2006, 590 (2): 173—180。

胺）固定细胞色素 C（cytc）的效果。结果表明，T-COOH 和 T-NH2 的比例在 5∶0 到 3∶2 范围内变化时，能够有效地阻碍电极表面氧化还原反应。3∶2 的比例能形成最适宜固定细胞色素 C 的自组装膜，能够表现出比单一成分膜好的效果。组合自组装膜受离子强度和溶液 pH 影响，说明 SAMs 和 cytc 之间存在静电相互作用（如图 3-4）所示。混合末端膜能改善金电极表面所带电荷状况，从而影响生物分子固定。

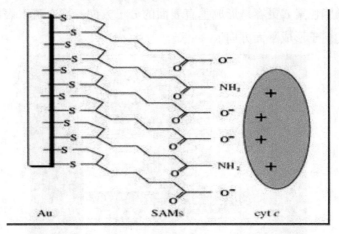

图 3-4　混合-COOH、-NH₂ 末端 SAMs 固定 cytc 原理图

Figure3-4　SchematicdiagramforimmobilizingcytconthemixedSAMsofT-COOHandT-NH₂

TrzaskowskiB. 等①用计算机分子动力学模拟研究自组装单层膜上的蛋白质方向的改变。计算机模拟的结果显示细胞色素 c 在自组装单层上的分子方向可以通过设计和控制自组装单层膜的组成和成分来控制。并且作者指出这种计算方法可以作为一种快速可靠的工具，作为在研究其他蛋白-表面相互作用的理论和实验研究的补充。

（2）抗体

ZhouJ 等②用蒙特卡洛模拟方法研究了抗体在带电荷的自组装单层膜表面的吸附性质。抗体有两种模型，一种蛋白质胶体模型由 12 个相互连接的

①　Trzaskowski B, Leonarski F, Les A, et al. Biomacromolecules, 2008, 9（11）：3239-3245.

②　Zhou J, Chen s F, Jiang s Y. Langmuir, 2003, 19（8）：3472-3478.

小球代表抗体分子的 12 个不同区域；另一种全原子抗体模型来源于蛋白质结构数据库。研究了表面电荷符号和强度、溶液 pH 和离子强度对于胶体模型的吸附影响。结果表明，不论对于 12 个小球的胶体模型，还是全原子模型，从 Fc 到 Fab 片断的偶力矩点，都趋向于在阳性电荷表面呈现预期的"头朝上"方向；而在带负电荷、表面电荷多的表面上以及在静电相互作用占主导时的低溶液离子强度环境中，呈现非预期的"底朝上"方向；在低表面电荷和高溶液离子强度的环境中，范德华力在吸附中起主要作用，胶体模型表现为平躺（图 3-5）。吸附抗体的方向是静电吸附和范德华力的共同作用体现出来的，抗体的偶极矩在静电吸附占主导的情况下是抗体方向的主要影响因素。

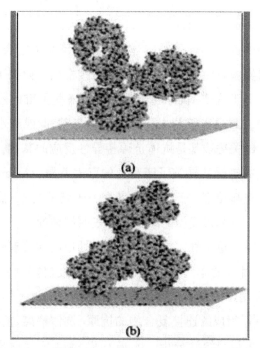

图 3-5　0.005M 离子强度下所有原子抗体模型吸附在带电荷表面的构象

（a）阳性电荷表面　（b）阴性电荷表面

Figure3-5　Configurations of adsorbed all-atom antibodies on charged surface satanionic strength of 0.005M. (a), on a positively charged surface; dark dots on the surface are positively charged atoms. (b) on a negatively charged surface; dark dots on the surface are negatively charged atoms.

ChenSF. 等①利用原子力显微镜研究了 IgG1 和 IgG2a 两种抗体在阳性电荷（-NH2）和阴性电荷（-COOH）末端自组装膜上固定所组成的 SPR 生物传感器的性能。结果表明，对于 IgG1，-NH2 末端的自组装膜能提供良好的抗体分子方向性和活性，从而产生较高的 SPR 信号响应；而对于 IgG2a 两种自组装膜的效果差异不明显。这可能是由于在低离子强度的环境中，IgG1 的偶极性表现更强一些。

2.5.2.2 蛋白-配体相互作用原理研究

蛋白-蛋白相互作用以及蛋白配体相互作用在许多生物过程中都是关键的步骤，对于研究生物体以及与其相关的应用都十分重要，很多科学家致力于揭示这些相互作用的方式和原理，计算机技术发挥了重要的作用。

Sivasubramanian A 等②通过计算机蛋白对接方法对 14B7 单克隆抗体与炭疽保护性抗原的连接进行了结构建模。他们预测了结合复合物的结构，并且通过对已有实验研究报道的比较，从对接模型中得到了影响亲和力突变的结构解释。对于抗体-抗原特异性识别，一些关键的残基区域对亲和力有显著的影响，因为对接的主要作用力是氢键和/或疏水作用力，能够参与这两种作用的关键残基是抗体抗原特异性反应的基础，研究过程中一个氨基残基顺序的错误就导致了亲和力的巨大差异。Arcangeli C 等③则通过对抗体的抗原连接位点进行选择性突变，研究了抗体-抗原反应复合物的结构和动力学。计算机模拟的结果同样表明抗体的单个氨基残基变异对于抗体的构象、结构稳定性、抗原结合位点的适应性等有强烈影响，甚至失去生物功能；而有的单个氨基残基变异则对抗体的特异性产生影响。Hanasaki I 等④则用拉伸分子动力学模拟研究了一个由抗体分子的 Fv 片段和溶菌酶（抗原）组成的连接复合物的抗原-抗体解离过程。通过对解离过程的动力学研究进行统计分析，证实了 V_H 链比 V_L 链解离早；用溶菌酶

---

① Chen S F, Liu L Y, Zhou J, et al. Langmuir, 2003, 19（7）：2859-2864.

② Sivasubramanian A, Maynard J A, Gray J J. Proteins, 2008, 70（1）：218-230.

③ Arcangeli C, Cantale C, Galeffi P, et al. J. Struct. Biol., 2008, 164（1）：119-133.

④ Hanasaki l, Haga T, Kawano s. J. Phys - Condens. Mat., 2008, 20（25）：art. no. 255238.

作为抗原代替小分子抗原，显示了"诱导契合"事实上的存在；通过对解连接过程伴随的变形进行评估，显示抗原分子的诱导适合变形比抗体更值得关注；模拟同时显示，极大作用力的非高斯分布对于解连接过程是必须的。

对于生物传感器，它的主要特点是应用了生物分子之间反应的特异性，因此需要了解生物反应的原理和特性。相对于生物学领域中对酶研究的深入，对于抗体的研究仍显不足，基于抗原-抗体特异性反应的免疫传感器与酶生物传感器相比，虽然在设计应用上比酶传感器愈加广泛，但开发难度则相对较大。抗体的种类多，不同抗体对于抗原的特异性识别部位也不同，因而增加了免疫生物传感器设计制作的难度。

2.5.2.3　流动、扩散过程的数学模拟

生物传感器作为一种化学分析的方法，优点之一是在液态环境中与流动注射分析（Flow-Injection-Analysis，FLA）相结合能够实现连续检测。它具有以下能够提高传感器性能的优点：

（1）样品注入可实现自动化，生物敏感电极也可经过再生为实现自动化提供可能；

（2）流动减少了非特异性吸附。每注射一次后，清洗缓冲液都要流过传感器表面。将可能引起信号改变的可逆吸附成分冲走，从而消除样品的黏度、浓度效应；

（3）基于浓度变化的换能检测器对于分批注入的样品引起的信号变化敏感。因此，检测环境中液体的流动、扩散也对生物传感器的性能产生影响。

免疫测试、DNA 杂交和分子间相互作用都需要生物传感器快速混合，而这些都需要使用小扩散系数的试剂。因此，有必要通过额外的机制来提高气体和/或液体流的混合，突破低雷诺数流体层流固有的慢速混合。微流控仪器中的液体流是典型的大长宽比和大比表面积部件的三维立体-几何级数混合体。Mautner T[1] 用格子点玻尔兹曼方法计算了生物传感器低雷诺数微流控系统的流动场；有限差分和对流扩散方程相结合计算被动标量

---

① 　Mautner T. Biosens. Bioelectron.，2004，19（11）：1409-1419.

运输。结果表明修改的主管道流能引起不同的墙喷射几何学（来源于合成喷射）、喷射入口条件、缩放比例问题和雷诺数的变化。结果表明由于喷射孔-洞几何形的有限影响，强迫的喷射流体为通道流体传输动量因此能提高流体的混合效果。

　　Cambiaso A 等[①]用数学方法建模和模拟了扩散限制性葡萄糖生物传感器，将数学模型分为扩散步和反应步建模。比较了本体系统和整个模拟系统计算得到的米氏常数。Baronas R[②]建立了电位型膜生物传感器行为的计算模型。该数学模型也是相对于酶电极催化反应的动力学过程进行数学运算和建模的，对酶膜厚度对生物传感器响应的影响进行了模拟，数字仿真用有限差分技术实现。数字化模拟的结果和已知的分析方法具有良好的可比性。

　　综上所述，分子模拟技术对于生物传感器的自动化、集成化设计也具有一定的推动作用。随着研究的不断深入，分子模拟技术在优化和提高生物传感器性能方面的作用将不可替代，有助于开发逐渐实现市场化的高效生物传感器。

2.5.2.4　生物大分子设计筛选

　　尽管随着生物学研究的不断深入，越来越多的蛋白质结构被揭示出来，蛋白质数据库（ProteinDataBank，PDB）也许是世界上最大的蛋白质三维结构数据库，包含了数以万计的已知蛋白，并且保持着较高的上涨势头。但是对于医药学以及其他生物大分子应用领域来讲，这些已知结构的蛋白质数量仍与满足需求有很大的差距。因此，应用计算机技术设计和筛选适用的生物大分子是十分必要的，生物传感器的开发也不例外。

　　LoogerLL 等[③]利用计算机技术，通过对已知三维结构的五种大肠杆菌（Escherichiacoli）周质结合蛋白进行活性部位关键残基区的系列突变，进行大量模拟和计算，设计、筛选出了 TNT（trinitrotoluene）、L-乳酸盐或血清素的特异性抗体。当然抗体设计离不开对于蛋白-配体相互作用原理的

---

①　Cambiaso A，Delfino L，Grattarola M，et al. Sensor. Actuat. B-Chem.，1996，33（1/3）：203-207.

②　Baronas R，Ivanauskas F，Kulys J. J. Math. Chem.，2007，42：321-336.

③　Looger L L，Dwyer M A，Smith J J，et al. Nature，2003，423（6936）：185-190.

详细理解。DeGradoWF① 指出，一系列细菌受体蛋白都通过计算机进行了
"再设计"，以至于它们能够特异性结合的分子与天然结合配体相比有很大
的区别。这种方法也许对于设计具有催化功能的蛋白也有相当的应用潜
力。不管是抗体还是酶分子，通过计算机重新设计后，相信对于生物传感
器的发展都将会有推动。

核酸适配体（aptamer）是一种经指数富集系统进化技术体外筛选（图
3-6），功能类似于单克隆抗体的，能与目标高特异性、高亲和力结合的寡
核苷酸片段。其分子量比抗体小、无免疫原性、不依赖动物或细胞合成，
用于构建微生物检测生物传感器时具有分析速度快、灵敏度高、专一性强
等特点，某些情况下甚至可代替抗体，应用前景好。适体研究的深入，揭
示了其作用原理是通过局部碱基互补配对形成不同的空间结构模体（G-四
聚体、发夹、茎环等），进而与目标在接触面上形成相互作用。RNA 天然
呈单链状，对其空间结构研究和预测方法相对较多，也便于计算机技术用
于辅助筛选适体。2013 年，Savory N 等利用计算机产生变异序列筛选适
体，在 2 个循环后获得了高于亲和力大肠杆菌 36% 的变形杆菌特异性适
体。2014 年，Savory N 等又采用定量 PCR 控制的 cell-SELEX 结合指定适
体二级构象，筛选 DNA 适体检测尿路致病性大肠杆菌。2015 年，
Shcherbinin DS 等②在计算机上首先确定蛋白质适体相互作用位点，然后设
计适体高级结构，随之对二者的相互作用通过分子对接程序进行评估，设
计筛选了细胞色素 P450 单链 DNA 适体，并通过 SPR 生物传感器验证该适
体对目标的高特异性。2016 年，Ahirwar R 等③，应用计算机虚拟筛选雌激

① DeGrado W F. Nature, 2003（6936）：132-133.

② Shcherbinin D S, Gnedenko o V, Khmeleva s A, et al. Computer-aided design of
aptamers for cytochrome p450 ［J］. Journal of Structural Biology, 2015, 191（2）：112-
119.

③ Ahirwar R, Nahar S, Aggarwal S, et al. In silico selection of an aptamer to estrogen
receptor alpha using computational docking employing ［J］. Scientific Reports, 2016, 6
（2）：1-11. 文献号 21285.

素 α 受体高亲和 RNA 适体，并经过了试验验证。同年，Zhou Q 等①报道了一种应用计算机虚拟搜索适体序列范围的方法。2020 年新冠病毒肆虐全球，Song 等基于 ACE2 竞争性策略采用分子模拟虚拟辅助筛选了新冠病毒刺突蛋白受体结合结构域特异性高亲和力 RNA 适体，并指出适体具有一部分能与刺突蛋白、ACE2 结合的相同位点。

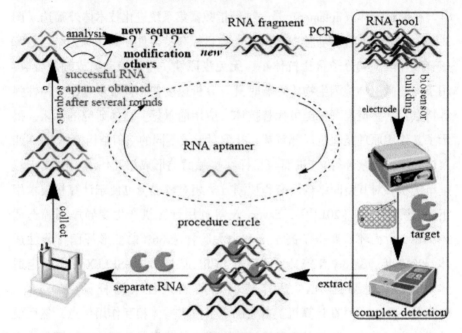

图 3-6　适体筛选过程示意图

2.5.2.5　蛋白-配体相互作用微环境依赖性研究

pH、温度等环境条件对于生物分子的活性和生化反应动力学有影响，生物传感器的灵敏性和可重复性同样受到这些因素的影响。采用分子模拟技术可以研究这些影响的原理以及具体形式，从而为优化生物传感器的性能提供帮助。

pH 对于免疫反应影响的高度复杂性，当免疫反应与生物传感器结合

---

① Zhou Q, Xia X, Luo Z, et al. Searching The Sequence Space For Potent Aptamers Using SELEX in Silico [J]. Journal of Chemical Theory & Computation, 2015, 11 (12): 5939-5946.

在一起时，对于生物传感器性能的影响将愈加复杂和关键，成为免疫生物传感器研究的重点和难点。

典型的研究一些固定条件下（中性 pH、37 度、生理离子强度等）的分子作用，不足以代表体内和体外的实际反应环境。影响生物化学反应的因素是多种多样的，并且各因素之间还存在着复杂的交互作用，从而使得实验研究复杂化。DejaegereA 等结合试验方式与计算机多元定量构效关系（QSAR, quantitativestructure-activityrelationship）方法相结合，研究了三种环境因素（pH、离子强度、温度）对 Biacore2000CM5 传感器芯片上抗体-抗原反应连接动力学的影响，并得到了较好的一致性结果。

2.5.2.6 分子模拟研究免疫传感器组成蛋白之间非特异性相互作用

免疫传感器检测的基础是分析目标物与其特异性抗体之间的相互作用，并且需要能够被换能检测器灵敏检测到信号改变。故而一般免疫传感器制作工艺中都需要经过抗体（抗原）固定在传感器电极表面，固定结束后，还需要用牛血清蛋白将传感器电极表面上未有效固定抗体（抗原）的活性位点基团覆盖连接，随后再用于目标物检测。这样，在电极表面固定的生物分子就包含了牛血清蛋白和抗体（抗原）两种，再与检测目标接触反应时，虽然避免了目标分析物非特异性结合电极表面的活性基团，但却可能会发生牛血清蛋白与分析目标之间的非特异性相互作用。本书中以氨苄青霉素检测免疫生物传感器为例，通过分子模拟方法研究免疫传感器的相关性能。

（1）方法

氨苄青霉素抗原-抗体复合物、人血清蛋白（HumanSerumAlbumin, HSA）、OVA 的三维晶体结构从 PDB 下载得到 .pdb 形式文件（PDBID：1H8S, 1AO6, 1OVA）。

蛋白-蛋白对接近年来的关注程度持续增长，由于蛋白质属于生物大分子，所以对接程序所需考虑的原子数目相对较多，且在一些情况下还需要考虑蛋白分子的柔性，因此用于对接的软件开发也成为研究的热门。各中对接软件处理侧重不同，许多正在开发改进的程序提供了在线免费服务。研究中选取了三种对接程序，FiberDock（http：//bioinfo3d.cs.tau.ac.il/FiberDock），GRAMM-X（http：//vakser.bioinformatics.ku.edu/resources/gramm/grammx），ClusPro（http：//cluspro.bu.edu/）在线进行氨苄青霉素抗体与 HSA 或 OVA 的对接模拟。

以上三种在线蛋白-蛋白相互作用模拟研究方法，均可对完整蛋白质之间的作用进行研究。ZDOCK 是一种采用快速傅里叶变换（FastForier-Transform，FFT）的研究方法。对于氨苄青霉素抗体与潜在干扰蛋白之间的非特异性相互作用研究，我们相对更感兴趣的是抗体的抗原结合区域会不会发生非特异性相互作用，发生相会作用时抗原结合区域会有多少概率受到影响？因此用 ZDOCK 程序包对抗体不同氨基酸链与干扰蛋白之间的相互作用进行研究。研究方法和参数设定如下：首先将从 PDB 中下载的 PDB 文件打开，应用蛋白研究相关工具对其结构分解，去掉结晶水和非蛋白成分以及研究中不需要的氨基酸链后，按照预期的温度和 pH 为蛋白分子加上末端氢原子；然后用 ZDOCK 程序进行模拟运算，输入受体蛋白链为抗体抗原结合区域的氨基酸链，配体为干扰蛋白的不同氨基酸链，相关参数为"filterposes"选项中"distancecutoff"为 10.0Å，"ZRank"选项中"clusteringtopposes"为 2000，clustering "RMSDcutoff"和"interfaceCutoff"均为 10.0Å，"maximumnumberofcluster"为 60，其余参数设置保持默认；对对接结果的构象进行"processposes"后，对模拟结果进行分析。

由于生物传感器研究试验中经常用到的牛血清蛋白（bovineserumalbu-min，BSA）三维晶体结构目前还未包含在 PDB 中，因此在模拟研究中选取 HSA 晶体结构进行对接。BSA 与 HSA 属于同源蛋白，有 76% 序列相同。在研究中为了对 HSA 对接与 BSA 试验之间的结果进一步评价，采用 BLAST 程序对抗体的结合位点进行了序列比对，通过对接抗体位点的关键性比较，综合分析模拟与试验的结果。

（2）PDB 中氨苄青霉素-抗体晶体结构数据

PDB 数据库中收录的氨苄青霉素抗体的三维结构如图 3-5。显示部分为抗体的 Fab 部分，包括 A、B 两条氨基酸链。氨苄青霉素结合在主要由蛋白质 A 链二级或更高级结构所构成的三维空间区域内，通过化学作用力与蛋白质分子连接在一起，成为结构的一部分（具体连接形式见图 3-7、图 3-8）。

氨苄青霉素分子通过化学和物理相互作用与抗体活性区域氨基残基连接在一起，包括氢键、范德华力和静电相互作用等形式。因此，抗体活性区域的氨基酸通常天冬氨酸（Asp）、天冬酰胺（Asn）、谷氨酸（Glu）、谷氨酰胺（Gln）、精氨酸（Arg）、酪氨酸（Tyr）、色氨酸（Trp）等侧链带电荷或芳香族基团的氨基残基出现频率较高，这些侧链相对更容易与其他分子相互作用。图 3-6 所示氨苄青霉素结合区域的氨基残基包括酪氨酸、精氨酸、色氨酸、亮氨酸、脯氨酸、谷氨酰胺、丙氨酸、缬氨酸、天冬酰胺等，这些氨基残基在空间上形成孔洞，结合氨苄青霉素。

图 3-7　PDB 中氨苄青霉素-抗体复合物晶体结构

Figure3-7　ampicillin-antibodycomplexdisplayinPDB

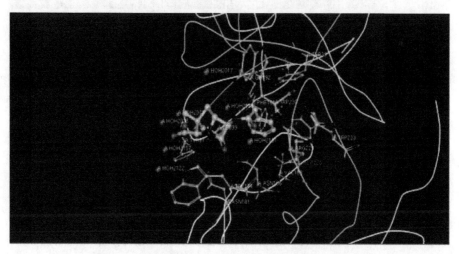

图 3-8　氨苄青霉素及抗体蛋白临近氨基残基 PDB 结构

figure3-8　closeresiduesofampicillindisplayinPDB

氨苄青霉素抗体特性的分析通过 BLAST 蛋白质序列比对分析。图 3-9 所示为氨苄青霉素抗体抗原结合区与 PDB 数据库中包含的其他抗体之间的序列比对结果图。抗体是一种"Y"型结构的包含 4 条氨基酸链（两条重链：H，两条轻链：L）的球状蛋白。抗体分为保守区与可变区，保守区的氨基残基链组成和位置基本恒定，两条链之间通过侧面区域至少一个二硫键相连。每一个区域包含两个 β-折叠，它们聚集在一起形成夹心状，并且把形成的环状区带呈现在外部，位于可变区的这些形成的环状区即可与特异性的抗原相结合。可变区包含 3 个高度可变的环状结构，依据抗原不同发生特定变异，形成新的特异性抗体与抗原结合。图中可以看出，氨苄青霉素抗体与其他抗体的序列相比，大部分氨基残基属于相同和强相似，而不相配的氨基残基则大多数可以在图 3-8 所示的氨苄青霉素抗原结合状态详图中找到，采用计算机模拟的氨苄青霉素抗体与 HSA、OVA 相互作用中抗体的抗原结合区域参与了相互作用是可信的，或许这些残基是位于抗体的高度可变区，对于抗体功能具有重要意义。BSA、OVA 与抗体的非特异性相互作用的发生可能会对抗体的抗原结合区产生影响，进而影响检测氨苄青霉素免疫生物传感器的性能。

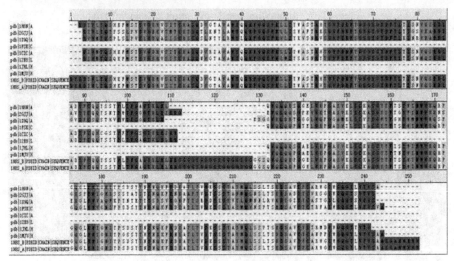

图 3-9　氨苄青霉素抗体与其他抗体的蛋白多序列比对（相同：强：弱：非适合）

Figure3-9　proteinmultiplesequencealignmentofampicillinantibodyandotherantibody
（identical：strong：weak：non-matching）

（3）FiberDock 程序模拟蛋白-蛋白相互作用

FiberDock 是一种有效的对刚体蛋白-蛋白对接解决方案进行蛋白质柔

性改进和重新打分的方法。该方法通过反复迭代算法沿着最大相关形式最小化柔性蛋白的结构。每一种形式的相关性是所有原子之间相互作用力相关性的统计值，作用于各个原子的力根据正态模式转换成矢量。

氨苄青霉素抗体（PDBID：1H8S）与 HSA（PDBID：1AO6）相互作用的分子模拟结果见图 3-10，左图为完整的蛋白-蛋白复合物；右图为HSA 与抗体临近氨基残基局部图像。HSA 人体血液中大量存在的蛋白质，承担血液运输功能，它与生物传感器研究中经常用到的 BSA 是同源蛋白，有 76% 的蛋白质一级结构序列一致，由于其对于人体的重要性，它的三维晶体结构研究较深入，结构已经被揭示出来了，HSA 也包含两条氨基酸链。从左面的图中可以看到，仅抗体 A 链和 HSA 蛋白的 A 链之间存在相互作用，各自的 B 链则基本保持着自然状态。但从 PDB 中氨苄青霉素-抗体复合物结构中，可以看出抗体对氨苄青霉素特异性结合的活性区域主要位于 A 链。因此，右图强调显示了 HSAA 链与抗体 A 链相互结合部分的氨基残基，从中可以看出，几乎全部在图 3-6 中标示的氨苄青霉素临近氨基残基都可以在右图中看到，这也体现出在生物传感器相关化学实验中，BSA 对于抗体特异性可能存在有潜在的干扰，作为抗体固定后封闭多余-COOH-蛋白结合位点，或实际样品检测中存在的 BSA 可能会和抗体结合，占用抗体结合位点，降低检测的灵敏度和可靠性。

图 3-12 显示了氨苄青霉素抗体-卵白蛋白（OVA）对接模拟的结果。OVA 也是一种常见的蛋白质，一般经常作为小分子化合物（如抗生素分子）的偶联蛋白，形成抗原偶联物获得免疫原性，进而免疫动物获得相应抗体。OVA 的三维晶体结构也已经收录于 PDB，其结构包含由四条氨基酸链形成的 4 个亚基，比 HSA 分子更大一些。抗体的两条氨基酸链均与 OVA 的相应氨基酸链发生相互作用。因此，OVA 对于固定抗体特异性的影响可能与 OVA 蛋白在检测环境中的整体构象关系密切，蛋白的整体柔性对于抗体-蛋白结合产生影响。为了进一步评价抗体-OVA 相互作用对于抗体特异性结合氨苄青霉素能力的影响，重点关注了抗体活性区域的结合特征。与抗体-HSA 对接结果相似，在结合区域内也大量包含了氨苄青霉素相互作用氨基残基。在生物传感器检测试验中，蛋白质相互结合也会发生构象变化，OVA 与抗体的非特异性结合也会影响其检测性能。

图 3-10　抗体-HSA 相互作用模拟结果左，完整蛋白-蛋白复合物

右，HSA 与抗体临近氨基残基（绿色，氨苄青霉素抗体；粉红色，HSA）

Figure3-10　simulationresultofantibody-HSAinteraction. Left, fullprotein-proteincomplex,

right，HSAandantibodycloseresidues.（green，antibody. purple，HSA）

图 3-11　氨苄青霉素抗体-OVA 相互作用完整蛋白-蛋白复合物模拟结果

绿色，氨苄青霉素抗体；粉红色，OVA）

Fig3-11　simulationresultofantibody-OVAinteraction，fullprotein-proteincomplex，

（green，antibody. purple，OVA）

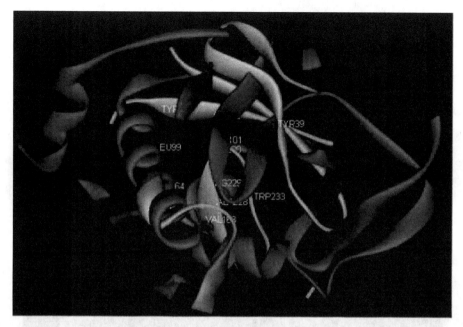

图3-12 氨苄青霉素抗体-OVA相互作用抗体活性中心临近氨基残基模拟结果

（绿色，氨苄青霉素抗体；粉红色，OVA）

Figure3-12 simulationresultofantibody-OVAinteraction, OVAandantibodycloseresidues.

（green, antibody. purple, OVA）

（4）GRAMMX程序模拟蛋白-蛋白相互作用

GRAMM-X是一个已经被广泛使用的采用快速傅里叶变换运算方法的刚性体蛋白-蛋白对接程序，用于预测和评估这些复合物之间的相互作用。该程序以分子表面的几何学、疏水性和静电互补性为依据从1000多个候选对接构象中给出了排列靠前的10个复合物构象。对于OVA-氨苄青霉素抗体对接试验，给出的10个构象中有6个构象存在抗体位于氨基酸A链的活性中心与OVA相互作用，其余4个构象则活性中心基本保持天然构象。因此，OVA对于抗体的非特异性吸附可能受到检测条件的影响，并且发生的概率也可能会比较小。而对于HSA-抗体对接的10个模型，其中仅有3个复合物构象中抗体A链活性中心基本保持天然构象。依据HSA与氨苄青霉素抗体对接的结果，可以预测在生物传感器检测过程中，BSA与固定抗体发生非特异性吸附影响检测性能的概率会比较大。

（5）ClusPro 程序模拟蛋白-蛋白相互作用

ClusPro 是一个自动化的基于网站的蛋白相互作用预测研究服务体系，只需要将相互作用研究的蛋白质.pdb 文件上传到网站或直接将其在 PDB 数据库中的编号输入即可。预测给出的结果是根据较好的静电相互作用以及去溶剂化自由能进行聚类分析后的较大聚类。模拟研究结果表明聚类分析后输出的结果与 GRAMMX 基本一致。抗体的抗原结合区域位于 HSA-抗体的蛋白-蛋白相互结合表面区域的概率同样大于 OVA-抗体的蛋白-蛋白相互结合表面区域。图 3-13 为 HSA-抗体结合的前 10 个聚类构象代表。

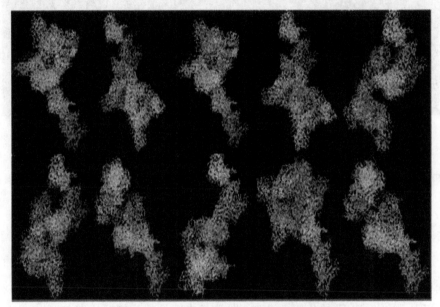

图 3-13　HSA-抗体结合的前 10 个聚类构象代表

（绿色，A 链；蓝色，B 链；大亚基 HSA，小亚基为抗体）

Figure3-13　Top10conformationsofHSA-antibodydockingcomplex

（chainA，green，chainB，blue；bigsubunits，HSA，smallsubunits，antibody）

（6）ZDOCK 程序模拟蛋白-蛋白相互作用

以上模拟结果显示 HSA 与氨苄青霉素抗体抗原结合区域互补决定区之间存在比较大的相互作用概率，然而这种相互作用是特异性还是非特异性，抗体的 B 链是否也会和 HSA 发生相互作用？抗体 A 链和 OVA 的结合亲和力与其与 BSA 之间的结合亲和力有无区别，这种区别是否与抗体的生产原理和过程相关？了解这些现象，将有助于在依赖于抗原-抗体之间免疫反应的分析方法（如酶联免疫分析、免疫生物传感器等）中更加正确合理地对免疫反应进行利用，提高分析方法的效率。因此，我们进一步使用ZDOCK 蛋白-蛋白对接程序模拟抗体不同氨基酸链在与 HAS 以及抗体 A 链与 OVA 链 A 之间发生非特异性相互作用时的表现。为了比较特异性与非特异性相互作用在模拟上的区别，选择相关研究较多的溶菌酶及其特异性抗体之间的特异性抗体-抗原免疫反应作为对比。

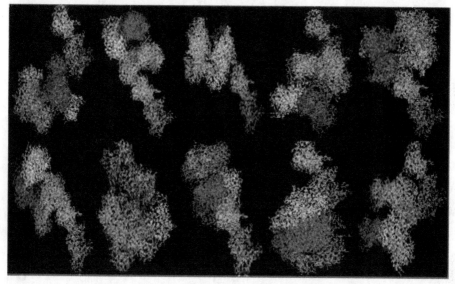

图 3-14　OVA-抗体结合的前 10 个聚类构象代表

（绿色，A 链；蓝色，B 链；C 链，粉红色；D 链，黄色；大亚基 HSA，小亚基为抗体）

Figure3-14　Top10conformationsofOVA-antibodydockingcomplex

（chainA，green，chainB，blue，chainC，pink，chainD，yellow；

bigsubunits，HSA，smallsubunits，antibody）

ZDOCK 模拟结果依据原子在分子力场中的运动方式给出 2000 个不同的对接构象，然后通过对这些构象进行聚类分析，提供有意义的预测。图3-15 显示了不同蛋白对接复合物构象的聚类大小，图 3-16 是不同蛋白对接复合物构象聚类分析时的聚类密度分布图。对于溶菌酶及其对应抗体的特异性相互作用，前 20 个聚类中所包含的构象数量多且分布集中。相比而言，氨苄青霉素抗体不同氨基酸链与 HSAA 链之间的非特异性相互作用对接复合物的前 20 个聚类包含的构象数量少，并且分布较分散，尤其是抗体的 B 链与 HSA 的相互作用。由于对于完整抗体抗原结合区双链蛋白与 OVA 的结合模拟中，结果显示抗体 A 链与 OVA 链 A 之间也存在非特异性相互作用潜力，因此图中 D 部分体现了该两条不同蛋白的 A 链之间的相互作用。相对于不同的抗体氨基酸链与 HSA 链 A 结合，OVA 链 A 与抗体 A 链间相互作用的构象聚类分析中前 20 个聚类大小、密度分布与抗体 A 链与 HSA 链 A 结合相近，稍不及其分布集中，大于 HSA 链 A 与抗体 B 链的相互作用。这一结果表明特异性相互作用的发生概率比非特异性相互作用大，也说明计算机辅助的蛋白-蛋白相互作用模拟研究，在研究生物传感器非特异性相互作用有关的性能方面具有应用潜力。

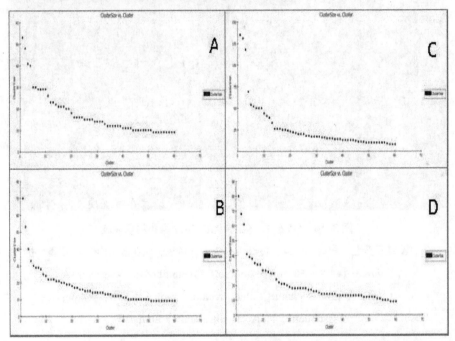

图 3-15　不同蛋白-蛋白相互作用 ZDOCK 模拟聚类大小 A）1H8S 链 A 和 1AO6 链 A 相互作用，B）1H8S 链 B 和 1AO6 链 A 相互作用，C）溶菌酶与其特异性抗体相互作用，PDBID：1JTT，D）1H8S 链 A 和 1OVA 链 A 相互作用

Figure3-15　ZDOCKclustersizeofdifferentprotein-proteininteractionsimulation.
A）IH8SchainAand1AO6chainA，B）IH8SchainBand1AO6chainA，
C）lysozymeandantibody，PDBcode1JTT，D）IH8SchainAand1OVAchainA

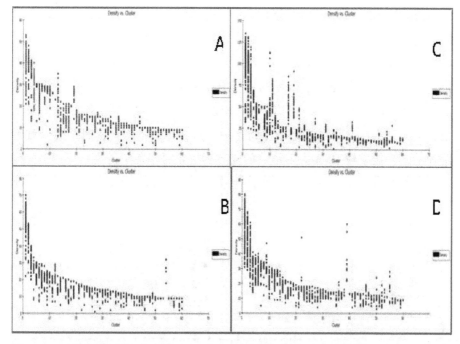

图 3-16　不同蛋白-蛋白相互作用 ZDOCK 模拟聚类密度 A）1H8S 链 A 和 1AO6 链 A

相互作用，B）1H8S 链 B 和 1AO6 链 A 相互作用，C）溶菌酶与其特异性

抗体相互作用，PDBID：1JTT，D）1H8S 链 A 和 1OVA 链 A 相互作用

Figure3-16　ZDOCKclusterdensityofdifferentprotein-proteininteractionsimulation.

A）IH8SchainAand1AO6chainA，B）IH8SchainBand1AO6chainA，

C）lysozymeandantibody，PDBcode1JTT，D）IH8SchainAand1OVAchainA

　　ZDockScore 是由 ZDOCK 对接程序运算的一种形状互补性的打分，对接复合物所得分数中也包含静电相互作用和去溶剂化的能量作用形式，较高得分表明较好的复合物构象。从图 3-17 可以看出，抗体（PDB 编号，1H8S）A 链与 OVA（PDB 编号，1OVA）链 A 之间的相互作用复合物的 ZDOCK 得分是所有复合物中最低的；抗体 B 链与血清蛋白 A 链（PDB 编号，1AO6）之间的相互作用对接复合物在三种复合物中得分偏低，仅次于抗体 A 链与 OVA 链 A 之间的相互作用。而 1H8S 的 A 链与血清蛋白 A 链对接复合物构象的得分最高。这一结果与前述几种模拟程序对包含 1H8S 的 A、B 链以及 1AO6 的 A、B 链的完整蛋白进行对接模拟的结果具有一致性。对于生物分子的特异性相互作用，溶菌酶与其对应抗体的相互作用模

拟获得了比 1H8S 的 A 链与 HSA 相互作用分布更集中的打分，所得分数也最高。对接结果表明 ZDOCK 对于抗原-抗体免疫反应蛋白-蛋白相互作用的模拟预测中能够获得成功，对于特异性相互作用的亲和力程度也能够识别。在氨苄青霉素抗体与 HSA 的非特异性相互作用过程中，抗体的活性中心受到影响的概率较大。这可能与 PDB 数据库中所收录该抗体的产生是通过氨苄青霉素与 BSA 偶联形成半抗原后免疫小鼠制备而得，因此抗体对于 BSA 的结合概率较 OVA 大，形成的复合物也相对稳定。

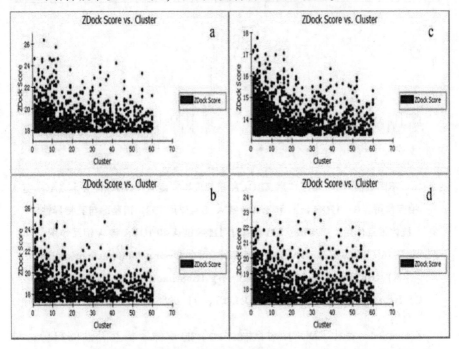

图 3-17　不同蛋白-蛋白相互作用 ZDOCK 评分 A）1H8S 链 A 和 1AO6 链 A 相互作用，B）1H8S 链 B 和 1AO6 链 A 相互作用，C）溶菌酶与其特异性抗体相互作用，PDBID：1JTT，D）1H8S 链 A 和 1OVA 链 A 相互作用

Figure3-17　ZDOCKScoreofdifferentprotein-proteininteractionsimulation. A）IH8SchainAand1AO6chainA，B）IH8SchainBand1AO6chainA，C）lysozymeandantibody，PDBcode1JTT，D）IH8SchainAand1OVAchainA

ZRANK 是一种快速准确将采用 ZDOCK 刚体对接程序预测的对接复合物构象进行快速和准确分析的方法。与 ZDOCK 相比，ZRANK 所用的能量函数包含更加详细。研究表明，ZDOCK 对接预测结果经 ZRANK 再次分析后明显

的提高了蛋白-蛋白对接复合物预测的成功率。ZRANKscoring 函数与范德华相互作用的吸引排斥能、短程和长程吸引排斥能以及趋溶剂化自由能呈线性相关，较低得分的复合物构象较稳定。从图 3-18 中可以看出，溶菌酶与其特异性抗体之间的相互作用具有最低的 ZRank 得分，且分布集中。抗体 A 链、B 链分别与 HSA 链 A 链相互作用以及抗体 A 链与 OVA 链 A 之间相互作用 ZRANK 得分相近，其中抗体 A 链与 HSA 链 A 相互作用的得分与其余二者相比略低，而抗体 A 链 OVA 链 A 相互作用的得分在三者中略高一些。ZRANK 打分所反应的对接复合物分析结果与 ZDOCKScore 具有一致性。

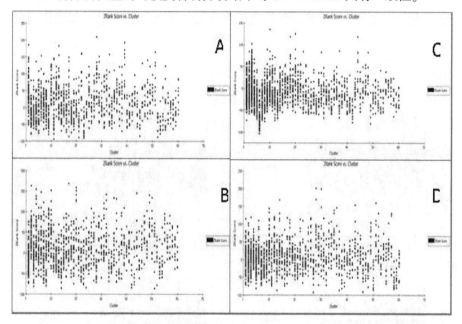

图 3-18　不同蛋白-蛋白相互作用 ZRank 评分 A）1H8S 链 A 和 1AO6 链 A
相互作用，B）1H8S 链 B 和 1AO6 链 A 相互作用，C）溶菌酶与其特异性抗体
相互作用，PDBID：1JTT，D）1H8S 链 A 和 1OVA 链 A 相互作用

Figure3-18　ZRankScoreofdifferentprotein-proteininteractionsimulation.

A）IH8SchainAand1AO6chainA，B）IH8SchainBand1AO6chainA，

C）lysozymeandantibody，PDBcode1JTT，D）IH8SchainAand1OVAchainA

根据生物学的知识，生物分子的结合过程被认为包含着两个步骤：接触、形成特异性接触位点和非共价键的对接。因此，静电相互作用预期会通过操纵直接影响最初的结合，同时通过生物分子结合的盐键和氢键影响

对接复合物的强度。对于特定的免疫反应，静电相互作用的影响也是非常显著的。抗体-抗原连接位点上静电相互作用的区别，将会对抗体的特异性和交叉反应能力产生一些影响。有研究报道，对于不同的溶菌酶及其特异性抗体的复合物，复合物之间在连接的静电相互作用方面具有很大的区别。图 3-19 所示为四种不同对接复合物生物分子间的静电相互作用。从图中可以看出，总体上，图 A、C、D 中的静电相互作用相差不大，分布总体而言都比较分散，A 图中的分布与 B 图数值相似性更大，而 B 图中的分布集中，尤其前 10 个聚类。这可以理解为对于抗体与 HSA、OVA 相互作用，其蛋白组成氨基残基间的静电相互作用抗体 A 链参与静电相互作用较多，与其他相互作用以及形状互补的影响相互结合，可解释 1H8S 的 A 链与 HSA 相互作用具有较高的 ZDockscore。

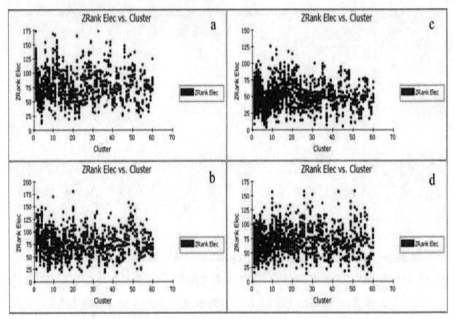

图 3-19　不同蛋白-蛋白相互作用静电相互作用聚类分析 A) 1H8S 链 A 和 1AO6 链 A
相互作用，B) 1H8S 链 B 和 1AO6 链 A 相互作用，C) 溶菌酶与其特异性
抗体相互作用，PDBID：1JTT，D) 1H8S 链 A 和 1OVA 链 A 相互作用

Figure3-19　ZRankElecofdifferentprotein-proteininteractionsimulation.

A) IH8SchainAand1AO6chainA，B) IH8SchainBand1AO6chainA，

C) lysozymeandantibody，PDBcode1JTT，D) IH8SchainAand1OVAchainA

范德华力能够说明原子间距离较小时所表现的相互排斥，以及相邻原子电子云之间的范德华力相互吸引。通常，范德华力与静电相互作用一起考虑，它们可以表现出协同效应。图 3-20 所示为不同对接复合物的范德华力相互作用。溶菌酶及其抗体的特异性相互作用具有最高的范德华力相互作用。A 相对 B 数值偏大且分布范围广，相对 D 则数值分布的范围广、集中度稍差。

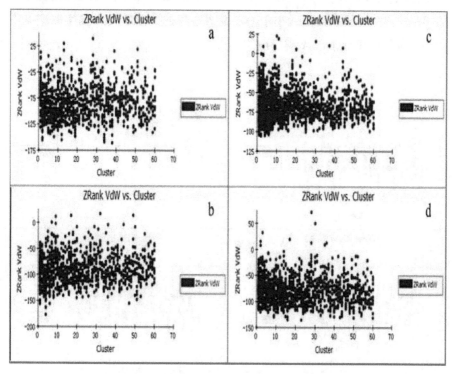

图 3-20　不同蛋白-蛋白相互作用 VanDerWaals 相互作用聚类分析 A）1H8S 链 A 和
1AO6 链 A 相互作用，B）1H8S 链 B 和 1AO6 链 A 相互作用，C）溶菌酶与其特异性
抗体相互作用，PDBID：1JTT，D）1H8S 链 A 和 1OVA 链 A 相互作用

Figure3-20　VanDerWaalscontactsofdifferentprotein-proteininteractionsimulation.
JZA）IH8SchainAand1AO6chainA，B）IH8SchainBand1AO6chainA，
C）lysozymeandantibody，PDBcode1JTT，D）IH8SchainAand1OVAchainA

当有溶剂存在时，蛋白-蛋白相互作用也会产生溶剂效应，水分子的存在影响相互结合接触面上的静电相互作用和范德华力相互作用。从图 3-21 中可以看出，对于溶菌酶与其抗体之间的特异性相互作用对接复合物构

象，其去溶剂化自由能数值相对较小且分布集中。对于 A、B、D 图所描述的相互作用，A、B 的数值较为接近，A 稍小，B 的分布则比 A 分散；D 的数值最小且分布最为分散。去溶剂化自由能的大小与蛋白-蛋白相互作用发生的难易程度有关，自由能值小时，易于发生反应。A 图中的前 10 个聚类自由能分布集中，且数值小，说明抗体 A 链与 HSA 链 A 之间的相互作用发生较 B、D 描述的反应易于发生。D 虽然数值总体相比小于 B，但对于第一个聚类，B 的数值远小于 D，说明这两种类型的反应发生概率基本相当，都较明显地小于 A 类反应。

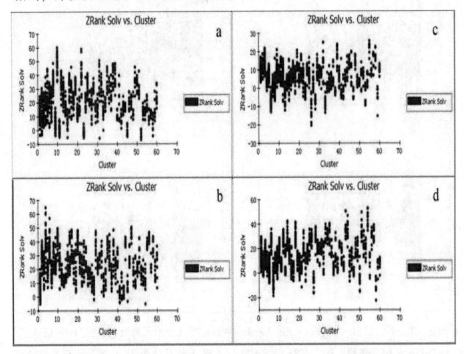

图 3-21　不同蛋白-蛋白相互作用 Solv 相互作用聚类分析 A）1H8S 链 A 和 1AO6 链 A
相互作用，B）1H8S 链 B 和 1AO6 链 A 相互作用，C）溶菌酶与其特异性
抗体相互作用，PDBID：1JTT，D）1H8S 链 A 和 1OVA 链 A 相互作用

Figure3-21　desolutionfreeenergyofdifferentprotein-proteininteractionsimulation.

A）IH8SchainAand1AO6chainA，B）IH8SchainBand1AO6chainA，

C）lysozymeandantibody，PDBcode1JTT，D）IH8SchainAand1OVAchainA

因此，对接模拟结果表明氨苄青霉素抗体与基质中的干扰蛋白之间具

有发生非特异性相互作用的潜能，并且抗体的活性区域更易于趋向参与作用。同时，这一结果也为通过调节检测条件，进而改善和控制生物传感器检测过程中非特异性相互作用提出了一种可能性。

（7）不同分子对接方法结果比较

FiberDock，ClusPro，GRAMM-X 这三种都是在线可提供免费服务的蛋白-蛋白相互作用分子模拟研究团队。与本研究中用到的集成于 DiscoveryStudio2.1 中的 ZDOCK 程序相比，这三种模拟研究方法均可对含有多条氨基酸链的完整蛋白之间的相互作用进行模拟预测研究。FiberDock 由于在程序设计中考虑了生物大分子结构的柔性，其模拟输出结果为出现概率最大的蛋白-蛋白相互作用结合方式。GRAMM-X 和 ClusPro 的输出结果均为对接构象经聚类分析处理后的统计分析结果。GRAMM-X 输出为聚类密度最大的 10 个构象，ClusPro 的输出聚类数目可选（小于 30）并且可以获得相关聚类的一些统计分析数据。从对氨苄青霉素抗体与 HSA、OVA 相互作用的模拟结果来看，三种分析方法都可用于模拟研究，模拟结果之间也存在部分一致性，后两种方法的分析结果提高了考虑生物大分子柔性的 FiberDock 模拟预测结果对接复合物构象的可信度。

对于 ZDOCK 模拟预测，通过对对接复合物构象的聚类分析，可以得出总体上非特异性相互作用的相关评分以及各种原子间的相互作用强度均比特异性抗体-抗原相互作用小，主要体现在数值比较以及聚类密度分布方面。对抗体不同氨基酸链与 HSA 链 A、抗体 A 链与 OVA 链 A 之间相互作用的模拟结果分析表明抗体与干扰蛋白 HSA、OVA 之间的非特异性相互作用是有可能发生的；包含抗体抗原结合活性区域的抗体 A 链参与非特异性相互作用的概率比抗体 B 链大；对于抗体的 A 链与不同种蛋白的氨基酸链之间的相互作用，HSA 链 A 的结合能力及稳定性强于 OVA 链 A，这可能是由于抗体在生产过程中是由氨苄青霉素与 BSA 偶联形成半抗原后免疫动物再经生物技术分离纯化后制备而得的，因此抗体与 HSA 的结合概率较大。

对于氨苄青霉素抗体的抗原结合区域的确定，则通过将氨苄青霉素抗体序列与蛋白质数据库 PDB 中收入的其他抗体序列通过 BLAST 序列比对进一步确证。序列比对的结果表明氨苄青霉素抗体 A 链模拟结果构象中参与形成对接复合物的区域，大部分是位于抗体结构中的高度可变区域中与抗体特异性密切相关的关键氨基残基。

通过基于计算机的分子模拟研究蛋白–蛋白相互作用对于研究检测氨苄青霉素残留的生物传感器能够提出有利的提示，发现一些新的研究切入点，从而进一步改进相关试验研究的方法，减少化学、生物试验研究的人力、财力耗费，改进和提高生物传感器检测的性能和稳定性。

3 分子生物学技术

分子生物学（molecular biology）是从分子水平研究生物大分子的结构与功能从而阐明生命现象本质的科学，DNA 双螺旋结构模型的提出、DNA 聚合酶、修饰工具酶的发现和改进，为分子生物学技术的发展奠定了基石。随着研究的深入，分子生物学技术的应用范围不断拓展，其中基于遗传物质结构、功能、特性的基因测序技术相关的 PCR 技术、探针杂交技术、基因芯片技术等生物检测技术获得了研究者的关注，并在食品安全管理方面表现了良好的应用前景。

食品中掺入其他未标注成分可增加食品过敏的风险，比如欧洲的"马肉风波"、2020 约旦首都安曼发生的大规模食物中毒事件、美国 2800 万箱谷物早餐制品、5.5 亿枚鸡蛋召回等事件，均需食品安全检测管理方法的支持。分子生物学技术在食品掺伪、转基因产品鉴定、过敏原检测、致病微生物鉴别等领域发挥着越来越重要的作用。例如以调味品为例，可以检测芝麻酱中是否有芝麻成分、调味品制作用的原料是否含有转基因产品、鸡精中是否有鸡源性成分，也可以用于调味品中微生物群落结构的检测，还可以用于检测调味品中是否有非法添加成分如罂粟等。使用 Illumina HiSeq2500 测序技术对 2013 年暴发的沙门氏菌进行全基因组的测序分析，可证明蛋黄酱中分离得到的鼠伤寒沙门氏杆菌 DT 8（Salmonella typhimuriumDT 8）是导致人类感染的病原菌。分子生物学技术具有快捷、灵敏、准确等优点，可精确确定存在于食品中的微生物种类及菌群情况。与其他检测方法相比较，分子生物学技术在食品检测领域发挥着独特而不可替代的作用。当前，PCR 扩增、荧光定量 PCR、二维电泳等分子生物学技术已广泛应用于食品检测领域，并发挥着其他化学分析技术不可替代的作用，而全自动微生物鉴定仪器的引进，更使食品检验检疫向仪器化、自动化、标准化方向发展，给食品检验检疫提供了快速、可靠的检测方法。

3.1 聚合酶链反应

3.1.1 技术原理

自 1985 年，美国 Perkin-Elmer Cetus 公司人类遗传研究室 Mullis 等发明了具有划时代意义的聚合酶链反应（Polymerase chain reaction，PCR），使人们梦寐以求的体外无限扩增核酸片段的愿望成为现实①。其原理为 DNA 聚合酶以单链 DNA 为模板，由一小段双链 DNA（引物）与单链 DNA 模板中的一段互补序列结合形成部分双链来启动合成。在适宜的温度和环境下，DNA 聚合酶将脱氧单核苷酸加到引物 3'-OH 末端，并以此为起始点，沿模板 5'→3'方向延伸合成一条新的 DNA 互补链。基本反应成分包括：模板 DNA（待扩增 DNA）、引物、4 种脱氧核苷酸（dNTPs）、DNA 聚合酶和适宜的缓冲液。反应过程包括①通过双链 DNA 的高温变性（denaturation）、②引物与模板的低温退火（annealing）、③适温延伸（extension）这三步反应反复循环。

3.1.2 技术特点

PCR 技术是分子生物学研究中的一项基本技术，首先具有强特异性，与以下特性有关：①引物与模板 DNA 特异正确的结合；②碱基配对原则；③Taq DNA 聚合酶合成反应的忠实性；④靶基因的特异性与保守性。其次具有高灵敏性，PCR 产物的生成量是以指数方式增加的，能将皮克（pg = 10^{-12}）量级的起始待测模板扩增到微克（μg = 10^{-6}）水平。能从 100 万个

---

① 陈旭，齐凤坤，康立功，李景富. 实时荧光定量 PCR 技术研究进展及其应用 [J]. 东北农业大学学报，2010，41（8）：148-155.

细胞中检出一个靶细胞；在病毒的检测中，PCR 的灵敏度可达 3 个 RFU（空斑形成单位）；在细菌学中最小检出率为 3 个细菌。再次，简便、快速的优点。PCR 反应用耐高温的 Taq DNA 聚合酶，一次性地将反应液加好后，即在 DNA 扩增液和水浴锅上进行变性—退火—延伸反应，一般在 2~4 小时完成扩增反应。扩增产物一般用电泳分析，不一定要用同位素，无放射性污染、易推广。最后，对样品纯度要求低。不需要分离病毒或细菌及培养细胞，DNA 粗制品及 RNA 均可作为扩增模板，可直接用临床标本如血液、体腔液、洗嗽液、毛发、细胞、活组织等 DNA 扩增检测。

随着 PCR 技术研究发展，PCR 技术为适应应用需求而发展出了许多新的类型，多重 PCR、反转录 PCR、荧光定量 PCR 等，微生物学和相关领域的研究奠定了基础。

3.1.3 应用范围

3.1.3.1 定性 PCR 法

为了使外源基因能被顺利转入宿主体内并有效地表达，绝大部分转基因作物含有启动子 CaMV 35S、终止子 NOS 和抗性基因 NPTII3 这 3 个基因元件。针对启动子、终止子、选择性标记基因等设计引物，通过 PCR 扩增这些序列，可鉴定出食品中是否含有转基因成分。倪贤生等利用花椰菜花叶病毒 35S 启动子和根瘤农杆菌 NOS 终止子设计了特异性引物对 35S、NOS，以 PCR 扩增技术成功检测出转基因大豆。但定性 PCR 法只是对转基因产品的初步检测，某些植物或土壤微生物中也会含有 CaMV 35S 和 NOS 基因元件，因此该方法有假阳性的可能。

PCR 技术检测转基因食品、食品微生物含量时，先对食品中的 DNA 进行纯化与提取，提取方式主要包含过滤法以及离心法两种。然后经 PCR 技术对 DNA 进行扩增，即可分析扩增产物，报告结果。PCR 技术可用于检测大肠杆菌、沙门氏菌、葡萄球菌等多种污染食品的有害微生物，对其进行定量、定性分析。PCR 技术对于转基因食品的分析也具有重要的意义。

3.1.3.2 实时荧光定量 PCR 法

实时荧光定量 PCR 在常规 PCR 法的基础上增加了一条带有荧光基团的探针，其 5' 端带有 1 个报告基团，3' 端带有 1 个淬灭基团。其基本原理为样本核酸扩增呈指数增长，在反应体系和条件完全一致的情况下，样本 DNA 含量与扩增产物的对数成正比，由于反应体系中的荧光染料或荧光标记物（荧光探针）与扩增产物结合发光，其荧光量与扩增产物量成正比，因此通过荧光量的检测就可以测定样本核酸量。该技术被推广应用于有害微生物的鉴定检测，杨旭 [31] 使用免疫磁分离与两重荧光定量 PCR 相结合的快速检测方法对鲜猪肉中金黄色葡萄球菌和志贺氏菌进行检测分析，检测可在 6 h 内完成，金黄色葡萄球菌的检测限为2.52CFU/g，志贺氏菌的检测限为 1.36 CFU/g。水产品中河弧菌也可利用免疫磁珠捕获与荧光定量 PCR 联合技术快速检测。对乳制品中金黄色葡萄球菌采用荧光定量 PCR 检测限可达 3.5 CFU/mL。转基因食品检测方面，多重荧光定量 PCR 可同时检测内源基因和外源基因，提高了效率，降低了成本，实现了一管多检，为转基因大豆及其制品提供了便捷高效的检测方法。食品过敏原检测方面，用基于 TaqMan 探针的荧光定量 PCR 技术对牛奶中过敏原 α-乳清蛋白进行分析检测，检测限为 0.05 ng，可以在 3 h 内完成 DNA 的提取和检测，与依赖于蛋白质检测的方法相比，该技术具有更大的热稳定性和更强的分析加工食品的能力，并且更便宜、快捷和灵敏。

3.1.3.3　多重 PCR

多重 PCR（Multiplex PCR，MPCR）技术是指在同一核酸反应体系中，加入 2 对或 2 对以上的特异性引物，分别扩增不同目的基因，从而实现对某一病原菌的多个基因或多种病原菌的同时检测。其反应原理与传统 PCR 基本相同，既保留了传统 PCR 特异性强、灵敏性高的特点，又节约了反应时间和试剂用量，是一种既经济又高效的高通量检测方法。引物设计合理的前提下，MPCR 通常可实现一个病原菌 2~4 个基因或 2~4 个目标菌的同时检测，甚至更多。Zhou 等①基于 cigR 基因，实现了对沙门氏菌属和属内

---

① Zhou YY, Kang XL, Meng C, Xiong D, Xu Y, Geng SZ, Pan ZM, Jiao XN. Multiple PCR assay based on the cigR gene for detection of Salmonella spp. and Salmonella Pullorum/Gallinarum identification [J]. Poultry Science, 2020, 99 (11)：5991-5998.

鸡白痢/鸡伤寒沙门氏菌血清型的检测。Latha 等[1]实现了对肉制品中鼠伤寒沙门氏菌、金黄色葡萄球菌、单增李斯特菌和小肠结肠炎耶尔森氏菌 4 种致病菌的检测，而 Villamizarrodríguez 等[2]实现了对 5 种不同类型食品中 9 种致病菌的检测。

3.1.3.4 反转录 PCR

反（逆）转录 PCR 是以 RNA 为模板，由依赖 RNA 的 DNA 聚合酶（逆转录酶）先催化合成一条与 RNA 互补的 DNA 链，随后，DNA 的另一条链通过脱氧核苷酸引物和依赖 DNA 的 DNA 聚合酶完成，随每个循环倍增，即通常的 PCR。原先的 RNA 模板被 RNA 酶 H 降解，留下双链 DNA。该技术在食品安全管理中的应用，主要被用于分析转基因食品的相关性质、污染食品有害微生物的特性以及一些 RNA 病毒和食品污染物的定性、定量分析。比如当前新冠疫情肆虐，对于相关人、物、环境病毒检测的世卫组织推荐方法即为 qRT-PCR 方法，尽管有时会存在假阴性结果，但对于新型冠状病毒监测分析具有重要的作用。

3.1.4 发展前景

PCR 方法作为一种较为成熟的广泛应用于食品安全管理监测中的检测分析技术，多用于污染有害微生物和转基因食品的检测分析，其中关键影响是 PCR 过程的设计，包括引物、反应体系、反应条件等。快速准确检测是该方法发展的主要方向之一，因而改进对仪器要求较高的 PCR 反应过程，减少温度变化频率优化 PCR 反应对温度的依赖性，优化相关酶的特性等是该类技术在食品安全管理监测中的发展方向。例如逆转录环介导等温核酸扩增技术（Reverse Transcription-Loop mediated isothermal amplification，RT-LAMP）可

① Latha C, Anu CJ, Ajaykumar VJ, Sunil B. Prevalence of Listeria monocytogenes, Yersinia enterocolitica, Staphylococcusaureus, and Salmonella enterica Typhimurium in meat and meat products using multiplex polymerase chain reaction [J]. Veterinary World, 2017, 10 (8): 927-931.

② Villamizar-Rodríguez G, Fernández J, Marín L, Muñiz J, González I, Lombó F. Multiplex detection of nine food-borne pathogens by mPCR and capillary electrophoresis after using a universal pre-enrichment medium [J]. Frontiers in Microbiology, 2015, 6: 1194.

分别使用特异对应于靶序列中 8 个基因区段的 3 对特异引物，并在反转录酶和 Bst DNA 聚合酶的作用下对靶序列进行等温核酸扩增反应，整个检测反应只需 1.5~2.5h。重组酶聚合酶扩增（Recombinase Polymerase Amplification，RPA）、等温指数扩增反应（Isothermal exponential amplification reaction，EX-PAR）、链置换扩增（Stranddisplacement amplification，SDA）、滚环扩增（Rolling circle amplification，RCA）等技术也蓬勃发展。

3.2 核酸探针技术

3.2.1 技术原理

基因探针或 DNA 探针技术检测微生物的依据是核酸杂交，其工作原理是 2 条碱基互补的 DNA 链在适当条件下可以按碱基配对原则形成杂交 DNA 分子。DNA 探针杂交方法总体上可以分为 2 类：一是异相杂交（heterogeneous assay）即固相杂交技术；二是同相杂交（homogeneous assay）即液相杂交技术。另外根据 DNA 探针的标记方法可分为放射性标记探针和非放射性标记探针。

Southern 印迹法（Southern blotting）是最早的 DNA 探针杂交技术；最早使用的 DNA 探针都是用同位素标记的。目前比较常见的非放射性 DNA 探针检测系统是通过酶促反应将特定的底物转变为生色物质或化学发光物质而达到放大信号的目的。

Northern 印迹杂交是一种将 RNA 从琼脂糖凝胶中转印到硝酸纤维素膜上的方法。其检测过程与 Southern 转移杂交基本相同，所不同的就是用 DNA 探针检测经凝胶电泳分开的 RNA 分子。它主要用于研究基因的转录活性及表达。

Western 印迹就是指将蛋白质样品经聚丙烯酰胺凝胶电泳分离，然后转移至固相载体上，再用抗体通过免疫学反应检测目的蛋白，分析基因的表达程度。

斑点杂交是将待测核酸样品进行 DNA 或 RNA 变性处理后，直接点在硝酸纤维素滤膜上，经烘烤固定后，与同位素或生物素标记的探针进行杂交，杂交后放射性双链 DNA 可使 X 光胶片感光，形成自显影斑点。菌落原位杂交则是将培养基上长出的菌落通过影印方法转移到硝酸纤维素膜上，碱变性破坏细菌的细胞壁使其释放出 DNA，并经变性处理使双链 DNA 解链，经烘烤固定后，用同位素标记的探针进行杂交，若相应的菌落中具有与探针 DNA 同源的核酸片段，则放射自显影后底片出现蟒斟状黑点。

3.2.2 技术特点

核酸探针作为一种可以从分子水平上进行设计、标记、合成以及应用的新兴研究手段，在现代医学、生命科学、生物化学、分子生物学和蛋白质组学研究等诸多领域得到了越来越广泛的应用。它巧妙地利用核酸与核酸、核酸与蛋白质之间的相互作用关系，将生物分子的成分、序列、结构和相互作用等信息转变为光电等信号，快捷方便地获取生物分子和生命活动过程中的相关信息。核酸探针的类型各异，功能也各不相同，研制、开发、应用也各有特色。核酸探针一般是用放射性同位素、荧光染料或其他标记物标记的 DNA 片段、单链 DNA 或 RNA 等，具有特定的序列，能够与具有相应核苷酸碱基互补序列的核酸片段结合，因此可用于样品中特定基因片段的检测。核酸探针具有的高度特异性就好比能达到在柴草堆中去搜寻一根针的神奇。核酸探针的应用范围也从最初的实验里的核酸序列分析迅速拓展到疾病的预防和诊断、药物筛选、蛋白质（酶）研究和生物芯片等领域。

3.2.3 应用范围

近年来 DNA 探针杂交技术在食品微生物检测中的应用研究十分活跃，目前已可以用 DNA 探针检测食品中的大肠杆菌（Escherichiacoli）、沙门氏菌（Salmonella）、志贺氏菌（Shigella spp）、耶希氏菌（Yersinia enterocolitica）、李斯特菌（L isteria monocytogenes）、金黄色葡萄球菌（Staphylococcus aureus）等。用 DNA 探针杂交技术检测食品中微生物的关键是 DNA 探针的构建。为了保证检测方法的高度特异性，必须根据具体的检测目标，构造各种不同的 DNA 探针。构建检测食品微生物 DNA 探针的原则是以待检微生物中的特异性保守基因序列为目标 DNA，以该序列的互补 DNA 作为杂交探针。对一般微生物而言可以用决定该微生物特有的生理、生化特性的基因序列构建特异性的 DNA 探针。例如与其他微生物相比大肠杆菌具有葡糖苷酸酶的特性。Cleuziat 等用大肠杆菌中编码该酶的基因序列作为目标 DNA，并制成 DNA 探针用以检测食品中的总大肠杆菌。而对不同种类的大肠杆菌，如产肠毒素的大肠杆菌（ETEC）、致肠出血大肠杆菌（EHEC）以及致肠病的大肠杆菌（EPEC）等的检测鉴别，已分别使用产肠毒素基因序列、致肠出血的基因序列及致肠病的基因序列作为目标DNA，构造出相应的 DNA 探针用以鉴别上述不同种类的大肠杆菌。此外，DNA 探针技术还并应用于转基因食品检测、疾病检测、酶学研究、检测农药、兽药残留，重金属离子等领域。

3.2.4　发展前景

核酸探针技术在食品安全检验工作中的应用，一般分为放射性标记应用方式和非放射性标记应用方式两种，用于检测有害微生物污染或转基因DNA 时能够做到对无法进行生化鉴定、无法培养、具有不可观察微生物类型微生物的检验，具有检验范围较广、检验精确度较高、检验效率较高等优势。因此该技术被普遍应用在了病毒检测和病原体检测工作中，同时转基因食品检测也这比较多的应用实例。该技术发展与核酸探针的种类和性能密切相关，传统克隆探针的序列一般比较长，对于有少数碱基突变靶序列变异的识别能力比较低，有时分别对完全互补和单碱基突变的靶序列杂交所产生的信号相当，无法区别互补靶序列和突变靶序列。近年来随着技术进步和特异性需求的变化，开发出了一些具有显著特征和特性的新型寡核苷酸探针，例如 Taq Man 探针、相邻探针、核酶探针、核酸适体探针、信标探针等。此外，在探针技术应用中还体现出了进一步与纳米材料、纳米技术相结合的趋势，因而核酸探针技术由于原材料相较其他生物分子易于合成标记、性能稳定性好、检测快速等优势，而在生物检测技术应用方面具有良好的发展前景。

3.3　基因芯片技术

3.3.1　技术原理

基因芯片是生物芯片技术中较为成熟的一种，又称 DNA 微阵列（DNA micro-array），它是一种反向的杂交技术，基本原理是基于杂交测序。需要把大量已知序列探针集成在同一个基片（如玻片、膜）上，经过标记的若干靶核苷酸序列与芯片特定位点上的探针杂交，通过检测杂交信号，对生物细胞或组织中大量的基因信息进行分析。基因芯片集成了探针固相原位合成技术、照相平版印刷技术、高分子合成技术、精密控制技术和激光共聚焦显微技术，使得合成、固定高密度的数以万计的探针分子以及对杂交信号进行实时、灵敏、准确的检测分析变得切实可行（图3-22）。

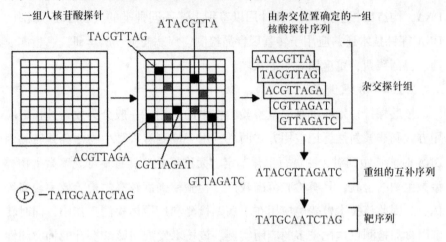

图3-22 基因芯片原理图

基因芯片探针杂交的结果分析需要依托计算机的强大数据处理能力。基因芯片分析只涉及对标签的高密度标签矩阵图像进行处理，从定量分析中提取混合点的荧光信号强度，最后通过检查和收集有效数据来组合混合点。相关基因表达谱，会发现生物信息、基因表达谱和功能之间的联系，如何确定这些数据的生物学意义方面的挑战是最重要的。

3.3.2 技术特点

基因芯片技术突出特点在于高度并行性、多样性、微型化和自动化。具有：①强大的类比性，使得以往大批次多处理的遗传分析在同一时间和条件下快速完成；②巨大的信息产出率，在一张芯片上不仅可以获得定性、定量，而且可得到时间和空间遗传信息；③哺育新的试验法，DNA芯片技术易与常规生物等技术相融合交叉；④高度灵敏性和专一性，能可靠并准确检测出10pg/ul的DNA样品；⑤高度重复性，一张由尼龙膜制作的微陈列，可以重复杂交使用多达20次；⑥微型化和自动化，试剂用量和反应体积大大减少，反应效率却成百倍提高；⑦也可实现静态到动态全局检测组织、细胞、血液等组织器官中基因表达时空差异。

基因芯片有两种主要方法：现场整合和发现。鉴于目前的适用性，现

场整合的基因标记高度集中，质量控制简单，但在复制和制备过程中成本高昂。点样技术主要用于为一些没有商业芯片的生物体制作基因标签，制备成本相对较低。现场集成芯片是未来发展和应用的方向。

3.3.3　应用范围

转基因食品安全检测是基因芯片技术的主要应用领域之一。欧盟就转基因产品的基因芯片检测执行名称为"New technology in food sciences facing the multiplicity of new released"的项目，涉及的转基因植物有甜菜、玉米、棉花、亚麻、土豆、油菜、大米、大豆、南瓜和西红柿，而且该项目主要放在鉴定转基因作物品系上，特别是美国已经批准和欧盟尚未批准的一些作物上。我国也利用基因芯片技术开发多种转基因植物检测芯片，包括普通筛选型芯片主要针对 CaMV35S 启动子，Nos 终止子，Bar，PAT1，PAT2 和 NPTⅡ等、综合检测芯片（检测转基因大豆、玉米、棉花、油菜等样品）和品系检测鉴定芯片（鉴定哪些品系是我国已批准的，有 GTS40-3-2 大豆，Bt176，Bt11，MON810，GA21，T25，CB H351 等品系。利用基因芯片技术对转基因作物及其产品进行检测能够高通量、平行化、自动化、综合型地检测大量基因，而且还具有快速、准确、敏感的特点，在对转基因作物及其产品的多个基因的平行化检测方面具有巨大的优势，如进行一次试验可以对转基因作物物种特异性基因、品系特异性基因等进行检测，提高了检测的灵敏度和准确性。

将寡核苷酸探针覆盖细菌、病毒的全基因组以制成病毒全基因组检测芯片。例如通过比较株空肠弯曲菌的全基因组序列证实该菌荚膜决定血清型，为确定该菌致病性相关指标指出进一步研究的方向。基因芯片技术还可以对细菌的致病基因进行检测，选择食源性致病菌的不同致病因子作为研究对象，变性的产物和基因专一性寡核苷酸在芯片上杂交后，芯片分析的结果通过放射标记的基因专一性探针和来自细菌克隆的基因组杂交反应来确认，即可成功检出致病菌的致病因子。同功能基因的检测相似，寡核普酸芯片可以广泛应用于致病菌的检测与鉴定，包括亲缘关系相近的种属内的菌种鉴定，比如肠致病性大肠杆菌和肠出血性大肠杆菌的不同菌株。

3.3.4　发展前景

基因芯片技术是 21 世纪生命科学、思维方式和方法学等方面的革命进步，其使研究手段和技术水平大大提高。目前已广泛应用于基因测序、基因表达分析、基因检测、药学研究和环境保护等领域。虽然目前应用基因芯片技术还存在一定的挑战，但随着科学技术的创新发展、新材料的不断成功研制，基因芯片技术将更加完善，进而在临床医学、基因诊断、药物设计、基因组计划等各个方面起到关键作用。

3.4 分子印迹技术

3.4.1 技术原理

分子印迹技术（MIP）是一种基于抗原-抗体的作用机理发展起来的新型高效分离及分子识别技术，可制备获得在一定空间结构和结合位点上与印迹分子高度匹配的聚合物，此具有分子识别功能的聚合物即为分子印迹聚合物（Molecularly imprinted polymer，MIP）。

分子印迹技术制备过程包括三个阶段：

①在功能单体和模板分子之间制备出共价的配合物或形成非共价的加成产物，功能单体和模板分子之间可通过共价联结或通过处于相近位置的非共价联结而相互结合。

②对这种单体-模板配合物进行聚合，配合物被冻结在高分子的三维网格内，而由功能单体所衍生的功能残基则按与模板互补方式而拓扑地布置于其中。

③将模板分子从聚合物中除去，于是在高聚物内，原来由模板分子所占有的空间形成了一个遗留的空腔。在合适的条件下，这一空腔可以满意地"记住"模板的结构、尺寸以及其他的物化性质，并能有效而有选择性地去键合模板（或类似物）的分子。

3.4.2 技术特点

MIP 具有分子识别能力，对印迹分子具有高选择性、特异性高等优点，而且制备方法简单、可以重复利用，这也是其他天然抗体所不具备的特点。MIP 可以有效地富集目标物，从复杂样品中专一提取目标分子或者是与其结构相近的一类化合物，除去干扰物，减少干扰作用，提高方法的检测灵敏度，总体而言，具有以下特点。

①预定性，即它可以根据不同的目的制备不同的 MIPs，以满足各种不

同的需要。

②识别性，即 MIPS 是按照模板分子定做的，可专一地识别印迹分子。

③实用性，即它可以与天然的生物分子识别系统如酶与底物、抗原与抗体、受体与激素相比拟，但由于它是由化学合成的方法制备的，因此又有天然分子识别系统所不具备的抗恶劣环境的能力，从而表现出高度的稳定性和长的使用寿命。

此外，MIP 技术还便于结合纳米技术材料、生物技术、化学等相关学科的新研究方法、技术、成果等，改进、完善自身的技术特色，适应不断变化的实际应用和市场需求。

3.4.3 应用范围

分子印迹技术作为一种具有仿生作用的分子识别技术，适宜于广泛地应用在以分子相互作用为基础的分离、检测等操作中。例如该技术应用于固相萃取时，以 MIP 作为固相萃取柱的吸附剂，利用其对模板分子的专一识别性使目标分子从样品基质中分离出来。适用于生物、食品、环境和药物等复杂样品中的微量分析物研究，可提高分析的精密度和准确度，提高分离富集效果，提高检测重现性与柱效。该法对蔬菜中敌敌畏前处理后经 HPLC 检测，可获得 94.8ng/mL 的检测限和 82.4%—94% 的回收率。MIP 的另一主要应用形式是作为生物敏感分子构建生物传感器，相比抗体等生物分子具有反应条件适应范围广、稳定性好、易于重复利用等优点。例如以酪氨酸酶为模板分子的印迹传感器，可以用来检测水样中的邻苯二酚污染物；选用多孔碳纳米管制备的分子印迹材料修饰电极，可以循环伏安法选择性检测氧氟沙星，线性检测浓度范围为 0.5–1000 μmol/L，检测限 800 nmol/L。分子印迹技术主要用于食品中较小分子污染物的检测，例如重金属离子、农药、兽药残留等。

3.4.4 发展前景

MIP 的研究主要集中于传感器、色谱中对映体和异构体的分离、固相萃取、模拟酶催化、临床药物分析、膜分离技术等。目前，将 MIP 技术应用到食品安全检测领域成为国外研究的热点。我国也非常重视此项技术的研究和发展，国家项目中将分子印迹技术在食品中农药、兽药残留检测领域的应用作为重点技术进行支持，并以现代农业技术领域专题的形式进行立项。相信随着对分子印迹技术的深入研究，其在食品安全检测领域必将发挥重要作用。

3.5 基因编辑技术

3.5.1 技术原理

基因编辑近年来兴起的一种通过序列特异性核酸酶靶向识别切割基因组上目标位点，造成 DNA 双链断裂（DSBs），经修复位点碱基的插入、缺失和替换等实现非同源末端连接（NHEJ）和同源性重组（HR）2 种修复机制对断裂的 DNA 双链进行修复，从而达到对靶基因精确编辑的新技术。尤其是具有操作更简单、编辑更高效、价格更低廉等优点的成簇的规律间隔的短回文重复序列及其相关系统（CRISPR-Cas 系统），已被创新性的应用于食品安全管理监测相关应用中，主要与 CRISPR-Cas 系统中的酶蛋白种类及催化特性有关。

CRISPR-Cas12a 是一种 RNA 引导的 CRISPR-Cas 核酸内切酶，Cas12a 酶蛋白在特异性 RNA（CRISPR RNA，cr RNA）的引导下，识别富含 T 的靶标 DNA，切割形成黏性末端，基于此原理，利用 U6 启动子，获得 cr RNA 从而可进行基因编辑；CRISPR-Cas13 系统的核酸酶蛋白则特异性作用于转录的 mRNA，进行编辑。该基因编辑技术的应用，对于核酸检测的特异性目标序列能够进行创新或合成，并能够与其他检测技术和仪器偶联，进而改进检测的特异性和效率。

3.5.2 技术特点

基因编辑技术主要用于原核和真核生物基因编辑，在基因治疗和遗传育种等领域有着广阔的应用前景。CRISPR-Cas 系统具有高效性、特异性等特征，可用于识别和检测不同目的的特定核酸，包括基因组 DNA、非基因组 DNA、RNA 和病原微生物等。该体系易于可偶联改进的核酸体外扩增技术、集成到基于比色或荧光的便携式设备中，便于快捷，灵敏现场实施检测。然而，多种酶的使用、反应时间和步骤使方法变得复杂，此外，基于荧光的技术会产生荧光本底，因此需要严格的优化。

3.5.3 应用范围

采用基因编辑分析目标技术的创新性较大，将其应用于食品安全管理相关检测中的实例主要与病原微生物、转基因食品等检测相关。2018 年 2 月，Doudna 团队利用 Cas12a 具有特异性切割体系内 ss DNA 活性的反应，将 Cas12a 和等温扩增系统 RPA 结合在一起，可在常温下快速、特异性地检测具有 6 个碱基对差异的 HPV16 和 HPV18 靶标 DNA，检测灵敏度至渺摩尔级。CRISPR-Cas13 则具有切割靶标 RNA 的特性，以其为原理的检测体系包括 Cas13、cr RNA、荧光报告系统、RPA 等温扩增系统和靶标 RNA 等，将该体系与重组聚合酶等温扩增技术（Reconbinase polymerase amplification，RPA）进行结合，成功应用于登革热（Dungue）和寨卡（Zika）病毒的检测，可检测到 1 微升样品中的单个分子，灵敏性高。

将 Casl2a 反式切割活性与等温扩增相结合还可以检测转基因食品，先对靶 DNA 进行恒温扩增，然后 Cas12a 在 crRNA 引导下作用于扩增的靶 DNA，裂解淬灭的 ssDNA 报告基因，产生荧光信号。现已将该系统应用到转基因检测中。

3.5.4 发展前景

基因编辑技术作为一种较为新兴的技术手段，在有关利用基因工程技术进行生物相关研究的领域已经有了较为广泛的应用，取得了瞩目的成就。另外，由于基因编辑技术操作便捷、高效、灵敏等特性，使得生物和食品分析检测方面也开发了许多基于基因编辑技术的检测方法。不同组成和原理的 CRISPR-Cas 系统已经被开发出来用于快速检测食源性致病菌、转基因食品、金属离子等多种分析目标。随着核酸扩增技术、核酸适配体筛选应用、纳米技术、信息技术、换能检测仪器等各方面的发展，具有诸多使用优势的基因编辑技术将在食品安全检测管理等领域迎来广阔的发展前景。

生物检测技术在食品检验中的应用

1 生物检测技术对食品有害微生物的检测

微生物是生物界中的一大分类，是一些肉眼看不见的微小生物的总称，广泛分布在全世界。对于与食品相关的微生物，一部分对于食品加工过程和工艺是有一定助益的，成为有益微生物，例如用于制作酸奶的乳酸链球菌、乳酸杆菌等。此外，大部分微生物接触食品后，会引起食品腐败变质等安全问题，称为有害微生物，比如沙门氏菌、大肠杆菌等。

1.1 食品中微生物污染的特征

1.1.1 食品与有害微生物

在食品加工之前、之中和之后，外部和内部微生物都可能被污染。食品微生物污染是指食品在加工、运输、贮存和销售过程中受到微生物及其毒素的污染。污染食物的微生物包括细菌、酵母菌和霉菌，以及它们产生的毒素。我们在实际食品生产过程中需要做的是预防或减少有害微生物的危害。

1.1.2 有害微生物的特征

我国食源性病原菌的种类繁多，以肠道致病菌为主要病原，包括沙门氏菌、副溶血弧菌、肉毒梭菌、金黄色葡萄球菌、致病性大肠杆菌、李斯特菌等，引起中毒的食物则以动物性食品为主，其中沙门氏菌食物中毒数量与中毒人数均居微生物性食物中毒首位。

1.1.3 食品中微生物污染的主要来源

土壤中的微生物主要通过患者和患病动物的肠道和尸体或废水污染土壤。土壤本身也有可以长寿的微生物。空气中的微生物主要来自地球，有些直接来自人和动物的呼吸道。水中的微生物主要流向带有雨水的地表水体或带有人类、动物和污水的水体。来自人类、动物和植物的微生物。健康人和动物的消化道和上呼吸道存在一定的微生物。因此，工农业生产加工食物过程中经常会夹带一些有害微生物，有些微生物不仅对人体健康产生非常不利的影响，而且对食品的保质期和保质期也有严重影响。如果食品监管部门不能及时发现，当这些微生物被清除和去除时，人们在食用这些食品时更容易感染这些微生物，从而得一些疾病。食品中的有害微生物会对人体健康造成极大危害，往往对食品质量和保鲜造成严重损害。因此，需要快速有效的检测方法来控制有害微生物的传播。各种生物检测技术在检测食品中微生物的速度和效率方面具有巨大的潜力。

1.1.4 微生物污染食品的主要途径

病原微生物污染可分为两方面。一方面是人畜共患病原微生物，另一方面也包括动物携带的可引起人们患病的微生物。人畜共患病是指那些在人类和脊椎动物之间自然传播的疾病和感染，这类病原对动物和人有着同样的危害。

有些畜禽疾病虽不感染人，但由于患病使机体抵抗力降低，而肌肉等物质营养素含量充分，是很好的微生物培养环境。因此，正常存在于肠道的某些微生物，如大肠埃希氏菌和沙门氏菌等就乘虚而入，引起继发性感染。此外，一些污染的微生物还会产生毒素。人们食入了这种畜禽肉后，有可能发生食物中毒。

通过水污染，水中存在许多微生物意味着水被污染了。如果这些水用于加工食物，它会污染食物。造成水质不合格的原因包括水源本身不合格、各种管道之间连接的污染、管道本身被污染等。

通过空气污染，当灰尘上升或上升时，空气中的微生物会粘在食物上。此外，人体中含有微生物黏膜、鼻黏膜和唾液飞沫，在说话、咳嗽、打喷嚏时直接或间接污染食物。

通过人和动物的污染，当人类接触到食物时，人体充当了微生物污染食物的手段，尤其是被手污染的食物。直接接触食物、工作服和帽子的工人往往没有清洗和消毒，如果不清洗，就会粘上很多微生物，这会导致食物污染。车间里的苍蝇和其他飞虫或老鼠也会受到影响。与食物、空气或食物直接接触的污染表面。

通过器皿（设备、器皿、容器）和各种（原材料、废料、包装材料等）的污染，所有用于食品的器具都可以成为微生物污染食品的手段，而不是容器。表面更脏。尤其是当用于运送食物的工具或用具未充分清洁消毒，使用后继续使用时，会导致微生物的生存，从而污染以后运送的食物。

可见，许多食品在处理过程中或包装后立即分解变质，成为不符合食品卫生质量标准的食品。在食品加工、清洗、消毒、消毒等过程中，除蒸煮、煎炸等工序外，食品中微生物的种类和数量可以显著减少甚至完全消除。但食品原料的理化状态、食品加工方式、原料微生物污染程度等都会影响加工食品的微生物存活率。

1.1.5 微生物引起食品腐败变质的条件

食品本身具有丰富的营养成分，各种蛋白质、脂肪、碳水化合物、维生素和无机盐等都有存在，只是比例上不同，如有一定的水分和温度，就十分适宜微生物的生长繁殖。

食品所处的环境温度为低温时，会明显抑制微生物的生长和代谢速率，因而会减缓由微生物引起的腐败变质。食品处于高温环境时，如果温度超出微生物可忍耐的极限则微生物很快死亡；若温度在微生物适宜生长范围内，则微生物的生长会随着温度的提高而加快，食品的腐败变质会随之加快。食品所处环境的气体组成，尤其是氧气的比例，也影响需氧微生物的生长，与食品腐败变质有关。食品本身及贮藏环境的 pH 也通过影响微生物新陈代谢酶类的活性而影响食品腐败变质情形。此外，食品的水分、维生素等也影响其腐败变质。

1.1.6 食品中有害微生物对人体造成危害的方式

食源性感染发生在微生物本身与食物一起摄入后。微生物在宿主体内繁殖。由于感染是由宿主体内微生物的生长引起的，因此症状可能需要很长时间才能吞咽。

当一些细菌在食物中生长并且在摄入之前出现有毒物质时，就会发生食物中毒。由于食物中产生的毒素被肠道吸收，该病并非宿主微生物生长所致，因此中毒症状比食源性感染更常见。

中毒是前两种类型的组合。其特点是细菌是非侵入性的，是细菌在肠道内生长而引起的有毒物质。一般来说，这些疾病的发病时间比食物中毒长，比食源性感染短，但也不是绝对的。

1.1.7 有害微生物的危险性评估

食品中微生物的危害与人类健康息息相关，风险评估是评估人类接触受污染食品对人类健康造成影响的可能性的系统程序。国际食品法典委员会（CAC）对风险评估的定义是人类食源性危害的潜在和潜在风险的科学性。其框架包括四个主要阶段：危害的确定、危害特征的描述、暴露评估和危险性特征的描述，这些步骤构成了评估食用可能污染致病菌或微生物毒素的食品而对人产生不良健康后果及其发生概率的系统过程。微生物危险性评估在危险性评估中是一个较新的领域，至今还没有一个国内外公认的标准。

自20世纪80年代以来，已经建立了许多微生物食品安全的预测数学模型。许多国家特别重视预测微生物学研究，但对病原菌的致病反应模式并不完全了解。评估所谓药物与反应的关系，是指暴露于各种有害因素的量与健康相关反应（包括反应的严重程度）之间的关系，但数学模型的方法并不完全成立。已发表的文献中能够完全满足CAC对风险评估要求的研究并不多。

1.1.8 减少食品微生物污染的措施

加强环境卫生管理，如垃圾、下脚料、废弃物进行无害化处理，远离生产场所存放并保持清洁；粪便进行无害化处理，保持周围环境卫生；污水进行无害化处理并合理排放；做好厂区及周围灭鼠、灭蝇虫工作；做好车间、仓库的防鼠、防蝇虫工作等；建立良好的卫生规范，确保生产环境（空气、设备设施等）卫生，人员操作符合卫生要求；定期检查水质，不合格的水源应定期进行净化消毒处理，做好水源的防护，确保水质安全卫生。采用合格的原辅材料、包装物料，并确保在运输、存放、使用时不存在交叉污染；对某些食品原料所带有的泥土和污物进行清洗以减少或去除大部分所带的微生物；干燥、降温，使环境不适于微生物的生长繁殖；无菌密封包装是食品加工后防止微生物再次污染的有效方法；加入化学防腐剂保藏、利用发酵或腌制储藏食品。

食品因微生物腐败变质不仅造成损失浪费，同时严重影响人们的身体健康。发达国家（包括美国）发生食源性疾病的概率也相当高，平均每年有1/3的人群感染食源疾病。因此我们不仅要预防和控制微生物的污染，更要求质检部门对食品中的微生物进行严格检验，让消费者吃上放心的食品。

1.2 生物检测技术检测食品微生物

1.2.1 食品中有害微生物PCR快速检测技术

PCR技术基本原理多聚酶链式反应简称PCR反应，是近十几年来发展和普及最迅速的分子生物学新技术之一。基于核酸水平的检测方法主要为PCR检测方法，由于检测对象为DNA，因而不受其生长期及产品形式的影响（除非产品经过精细加工，使得DNA断裂、变性严重，从而不易正确检出，如精炼油）。PCR检测方法又分为定性检测及定量检测。普通PCR、巢式PCR、多重PCR用于目的成分的定性检测，而近年来出现的实时荧光定量PCR技术实现了PCR从定性到定量的飞跃，它以其特异性强、灵敏度高、重复性好、定量准确、速度快、全封闭反应等优点成了分子生物学研究中的重要工具。对于食源性致病菌的检测，PCR技术也展现出了一定的优势。

从食品基质中直接提取DNA作为模板进行PCR分析，由图谱了解食品中微生物的情况，作为食品的一项特性，与理化、感官特性一样，可以用于分析，这种方法可作为食品生物特性的鉴定和食品质量控制的有效工具[①]。Lin[②]对从马拉巴石斑鱼（E. malabaricus）和紫石斑鱼（E. laneeolatus）分离的 NNV 编码衣壳蛋白的 RNAZ 基因进行了克隆和测序。PCR 技术用于对各种不同血清型的沙门菌和已知被该菌污染的鱼粉和动物产品的肉汤养物进行检测时，结果显示该方法特异性高，且灵敏、快速，可检出 0.05pg 水平的 DNA，并可在 1 天之内完成。利用多重 PCR 检测时，通常可实现一个病原菌 2~4 个基因或 2~4 个目标菌的同时检测，但引物设计是反应成功的关键，需预防引起引物二聚体或非特异性扩增产物的形成而造成假阳性结果。Meena 等[③]开发了可同时检测粪肠球菌 3 种主要毒力基因（gelE、hyl 和 asaI）的多重 PCR 试剂盒。但是由于食品基质成分复杂（个别微生物含量低或含有扩增抑制因子），容易导致检测灵敏度降低，出现假阴性结果。因此与富集培养、免疫磁珠吸附、二氧化硅吸附膜等样品前处理技术相结合，或加入扩增内标（Internal Amplification Control，IAC）可有效提高检测的效率和准确度。肉制品中的沙门氏菌在 BPW 中经过 12 h 富集培养后，其检测限为 104 CFU/mL[④]。经过免疫磁分离后，沙门氏菌在纯菌中的检测限可达 101 CFU/mL，在肉制品中为 102 CFU/g[⑤]。将 16S rRNA 基因作为 IAC，可实现了对大肠杆菌 O157：H7、沙门氏菌和单增李斯特菌的精确检测，检

① 王俊钢，李开雄，卢士玲. PCR－DGGE 技术在食品微生物中应用的研究进展[J]. 肉类研究，2009，6：59-62.

② Lin C S, Lu M W, Tang L, et al. Charaeterization of virus like partieles assembled in a reeombinant baculovirus system expressing the capsid protein of a fish nodavirus [J]. Virology, 2001, 290 (1)：50-58.

③ Meena B, Anburajan L, Varma KS, Vinithkumar NV, Kirubagaran R, Dharani G. A multiplex PCR kit for the detection of three major virulent genes in Enterococcus faecalis [J]. Journal of Microbiological Methods, 2020, 177：106061.

④ Chin WH, Sun Y, Høgberg J, Quyen TL, Engelsmann P, Wolff A, Bang DD. Direct PCR-A rapid method for multiplexed detection of different serotypes of Salmonella in enriched pork meat samples [J]. Molecular and Cellular Probes, 2017, 32：24-32.

⑤ Li F, Li FL, Chen BL, Zhou BQ, Yu P, Yu S, Lai WH, Xu HY. Sextuplex PCR combined with immunomagnetic separation and PMA treatment for rapid detection and specific identification of viable Salmonella spp., Salmonella enterica serovars Paratyphi B, Salmonella Typhimurium, and Salmonella Enteritidis in raw meat [J]. Food Control, 2017, 73：587-594.

测限为 102 CFU/mL[①]。传统的管式多重 PCR 由于引物间相互干扰和荧光检测通道有限，一次最多只能同时扩增 3~4 个目的基因。近年来出现的固相 PCR（Solid phase PCR，SP-PCR）解决了不同引物间相互干扰的难题；它通过将特异性引物固定在玻璃基片上，使得扩增后生成的 PCR 产物锚定在芯片上，避免了多重 PCR 引物间的干扰，同时增大了通量且不受荧光检测通道限制，可实现多达 105 个目标基因的并行检测。朱灿灿等[②]人以微流控芯片为载体，采用紫外交联方式将寡核苷酸序列固定在芯片上，构建了一种多重巢式固相 PCR 方法原理的阵列式固相 PCR-阵列（PCR-Array）芯片，用于细菌和病毒类高致病性病原微生物的并行检测，在优化的实验条件下，多重巢式固相 PCR-Array 芯片检测 4 种高致病性病原微生物的检出限达 10 copy /μL 以下量级。该方法灵敏度高，特异性好。同时，引物空间上的隔离避免了相互干扰，提高了检测通量，在多种病原微生物快速并行检测方面具有良好的应用前景。

荧光定量 PCR 用于检测肠道中致病菌时，能够在提高检出率的同时，缩短检测时间。陈秀琴等人建立了一种针对沙门氏菌 invA 基因、金黄色葡萄球菌 nuc 基因和大肠杆菌 O157：H7 wzx 基因的保守序列分别设计引物和 Taqman 探针，建立多重 qPCR 反应体系，可快速特异检测生鲜肉中沙门氏菌、金黄色葡萄球菌、大肠杆菌 O157：H7 的多重实时荧光定量 PCR 方法，并进行了特异性、灵敏度和重复性的研究，用该方法检测 30 份生鲜肉中的 3 种食源性致病菌，效果良好。

新一代数字 PCR 是基于传统 PCR 基础上对核酸分子进行绝对定量的技术，具有不需要建立标准曲线，实验工作量少，精准度更高，不易受抑制剂影响、对样品需求量很低、能很好地对稀有突变进行检测等诸多优

① Nguyen TT, Van Giau V, Vo TK. Multiplex PCR for simultaneous identification of E. coli O157：H7, Salmonella spp. and L. monocytogenes in food ［J］. 3 Biotech, 2016, 6 (2)：1-9.

② 朱灿灿，崔俊生，胡安中，杨柯，赵俊，刘勇，邓国庆，朱灵. 多重巢式固相 PCR-Array 芯片用于高致病性病原微生物并行检测 ［J］. 分析化学, 2019, 47 (11)：1751-1758.

点。Liu 等用该技术检测①产志贺毒素的大肠杆菌血清组一天即可完成，使用完整的细菌细胞作为 dPCR 模板和使用适当的样品进行稀释是数字 PCR 检测成功的关键所在。Mcmahon 等②以 ddPCR 技术分析单个细菌 stx 和 eae 基因同时出现的连锁性以达到检测目的。魏咏新等③针对大肠杆菌 O157：H7 的特异性单拷贝基因 α-溶血素（hlyA）设计了引物探针进行检测。沙门氏菌、志贺氏菌、副溶血弧菌、单增李斯特菌等多种食源性微生物也都报道了相应的检测技术。总之，PCR 技术的应用提高了环境微生物检测技术的局限性及检测速度，克服了传统培养法的种种缺陷，随着 PCR 技术的进一步发展和完善，其必将会得到更加普遍的推广和发挥更大的效用。

1.2.2 食品中有害微生物 ELISA 快速检测技术

ELISA 检测技术是最常用的一项免疫学测定技术，其原理已在本书第三章中阐释，该种方法具有很多优点：特异性强，灵敏度高，样品易于保存，结果易于观察，可以定量测定，仪器和试剂简单。ELISA 可用于测定抗原，也可用于测定抗体。根据试剂的来源和标本的情况及检测的具体条件，可设计出各种不同类型的检测方法，包括双抗体夹心法测抗原、双抗原夹心法测抗体、间接法测抗体、竞争法测抗体、竞争法测抗原等。

ELISA 检测食源性致病菌是其主要应用领域之一，早在 1990 年美国 AOAC 就将作为检测沙门氏菌、单增李氏菌的官方方法。目前有许多种方法，其中通过制备单克隆抗体分析食品中细菌的酶联免疫测定技术研究最多，检测结果准确可靠。例如，对沙门氏菌最低检测量可达 500CFU/g（CFU：活菌数量），仅需 22h，比常规方法缩短了 3~4d，与金黄色葡萄球

① LIU X, NOLL L, SHI X, et al. . Single-cell-based digital PCR detection and association of Shiga Toxin-Producing Escherichiacoli serogroups and major virulence genes [J]. J. Clin. Micro-biol. , 2020, 58 (3)：e01684-e01715.

② MCMAHON T C, BLAIS B W, WONG A, et al. . Multiplexed single intact cell droplet digital PCR (MuSIC ddPCR) method for specific detection of Enterohemorrhagic E. coli (EHEC) in food enrichment cultures [J]. Front. Microbiol. , 2017, 8：332-335.

③ 魏咏新，马丹，李丹，等. 食品中 Escherichia coli O157：H7 微滴数字 PCR 绝对定量检测方法的建立 [J]. 食品科学，2020, 41 (16)：1-13.

菌、大肠杆菌无交叉反应。文其乙等①在实验研究中直接采用 ELISA 法检测 500 份蛋品中的沙门氏菌，结果可信度高。有学者利用 ELISA 技术检测番茄酱内的 3 种霉菌时，结果在灵敏度方面更占据优势。以 ELISA 技术为基础的全自动沙门氏菌检测系统，更有利于实现整个过程的自动化。还有的学者在专研大肠埃希氏杆菌内毒素特性的过程中，对比分析了 ELLSA 法和 DNA 探针应用情况，发现前种方法在敏捷度、快捷性方面更占据优势②。姚永忠等检测李氏杆菌时，敏感度可达到了 104 个/mL，且不会和沙门氏菌、副溶血弧菌等菌种出现交叉反应，24 h 便可以准确生成报告结果。

微生物毒素检测方面，刘滨磊等先后以逆向直接竞争 ELISA 法、直接竞争、间接竞争及生物素-亲合素 ELISA 法测定黄曲霉毒素 B1（AFB1）③，并对比发现直接及间接竞争 ELISA 法在敏感度、特异性、简洁性、快捷性、可靠性及经济性等方面均占优势，在我国基层领域可以逐步推广应用。ELISA 法还可用于检测食品中可能引起危害的各种病毒，如甲肝、乙肝病毒等。黄汉菊等利用间接 ELISA 法检测了 30 例潜、慢型克山病病患血清内的 CoxBl-6-IgM 与 CoxBl-6-IgG 水平④，借此方式研究柯萨奇 B 组病毒（CoxB）感染和克山病发病之间的相关性，统计检测结果发现以上受检者均不同程度感染了 CoxB。ELISA 检测方法的建立和应用，高特异性、性质稳定易于标记检测的抗体是基础，不同抗原种类、半抗原构建方法都影响抗体性质，进而影响 ELISA 检测。孙大泉研究制备了沙门氏菌表面菌体 O 抗原单克隆抗体，相对鞭毛抗原特异性抗体，在制备抗沙门菌 O：9 抗原的单克隆抗体后，初步建立用于检测 O：

① 文其乙，田银芳，陆毓明，邱军荣，焦新安 . 应用直接 ELISA 快速检测蛋品中的沙门氏菌 [J]. 中国卫生检验杂志，1996（06）：358-359.

② Ｃｒｙａｎ Ｂ. Ｃｏｍｐａｒｉｓｏｎ ｏｆ three assay systems for detection of enterotoxigenic Escherichia coli heatstable enterotoxin [J]. Journal of Clinical Microbiology, 1990, 28 (4)：792-794.

③ 刘滨磊，刘兴玢 . 四种 ELISA 方法检测食品中黄曲霉毒素 B1 的对比研究 [J]. 卫生研究，1990.19（6）：25-27.

④ 黄汉菊，黄振武，黄振武 . 等，潜、慢型克山病患者柯萨奇 B 组病毒特异性 IgM、IgG 的检测 [J]. 华中医学杂志，2001，25（1）：5-6.

9 血清型沙门菌的夹心 ELISA 方法。选取特异性最高的 5F11 作为夹心 ELISA 方法中的检测抗体，经 HRP 标记后，抗体效价在 51220 以上。将用 AFB1-BSA 免疫后的 BALB/c 小鼠脾脏细胞和 SP2/0 骨髓瘤细胞融合，通过细胞筛选和亚克隆，获得的杂交瘤细胞（4D9）能够稳定分泌抗 AFB1 的单克隆抗体，用酶联免疫吸附分析方法（ELISA）对抗体进行鉴定了抗体、灵敏度、检测限、特异性、准确性和稳定性，获得了良好的检测效果。技术应用发展方面，纳米技术以及其他新技术的应用，将对提高检测灵敏度、适用推广形成有力推动。例如仅含有重链具有抗原结合能力的单个可变域的纳米抗体比单克隆抗体分子小，被用于 ELISA 检测赭曲霉毒素[1]，效果良好。Santiago-Felipe 等[2]以重组酶聚合酶扩增酶联免疫吸附技术（RPA-ELISA）同时检测了榛子、花生、大豆、番茄和玉米中的过敏原、转基因启动子-P35S、转基因终止子-TNOS、病原菌沙门氏菌和阪崎肠杆菌以及霉菌，结果性能良好。

1.2.3　食品中的有害微生物 DNA 芯片快速检测技术

DNA 芯片技术的基本原理基因芯片（又称 DNA 芯片、生物芯片）技术系指将大量（通常每平方厘米点阵密度高于 400）探针分子固定于支持物上后与标记的样品分子进行杂交，通过检测每个探针分子的杂交信号强度进而获取样品分子的数量和序列信息。其突出的特点是集成化、微型化、自动化。芯片操作的简单步骤为①支持物的处理②探针的制备③点样④样品的制备⑤样品的标记⑥样品的杂交⑦杂交结果的检测。

基因芯片用于快速检测食源性致病菌能够达到多分析物同时分析、特异性好、快速高效的优势。Call 等[3]将免疫诱捕技术与多重 PCR 扩增、基因芯片相结合，对鸡肉中肠出血性大肠杆菌的检测具有很高的灵敏度，可

---

①　Sun Z, Wang X, Tang Z, et al. Development of a biotins treptavidin-amplified nanobody-based ELISA for ochratoxin A in cereal. Ecotoxicol Environ Saf, 2019, 171：382-8.

②　Santiago- Felipe S, Tortajada- Genaro L A, Puchades R, et al. Recombinase polymerase and enzyme – linked immunosorbent assay as a DNA amplification-detection strategy for food analysis [J]. Analytica Chimica Acta, 2014, 811：81-87.

③　Call DR, Chandler D. Brockman F. Fabrication of DNA microarrays using unmodified oligonucleotide probes. BioTechniques, 2001a, 30：368-379.

达到低于 10CFU/mL。Chizhikov[1] 等通过多重 PCR 扩增与食源性致病菌志贺氏菌、沙门氏菌和肠出血性大肠杆菌相关的 6 种毒力因子，然后与芯片杂交鉴定 6 种基因。杨颖（杨颖. 猪肉及产品中 5 种致病菌检测芯片的保存和灵敏度研究［D］. 西南大学，2009.）建立了一种用于甄别出血性大肠杆菌和霍乱弧菌的基因芯片，通过检测毒力基因以及位点，将出血性大肠杆菌和非以及霍乱弧菌和进行区分还建立了三重结合基因芯片检测伤寒沙门氏菌、痢疾杆菌和单增李氏菌的方法，检测的灵敏度可达到 10^2 拷贝数。此外致病菌的特异性 DNA 序列、DNA 序列也被用于基因芯片技术的检测中，Hong[2] 建立一种以 23S rDNA 为检测靶基因的基因芯片检测方法，可以同时检测种食源性致病菌，也有的检测方法选取 16S-23S rDNA 基因的间区序列作为靶基因。Guschin 等[3]开发出一种基于聚丙烯酰胺凝胶垫的基因芯片检测系统，也适合于直接检测基因，尽管直接检测基因可以判断致病菌的死活状态，而且特异性很好，检测成本低。Wu 等[4]建立了一种基因芯片的方法用于检测细菌中与氮循环有关的基因，检测的灵敏度为 25ngDNA，约相当于 $5.6*10^6$个细菌，这表明该方法的灵敏度对于实际的应用来说是远远不够的。有些研究者通过设计较长的探针约来提高杂交信号，但是效果不明显，灵敏度仍然较低。

1.2.4　食品中的有害微生物生物传感器检测技术

生物传感器（Biosensor）是一种对生物物质敏感并将其浓度转换为电信号进行检测的仪器，是结合了生物感受器和物理或化学换能器的一项新技

①　Chizhikov V，Rasooly A，Chumakov K，et a1. Microarray analysis of microbial virulence factors. Appl Environ MicrobicZ，2001，67：3258-3263.

②　Hong BX. Jiang LF，Hu Ys，et a1. Application of oligonucleotide array technology for the rapid detection of pathogenic bacteria of foodborne infections. Journal of Microbiological Methods. 2004，58：403-411.

③　Guschin DY，Mobarry BK，Proudnikov D，et a1. Oligonucleotide mierochips as genosensors for determinative and environmental studies in microbiology. Appl Environ Microbiol. 1997，63：2397-2402.

④　wu L，Thompson D，Li G，et al . Development and evaluation of functional gene arrays for detecti on of selected genes in the environment. Appl Environ Microbiol，2001，67：5780-5790.

术，可以快速检测少量的活性生物分子，它能满足食品中病原微生物灵敏、实时检测的要求。各种生物分子特异性反应、不同的换能检测仪器均被用于检测食源性微生物污染，它们各自组合形成了具有各自性能及应用特性的不同种类生物传感器。酶传感器是其中一种，Vanessa 等将兔免疫球蛋白与酪氨酸酶相结合固定在改良的金电极表面，对金黄色葡萄球菌进行定量检测，其在食品中的检出限为 2.3xl03Cell/mL，实际应用于牛奶样品中检出限约为等人选择二茂铁-抗菌肽复合物组合的膜作为生物传感器，利用电化学阻抗光谱检测肽膜和病原菌之间的相互作用以检测大肠杆菌 0157：H7，其检测特异性较强，可在大肠杆菌 K12、表皮葡萄球菌和枯草芽孢杆菌非目标菌的干扰下特异性识别大肠杆菌 0157：H7。检测灵敏性为 103cfU/mL[1]。电化学传感器则包含不同生物反应原理、检测信号差异而形成了一大类，包括电化学酶传感器、电化学免疫传感器、电化学 DNA 传感器、电化学适体传感器、电化学多肽传感器和电化学细胞传感器等，检测信号则可分为阻抗型、电流型、电压型等。Paniel 等利用微孔板和电化学传感器两种方式对大肠杆菌进行定量检测，双杂交识别过程为一端与微孔板或者碳电极表面标记的探针结合，另一端与辣根过氧化酶标记的单链 DNA 杂交。对海水样品大肠杆菌的检测和定量约为 102 至 103）cells，可在无核酸扩增下完成检测，时间约为 5h[2]。Chan 等将具有生物特性的磁珠与纳米渗透膜免疫传感器结合检测大肠杆菌 0157：H7，利用特异性抗体修饰磁珠，通过扫描电镜和荧光显微镜观察检测结果，该技术的检出限为 10）cfti/mL[3]。

① LI）Y.，）AFRASIABI）R.，）FATHIF.，）et）al.）Impedance）based）detection）of）pathogenic）E.）coli）Ol）57：H7 using）a）ferrocene－antimicrobial）peptide）modified）biosensor［J］.）Biosensors）and）Bioelectronics，，2014，）58：193－199

② PANIEL）N. s）BAUD）ART）J.）Colorimetric）and）electrochemical）genosensors）for）the）detection）of Escherichia）coli）DNA）without）amplification）in）seawater［J］.）Talanta，）2013，）115；）133－142.

③ CHAN）K.）Y.，）YE）W.）W.，）ZHANG）Y.，）et）al.）Ultrasensitive）detection）of）coli）0157：H7）with）biofunctional）magnetic）bead）concentration）via）nanoporous）membrane）based）electrochemical）immunosensor［J］.）Biosensors）and）Bioelectronics，）2013，41；）532－537.

　　光学信号检测形成了另外一大类型的生物传感器，用于检测食源性病原体的最常用光学生物传感器是表面等离子体共振（Surface Plasmon Resonance，SPR）生物传感器。SPR 生物传感器采用反射光谱法对进行病原体检测，生物受体固定在薄金属的表面上，特定波长的电磁辐射与薄金属的电子云相互作用并产生强共振。当病原体结合到金属表面时，这种相互作用会改变其折射率，从而导致电子共振所需的波长发生变化。Tawil 等[①]以噬菌体作为识别元件构建了 SPR 生物传感器检测大肠杆菌 O157：H7 和耐甲氧西林金黄色葡萄球菌，该传感器可以在 20 分钟内对浓度为 10^3 cfu/mL 致病菌进行实时、特异性、快速的检测。基于化学发光或生物发光的光学生物传感器不需要外源激发光，有效避免了光散射、光源不稳定和高背景干扰等问题，有效提高了检测灵敏度。Hao 等[②]以适配体作为识别元件构建了化学发光传感器用于金黄色葡萄球菌，检测限低至 15 cfu/mL。Zhang 等[③]建立了 ATP 生物发光传感器检测大肠杆菌，该方法可在 20 分钟内实现检测，检测限为 3×10^2 cfu/mL。基于荧光信号[④]、表面增强拉曼散射信号[⑤]、共振光散射信号[⑥]等的光学生物传感器在食源性致病菌检测领域

———————————

①　Tawil N，Sacher E，Mandeville R，et al. Surface plasmon resonance detection of E-.coli and methicillin – resistant S. aureus using bacteriophages［J］. Biosensors & Bioelectronics，2012，37（1）：24-29.

②　Hao L L，Gu H J，Duan N，et al. An enhanced chemiluminescence resonance energy transfer aptasensor based on rolling circle amplification and WS2 nanosheet for Staphylococcus aureus detection［J］. Analytica Chimica Acta，2017，959：83-90.

③　Zhang Z J，Wang C X，Zhang L R，et al. Fast detection of Escherichia coli in food using nanoprobe and ATP bioluminescence technology［J］. Analytical Methods，2017，9（36）：5378-5387.

④　Wang B B，Wang Q，Jin Y G，et al. Two-color quantum dots-based fluorescence resonance energy transfer for rapid and sensitive detection of Salmonella on eggshells［J］. Journal of Photochemistry and Photobiology A-Chemistry，2015，299：131-137.

⑤　Kearns H，Goodacre R，Jamieson L E，et al. SERS detection of multipleantimicrobial-resistant pathogens using nanosensors［J］. Analytical Chemistry，2017，89（23）：12666-12673.

⑥　Chang Y-C，Yang C-Y，Sun R-L，et al. Rapid single cell detection of Staphylococcus aureus by aptamer-conjugated gold nanoparticles［J］. Scientific Reports，2013，3：1863

也多有报道。光学生物传感器的优势在于稳定性好、灵敏度高、具有携带不同波长的信号进行多参数检测的多路复用的可能性。

基于质量的生物传感器在食源性病原体检测领域的应用通常少于电化学和光学生物传感器。Shi 等[1]使用压电式免疫传感器检测肠沙门氏菌，检测限为 $1×10^5$ cfu/m L，Liu 等[2]使用石英晶体微天平传感器检测大肠杆菌 O157：H7，检测限为 10^2 cfu / m L，检测时间少于 1.5 h。

近年来，适配体在食源性致病菌中的应用越来越多，研究也越来越深入。多种致病菌的适配体已经经过筛选获得。适配体作为一种新型仿生识别分子，相较于抗体具有更明显的优势，如：（1）容易合成。适配体在体外可以通过化学方法大量合成，但抗体需要通过动物或细胞培养来合成，通常耗时、耗力；（2）修饰方便。适配体可以依照不同的功能对其加以化学修饰，如巯基化修饰、荧光标记、生物素标记及酶标记等。适配体经过适当修饰后可提高其化学稳定性，而且不影响与靶标之间的亲和力；（3）稳定性好。适配体由具有抗变性的核苷酸组成，可承受较大范围的 pH 和温度，因此可保存较长时间，而抗体多为易变性的蛋白质；（4）应用灵活。适配体的尺寸比传统抗体小，分子量适中，可以与多种靶标进行结合，如金属离子、真菌毒素、抗生素、蛋白质、病毒、癌细胞等。鉴于适配体的各种优点，国内外学者已将开发了各种基于适配体的生物传感器对食源性致病菌进行检测，包括电化学适配体感器以及各种光学适配体传感器。

不同实验方法筛选的 DNA、RNA 适体直接或间接用于检测 Ecoli. O157：H7，高亲和力适体的筛选效率以及信号检测方法适配简化是影响适体生物传感器开发和实用的主要因素。Lee YJ [3]等用 SELEX 经 RT-

---

[1]　Si S H, Li X, Fung Y S, et al. Rapid detection of Salmonella enteritidis by piezoelectric immunosensor［J］. Microchemical Journal, 2001, 68（1）：21-27.

[2]　Liu F, Li Y, Su X-L, et al. QCM immunosensor with nanoparticle amplification for detection of Escherichia coli O157：H7［J］. Sensing and Instrumentation for Food Quality and Safety, 2007, 1（4）：161-168.

[3]　Lee YJ, Han SR, Maeng JS., et al. In vitro selection of Escherichia coli O157：H7 - specific RNA aptamer. Biochemical and biophysical research communications. 2012. 417（1）：414-420.

PCR 体外筛选了可与 Ecoli. O157：H7 表面脂多糖特异性结合的耐酶 RNA 适体，对 Ecoli. K12 亲和力较低，深入研究表明适体必要的茎环结构是其识别细菌的基础；Burrs SL[①] 等用特异性结合目标菌 O 抗原的 RNA 适体，以共价修饰不规则纳米铂功能化石墨烯纸作为细菌结合元件，构建的电化学生物传感器检测限为 4 CFUmL-1，响应时间 12 分；可见，明确适体筛选的特定对象、深入了解其与目标菌相互作用的机理，有助于特异性和亲和性的改善。而信号检测呈现多元化，Wu W[②] 等人采用荧光标记适体的颜色变化检测目标菌；Khang J[③] 等采用 6 羧基荧光素标记 Ecoli. O157：H7 适体高效捕获目标菌，检测基质中的剩余适体由石墨烯纳米复合材料吸附后，通过鸟嘌呤化学发光法进行检测，检测限可达 4.5 * 103cfu/ml。在大肠杆菌适体筛选的目标抗原特异性界定方面，Peng Z[④]等用 cell-SELEX 筛选鞭毛蛋白的特异性 DNA 适体，结合免疫磁分离间接检测产毒素 Ecoli. K88；Queiros RB[⑤] 等用筛选的 Ecoli. O111 外膜蛋白特异性适体构建阻抗谱生物传感器，获得了良好的稳定性和重复使用性；均表明针对特异性外膜蛋白抗原筛选适体的有效性。因而明确适体作用目标、理解适体作用机理、在实验鉴别适体亲和力进行下一轮筛选时利用较简单的信号检测方法，有助于提高 Ecoli. O157：H7 适体筛选的效率。

　　而将纳米技术与适配体结合，更有利于生物传感器的检测性能提高。

---

① Burrs SL, Sidhu R, Bhargava M., et al. A paper based graphene-nanocauliflower hybrid composite for point of care biosensing. Biosensors & bioelectronics. 2016. 85（11）：479 -487.

② Wu W, Zhang J, Zheng M., et al. An Aptamer-Based Biosensor for Colorimetric Detection of Escherichia coli O157：H7. PLOS ONE. 2012. 7（11）：e48999.

③ Khang J, Kim D, Chung KW., et al. Chemiluminescent aptasensor capable of rapidly quantifying Escherichia Coli O157：H7. Talanta. 2016. 147（1）：177-183.

④ Peng Z, Ling M, Ning Y., et al. Rapid Fluorescent Detection of Escherichia coli K88 Based on DNA Aptamer Library as Direct and Specific Reporter Combined With Immuno-Magnetic Separation. Journal of fluorescence. 2014. 24（4）：1159-1168.

⑤ Queiros, RB, de-los-santos-Alvarez N, Noronha JP., et al. A label-free DNA aptamer-based impedance biosensor for the detection of E. coliouter membrane proteins. Sensors and actuators B-chemical. 2013. 181（5）：766-772.

MUNIANDY 等[1]基于还原氧化石墨烯二氧化钛（rGO-TiO2）纳米复合材料
构建了一种用于检测沙门氏菌的方法。通过静电相互作用，将适配体固定在
rGO-TiO2 纳米复合材料上，沙门氏菌与适配体特异性结合后，形成物理屏
障，抑制了电子传递。DPV 信号随着沙门氏菌浓度的增加而降低，在最佳条
件下，该方法的检测范围为 101—108 cfu·mL-1，检测限为 10 cfu·mL-1，
检测时间较短（1 h，包括食物样品制备和电化学分析）。

2 生物检测技术对农药残留的检测

2.1 食品中农药污染的特征

农药广义上是指农业上使用的化学品。狭义上是指用于防治农、林有
害生物的化学、生物制剂及为改善其理化性状而用的辅助剂。农药在防治
农作物病虫害、控制人畜传染病、提高农畜产品的产量和质量等方面，都
起着重要的作用。但是，大量使用农药会造成对农副产品、食物的污染。
常用的农药种类有有机磷化合物类、拟菊虫菊酯类、氨基甲酸酯类等。

2.1.1 农药残留污染来源

食品农药残留指给农作物直接施用农药制剂后，渗透性的农药主要黏
附在蔬菜、水果等作物表面，大部分可以洗去，因此作物外表的农药浓度
高于内部。食品中残留农药的来源分为直接污染和间接污染两种。

直接污染是指直接施用农药造成食品及食品原料的污染。（1）内吸性
农药可进入作物体内，使作物内部农药残留量高于作物体外。与施药次
数、施药浓度、施药时间和施药方法以及植物的种类等有关。一般施药次

---

① MUNIANDY S, TEH S J, APPATURI J N, THONG K L, LAI C W, IBRAHIM
F, LEO B F. A reduced graphene oxide–titanium dioxidenanocomposite based electrochemical
aptasensor for rapid and sensitive detection of Salmonella enterica. Bioelectrochemistry, 2019,
127：136-144.

数越多、间隔时间越短、施药浓度越大，作物中的药物残留量越大。最容易从土壤中吸收农药的是胡萝卜、草莓、菠菜、萝卜、马铃薯、甘薯等，番茄、茄子、辣椒、卷心菜、白菜等吸收能力较小。熏蒸剂的使用也可导致粮食、水果、蔬菜中农药残留。（2）给动物使用杀虫农药时，可在动物体内产生药物残留。（3）粮食、水果、蔬菜等食品贮存期间为防止病虫害、抑制成长而施用农药，也可造成食品农药残留。例如粮食用杀虫剂，香蕉和柑橘用杀菌剂，洋葱、土豆、大蒜用抑芽剂等。

间接污染是指农药使用后在土壤、大气、水源等环境中长时间稳定留存，而引起作物吸收、富集，而造成食品间接污染。例如，种茶区在禁用滴滴涕、六六六多年后，在采收后的茶叶中仍可检出较高含量的滴滴涕及其分解产物和总六六六。

2.1.2 农药残留的危害

农药在生物体内可经过生物富集作用而引起危害发生。食物链中较高层次的生物农药残留量增加，一般在肉、乳品中含有的残留农药主要是禽畜摄入被农药污染的饲料，造成体内蓄积，尤其在动物的脂肪、肝、肾等组织中残留量较高。动物体内的农药有些可随乳汁进入人体，有些则可转移至蛋中，产生富集作用。鱼、虾、藻类等水生动植物摄入被污染的水中的农药后，通过生物富集和食物链可使体内农药的残留浓集至数百至数万倍。农药残留对人体的危害可分为急性中毒、慢性中毒等情形，可诱发心脑血管病、神经疾病等长期慢性病症，引起肝脏病变，导致癌症、畸形和基因突变等。农药残留中的化学物质是有剧毒的，进入人体内会促使人体的肝脏机能下降、各个组织内细胞发生恶变，甚至会通过胚胎将毒素传给下一代造成基因突变，导致胚胎畸形，甚至是导致癌症的发生，这种现象对人类是一种巨大的危害。

2.1.3 检测农药残留的意义

随着农业产业化的发展，农产品的生产越来越依赖于农药、抗生素和激素等外源物质。我国农药在粮食、蔬菜、水果、茶叶上的用量居高不下，而这些物质的不合理使用必将导致农产品中的农药残留超标，影响消费者食用安全，严重时会造成消费者致病、发育不正常，甚至直接导致中毒死亡。因此，通过监测管理技术和体系，对食品中的农药残留进行管理是非常必要的，而一般化学检测分析技术操作复杂、对仪器依赖大，不能满足需求。当前，生物检测技术在食品残余农药方面的检测应用已经非常成熟而普遍，而且生物检测技术可以进行现场检测，简便易操作，不需要特定的仪器设备，也没专业生物技术人员的要求限制。能很好地对蔬菜瓜果中的激素、农药以及抗生素等有害物质进行有效检测。

　　另外，农药的大量残留引发的食品安全问题已引起全世界的高度关注，在国际贸易中，相关的食品安全国际标准要求在不断提高，检测项目越来越多，检测手段越来越先进，检测技术指标越来越严格。因而农药残留检测技术的发展，也是我国保障农产品贸易顺利进行的屏障之一。将农药残留生物检测技术广泛应用于各级政府蔬菜检测中心、农贸市场、超市、环保机构、蔬菜种植基地、饭店、车载及实验室等食品安全检测与监控场所等场所，能准确、快速检测出蔬菜、水果、粮食、茶叶以及土壤中农药残留的快速检测。

2.2　常用的生物检测技术在农药残留检测中的应用

2.2.1　概述

　　食品中残留的农药不仅会停留在食品表面，还会渗入食品内部，影响食品的口感和质量。通常农药残留检测多采用气相色谱法和高效液相色谱法，由于仪器设备昂贵、样品前处理复杂、分析时间长，不适合现场快速检测及广泛应用。与常规的理化分析技术相比，农药残留免疫检测技术最突出的优点是操作简单，速度快，开辟了管理的新途径。目前药物残留免疫分析技术主要分为两大类：一是相对独立的分析方法，即免疫测定法，如（放射免疫法，radioimmunoassay，RIA）、（酶联免疫吸附测定法，enzyme linked immunsrbent assay，ELISA）、固相免疫传感器等；二是将免疫分析技术与常规理化分析技术联用，如利用免疫分析的高选择性作为理化测定技术中的净化手段，典型的方式为免疫亲和色谱。ELISA 已成为许多国际权威分析机构（如 AOAC）分析残留农药的首选方法。有些发达国家，如美国、德国已开发出商品检测试剂盒应用于食品、蔬菜和环境中的主要是除草剂、杀菌剂和杀虫剂农药残留的检测分析。

　　我国的研究也取得了成就，食品安全监测车成功实现了食品安全现场执法从经验型向技术型的转变。无论是在农贸市场、超市，还是田间和养殖场等监测车都能随时到达，2h 可以检测多个农药残留测试样品，为我国食品的源头生产、流通、消费等环节的监控提供了快捷、方便和可靠的技术手段。我国近年来还成功研制开发出具有自主知识产权的固体酶抑制技术、酶联免疫法、胶体金免疫法等农、兽药残留快速检测试纸条、速测卡、试剂盒，研究建立了粮谷、茶叶、果蔬、果汁等农产品中农药多残留检测和确证方法，如多种有机氯、有机磷、氨基甲酸酯、有机杂环类农药残留量检测方法；敌草快、甲草胺、敌菌灵、灭蝇胺农药等单残留检测方法，并起草和编制了国家标准文本草案和标准操作程序（SOP）。

上述检测方法的准确度、精密度、专属性等符合国际通用的残留分析的要求，检测方法的测定低限完全满足国内外最高残留限量（MRL）的要求。与现行方法相比，整个检验周期缩短 50% 以上，检测成本降低 60% 以上，总体达到国际同类方法的先进水平。

国际上已有相当成熟的多组分农药残留的检测技术，运用酶抑制剂、酶联免疫、放射免疫等技术开展了对农产品中有毒物质残留的生物技术监测研究，检测水产品、肉类产品、果蔬产品中农药残留量。

英国中央科学院实验室（CSL）开发了 104 种农药残留量同时检测的方法。德国科学研究协会开发了 320 种农药残留的多残留检测方法。美国 FDA 农药分析手册（FAM）的多残留方法可检测 300 多种农药。英国研制的通用型有机磷杀虫剂免疫检验盒可以对一些样品中 8 种以上的有机磷农药同时检测。

2.2.2 活体生物测定法

发光细菌是一种体内荧光素在有氧时经荧光酶作用下会产生荧光，但当受到某些有毒化合物的作用时发光会减弱的特色微生物。袁东星[①]等利用发光菌荧光减弱程度与有毒物的浓度呈一定的线性关系，进行农药残留检测，最小检出浓度为 3 mg·L^{-1}，已能用于检测甲胺磷、敌敌畏等常用有机磷农药。该方法的特点是快速、简便、灵敏、价廉，适合于现场，缺点

---

① 杨大进. 农药残留生物快速检验方法 [J]. 中国食品卫生杂志，1998，10（2）：38-40.

是农药浓度与发光强度的线性亲系不够准确，只能用于半定量测定。

家蝇也被用来检测蔬菜中的残留农药，20 世纪 60 年代后期台湾农业试验所将高敏感性的家蝇释放于菜汁中，4~5 h 后家蝇死亡率在 10% 以下即为合格。该方法优点是过程简单无须复杂仪器检测，缺点是检测时间较长，仅适用于田间未采收的蔬菜，另外该方法只对部分杀虫剂有反应，无法分辨残留农药的种类，准确性较低。

此外，还可利用大型水蚤监测蔬菜中农药的残留。该方法的原理是将蔬菜汁按 ISO 标准稀释，每个剂量 10 个水蚤，测定 24 h、28 h、96 h 的实验结果，以实验水蚤的心脏停止跳动作为最终死亡指标，测定半数致死浓度。我国袁振华等[①]对该类测定方法做了探索性的研究，研究表明，大型水蚤测试技术完全适用于蔬菜中的农药残留测定，并认为该方法具有快速、灵敏、简便、经济等特点，但该方法也无法分辨残留农药的种类[②]。

2.2.3 生物酶法检测技术

酶是生物体生命活动所必需的一类组成分子，一般为蛋白质。有机磷和氨基甲酸酯两类农药的毒理机制，即以对昆虫乙酰胆碱酯酶、植物酯酶、有机磷水解酶等具有特异性抑制作用而发挥功效。因而以此为依据开发了此类农药残留的生物酶法检测技术。具体如下，利用食品中残留农药能够抑制离体乙酰胆碱酯酶活性，使底物不能被分解引起反应体系颜色变化，进而用比色法测定计算农药残留量，主要方法有酶液比色法和纸片速测卡[③]。

酶液比色法以乙酰胆碱酯酶、化学试剂底物、显色剂构建检测反应体系，经对含有农药残留的样品反应一定时间后，在 410 nm 波长可见光上进行比色测定（公式）。

$$酶活性 = \frac{空白液吸光度 - 处理液吸光度}{空白液吸光度} \times 100$$

① 袁振华，等. 大型水蚤生物测试技术在监测蔬菜中农药残留的应用研究 [J].卫生研究，1995，24（特辑）：109-110.

② 张雪燕. 蔬菜中农药残留量的生物化学检测 [J]. 西南农业学报，1996，9（2）：62-66.

③ 张莹，等. 农药残留量快速检测方法——农药速测卡的应用与验证 [J]. 中国食品卫生杂志，1998，10（2）：12-14.

王恒亮[1]等以该法检测试验表明温度、酶与底物浓度、pH值、抑制时间均对酶的活性有影响，实际应用时对各种条件需加以选择。该法前处理简单，检测时间短（约40 min），适用于现场测定胆碱酯酶抑制性农药品种，但需严格控制反应条件且无法检出其他原理类型的农药。

农药速测卡法[2]是此原理的另一种便携式应用类型，将反应体系分离后巧妙安排在纸质基质上，通过被检测样品中的农药分子激活反应，引起底物颜色变化，进而观察定性分析，若不变色，表示有机磷、氨基甲酸酯类农药的存在，适用于大量样品快速检测构建安全屏障，以及对某些硫磷酸酯类农药（如优杀磷）灵。

为了提高酶检测技术的适用推广分析能力，酶联免疫吸附测定技术（Enzyme Linked Immunosorbet Assay，简称ELISA）也被开发出来用于检测农药残留，其核心是利用抗原抗体的特异性反应，因而检测灵敏度和特异性高，且能适用不同的目标。因合成稳定，具有良好免疫原性-载体蛋白结合物是整个农药残留免疫学检测技术研究的关键[3]。ELISA具有低成本、特异性强、灵敏度高、简便快速、高通量、对使用人员的专业技术要求不高，容易普及、推广等特点，是检测农兽药残留是推广较好的生物检测技术之一，有些发达国家如美国、德国已开发出有机磷类、氨基甲酸醋类、拟除虫菊醋类、芳氧苯氧丙酸醋类等农药残留的商品检测试剂盒应用于食品、蔬菜和环境中的农药残留分析。Kim等（2003）通过抗原合成和免疫大白兔制备多克隆抗体，建立了甲基对硫磷的dc-ELISA和ic-ELISA方法，IC50分别为3.5）ng/mL和6.4）ng/mL，检测限分别为0.3）ng/mL和0.2）ng/mL；王俊东（2009）建立了精啶哇禾草灵和氯气草醋的ELISA方法，检测限分别为6.4）ng/mL和3）ng/mL。我国也已有多种常见农药（如杀螟右旋反苄菊酯、苯醚菊酯、氯苯醚菊、涕灭威、对氧磷、硫丹、

---

① 王恒亮，等.酶活性抑制测定农药残毒技术研究［J］.河南农业科学，1997，（1）：25-268.

② 张莹，等.农药残留量快速检测方法——农药速测卡的应用与验证［J］.中国食品卫生杂志，1998，10（2）：12-14.

③ 周培，等.农药残留的酶联免疫检测技术研究进展［J］.环境污染与防治，2002，24（4）：248-250.

甲基对硫磷，倍硫磷，杀敏硫磷，对硫磷，甲基喷捉磷等）建立了免疫检测技术，并且部分农药已有商业化试剂盒①问世。

2.2.4　生物传感器法

生物传感器由特异性生物敏感分子和换能检测器构成，二者的不同组合即可形成不同种类和检测目标的生物传感器。由于农药种类繁多、分子量一般较小、化学检测方法操作烦琐、对仪器和检测人员依赖性高、检测耗时较长等，使得用于农药残留检测的生物传感器受到研究人员的关注较大，各种生物传感器被开发用于检测不同的农药残留。电化学生物传感器是一大类型，通过电极上发生的生物特异性反应引起电流、电阻、电压等多种信号变化并检测而构建。Albareda-Si rv ent 等②首先用照相平版印刷技术制作了转换元件，在磷酸缓冲液中激活 12 min 后，再由戊二醛交联固定 ACh E，构建了一种可以重复使用的电流型生物传感器来检测自来水和果汁中的农药，对氧磷和呋喃丹的检测极限分别达到 10^{-10} 和 10^{-11} M。另外报道的基于硫代胆碱反应的 AChE 生物传感器是把 ACh E 用电子介质、普鲁蓝固定在石墨电极上，可用于检测敌敌畏、倍硫磷、二嗪农等，检测时间为 10min，其敏感元件在干燥的状态下能够贮存 2 个月③。Tuan 等④报道了一种用 4-氯酚做底物的电导型酪氨酸酶生物传感器，用于检测敌草隆、阿特拉津及其代谢物，检测极限达到 1ppb。此类酶电极解决了酶活性难恢复的难题，降低了使用成本。各种免疫电化学生物传感器的报道层出不穷，各有特点，但抗体高效制备以及重复使用性是关键。适体是人工体外筛选

①　周培，等 . 农药残留的酶联免疫检测技术研究进展 [J] . 环境污染与防治，2002，24（4）：248-250.

②　Albar eda-Sirv ent M，Me rkoci A，Aleg ret S. Pesticide determinatio n in tap wa ter a nd juice samples using disposable amper omet ric bio senso rs made using thick-film techn-olog y [J]. Analy tica Chimica Acta，2001，442：35-44.

③　Wilkins E，Carter M，Voss J，et al. A quantita tiv e determinatio n o f o rg anoph osph a te pesticides in o rga nic so lv ents [J]. Elect rochemistry Communica tio n，2000，2（11）：786-790.

④　Tuan M E，Se rg ei V D，Minh C V，e t al. Co nductometric tyro sinase bio se nso r fo r the detectio n o f diuro n，at razine a nd its main me ta bo lites [J]. Talanta，2004，63：365-370.

的具有特异性结合蛋白质、氨基酸等小分子化合物的 DNA、RNA 或者多肽。其性能较抗体具有一定优势，它也被用来构建生物传感器。Fan 等[①]基于适体运用电化学阻抗的方法对啶虫脒进行实际的检测，并且其最低检测限为 $1×10^{-9}M$。

光学生物传感器的检测器利用光学原理，荧光、磷光、拉曼光、化学发光和生物发光等转换信号均可使用专有仪器检测。Poacnik 等[②]用热棱镜分光计（T LS）作为生物分析信号的转换元件。采用 457.9、476.4 或 488 nm 处的氩离子激光作为激发光源，开发了一种光热生物传感器用来检测色拉、冰激凌、洋葱等样品中的有机磷和氨基甲酸酯复合物，不需要费时的样品准备过程而达到足够的灵敏度，测试结果和标准 GC-MS 检测方法相吻合。也有一种利用凝胶-明胶作载体固定碱性磷酸酶（ALP），来检测样本中的痕量农药的光学传感器被报道出来。筛查应用方面，Tschmelak[③]描述了一种自动化的光学免疫传感器，它利用全内反射荧光（T IRF）来测量水样中的抗生素、农药等有机化合物含量，灵敏度达到毫微克/升，可以用来作为环境分析中的监测和预警。

光学免疫生物传感器的特异性高，因而研究也较多。有报道将部分纯化的多克隆抗 PCB 抗体包被光纤石英纤维，当其与 2，4，5-三氯苯氧丁酸（TCPB）的荧光素（FL）偶合物结合时放出荧光信号，构建免疫传感器检测聚氯联苯（PCBs）。TCPB 和 Aroclors 的检测极限分别为 10 微克/毫升和 1 毫克/毫升，但不能检测聚氯农药，聚氯苯酚或三氯苯。

压电生物传感器基于高灵敏度的压电质量传感，适宜构建免疫传感器，研究者通过以三硝基甲苯烷芳基聚醚醇作为传感器的敏感材料，以

---

① Fan L, Zhao G, Shi H, Liu M, Li Z. A highly sel ective ele ctrochemicali mpedances pectroscopy-based aptas ensor fo rsensitive detecti onofacet amiprid［J＼］. Biosensors & bioelectronics. May152013；43：12-18.

② Po acnik L, Fra nko M. Detectio n of o rga no pho sphate and carbama te pesticides in v eg etable samples by a pho to th ermal biosenso r［J］. Bio senso rs and Bioelectro nics，2003，18（1）：1-9.

③ Tschmela k J, Pr oll G, Ga ug litz G. Optical biosenso r fo r pha rmaceutical, a ntibio tics, ho rmo nes, endo crine disrupting chemicals a nd pesticides in w ater：assay o ptimizatio n process for estro ne as exam ple［J］. Ta lantal, 2005, 65：313-323.

Langmuir blodget（LB）膜技术研制了测定敌敌畏的压电晶体传感器。相关报道以金蛋白包被晶体作为固体底物与绵羊抗莠去津抗体结合制作活性电极，在使用时将晶体置于含莠去津的溶液中，以非特异性抗体包被的相同晶体作为参比，建立了测定饮水中莠去津的测定方法，检测的浓度范围在0.03－100μg/L。

　　总之，检测各种农药残留的生物传感器具有能够满足食品安全检测管理需求的优势，尤其是在快速、特异性、便携性检测方面。随着研究的不断深入，该类型生物传感器愈加朝着多分析物同时检测、纳米技术应用、磁分离富集、自动化高通量检测分析等方向努力和发展，为提高技术的灵敏、准确、重复使用性及适用性，适应食品安全快速检测技术需求提供理论参考。

3　生物检测技术对食品成分和品质的检测

　　食物是人体生长发育、更新细胞、修补组织和调节机能必不可少的营养物质，也是产生热量保持体温，进行体力活动的能量来源，食品营养成分的合理摄入与人体健康密切相关。能够供应人体正常生理功能所必需的成分和能量的物质称为营养素，食物中所含有的营养素分为水分、碳水化合物、蛋白质、脂肪、无机盐、维生素、膳食纤维七大类。不同种类食物所含的营养素种类和比例均有差异，而各种食品加工工艺操作也会对不同的食物和营养素产生不同的影响。因此，食品营养成分分析对掌握食品中营养素的质和量，指导人们合理膳食，指导食品的生产、加工、运输、储藏、销售，及时了解食品品质的变化以及为食品新资源和新产品的研发提供了可靠的依据。

3.1　食品营养素的分布特征

3.1.1　食品中的水分

　　水分是各种食品中均含有的营养成分，对于人体具有重要的意义。相对而言，水果、蔬菜等植物类食物及其加工制品的含水量较大，也是这类食品品质的重要影响因素，新鲜果蔬的水分含量较大，品质好。水分也是果蔬贮藏保鲜中需要着重关注，以保障减小损耗的。一般对于水分的分析多采用物理方法，如称重。

3.1.2 食品中的碳水化合物

食品中的碳水化合物分布广泛、种类繁多，功能各异。碳水化合物中包括人体可以利用的及不可利用的两部分。不可利用部分即膳食纤维部分、可利用部分包括单糖、低聚糖和淀粉等。随着生活水平的提高，精致粮油摄入量增加后，膳食纤维的功能和作用越来越被重视，其也被称为"第七大营养素"。传统方法测糖用比色法或滴定法，测定还原糖、非还原糖及转化糖、淀粉需水解后测定葡萄糖量，再折算成淀粉量。现在用气相色谱法，将糖做成衍生物，分别测定各种单糖、双糖及三糖和四粉等。高效液相色谱可直接测定样品提取液中的各种糖，但淀粉仍需间接测定水解后的单糖。在食品安全管理中，需要依据食品特性和管理场合、管理目标进行分析对象、分析方法的合理性选择和应用。

3.1.3 蛋白质

蛋白质是生命的物质基础，是构成生物体细胞的重要成分，是生物体发育及修补组织的原料。维持人体的酸碱平衡、水平衡、遗传信息的传递、物质的代谢及运转都与蛋白质有关。人及动物只能从食品得到蛋白质及其分解产物，来构成自身的蛋白质。蛋白质是人体重要的营养物质，食品的重要营养指标。不同种类食物所含有的蛋白质种类、组成等均有差异，对于食品分析方法的需求也有差异。动物性食品是蛋白质营养的重要来源，但乳及乳制品中的蛋白质分析方法就与肉类制品中的蛋白质分析方法有差异。此外，不同种类食物加工、贮藏过程中，蛋白质所发生的相关生化变化也具有差异，从而影响食品质量，因而对于检测分析的目标物和方法也有特殊的适用性。比如肉类在加工、贮藏等过程中，蛋白质会发生生化变化，故而各种胺类和挥发性盐基氮也就成为必要的分析对象，并需要特定的检测方法。

3.1.4 脂肪

脂肪作为营养素，主要作用是保护和贮存能量。脂肪代谢时首先转变为脂肪酸，随后可继续完全氧化分解为二氧化碳和水，并且释放出大量能量。

含有脂肪较多的食品种类为动物性食品，含有一些包含油脂原辅料的加工食品。其与食品安全有关的方面是食品加工贮藏时，油脂会发生腐败变质，产生一些具有特殊滋气味的代谢标志物。这些物质是食品安全检测分析的主要对象，其化学分析方法也相对较为耗时，故而也需要分析方法的创新。

3.1.5 维生素和无机盐

维生素和无机盐是食品中含有的分子量相对较小的分析目标种类，种类相当繁多，在生物体内多作为功能性酶的辅酶或辅因子，维持酶的功能，保障新陈代谢，发挥重要作用。不同种类维生素、矿物质的性质不同，适用的分析方法也不同。例如维生素分为水溶性和脂溶性两大类，水溶性维生素的化学分析方法相对简易，而脂溶性维生素的化学分析方法则较为繁复。无机盐的分析一般则需要将其通过化学原理转变成相应元素的可分析化合物后再进行检测分析，方法针对性强，操作烦琐，尤其是具有一定危害的重金属离子的分析检测。因而，关于维生素、矿质元素的生物检测技术创新更加受到了研究者的关注，也取得了诸多的成就。

3.2 生物检测技术在食品成分分析中的应用

3.2.1 碳水化合物生物检测技术

食品中的碳水化合物种类繁多，包括各种糖类、淀粉、膳食纤维（果胶）等。对于各种单糖、双糖等糖类的检测主要依赖于化学原理分析检测，比如菲林试剂法、蒽酮比色法等。但在满足快速检测需求、适应饮食和健康管理需求等方面，葡萄糖生物传感器是最先开发的传感器种类，并且有些种类试纸化开发后已经实现了繁荣的市场化，也成为生物检测技术应用的最典型实例之一。

对于食品营养素特性相关的安全管理检测方面，淀粉以及越来越被人们关注的膳食纤维的检测需求正逐渐扩充，亟须快速、安全、高效的新技术。淀粉无损快速分析检测方法主要依赖于近红外光谱、高光谱成像等物理原理的检测技术实现。田翔等[①]以 191 份山西核心谷子种质进行近红外

---

① 田翔，刘思辰，王海岗，秦慧彬，乔治军. 近红外漫反射光谱法快速检测谷子蛋白质和淀粉含量 ［J］. 食品科学，2017，（16）：140-144.

漫反射光谱采集，采用一阶导数和矢量归一化光谱预处理，建立谷子淀粉含量的校正模型，模型的校正决定系数为 0.9073，交叉验证均方根误差为 0.466%，外部验证决定系数为 0.9772，预测均方根误差为 0.368%。淀粉含量预测值与真实值间绝对误差小于 0.35%。结果表明化学法和近红外仪器法测定谷子淀粉的结果无显著差异，说明近红外漫反射光谱的测定结果是准确可靠的。目前近红外光谱法被广泛应用于粮食作物的淀粉测定中，GB/T 25219—2010 是采用近红外法测定粮油中玉米淀粉的含量。膳食纤维是一种含有 10 个或更多单体单元的多糖，在小肠内不被内源性激素水解的多糖类化合物。对其测定的方法，还大多是通过酶催化水解为可测定的糖类后，再进行化学方法的分析测定，比如 AOAC 推荐的方法。尽管需要生物酶法催化，但仍旧复杂烦琐，耗费众多，一定程度上影响了关于膳食纤维的研究和应用。因而开发针对此类分析物的特异性、快速灵敏的生物检测技术具有重要的意义。

3.2.2 食品营养蛋白质及其代谢物生物检测技术

食品营养成分中，一般需要检测的蛋白质类物质为一些具有过敏等安全隐患的特殊蛋白质以及关系蛋白质质量评价的氨基酸组成、蛋白质在体内外代谢过程中产生的代表性代谢物等。对于特定蛋白质的生物检测技术发展，姜晓燕[1]等用 Tricine-十二烷基硫酸钠-聚丙烯酰胺凝胶电泳（SDS-PAGE）凝胶电泳，免疫印迹和间接性酶联免疫吸附测定（ELISA）等方法对从当地市场购得的 14 种酱油进行了分析，用来检测的四种血清包括实验室准备的大豆和小麦的兔血清免疫球蛋白 G（immunoglobulin，IgG）以及从医院获得的大豆、小麦过敏病人血清免疫球蛋白 E（IgE），结果可信度高。

氨基酸的组成对于评价食品和蛋白质的营养价值意义重大，氨基酸组成分析的推荐国家标准（GB5009，124-2016）采用氨基酸分析仪法（茚三酮柱后衍生离子交换色谱仪）进行测定。此外常用的检测方法还有电泳和液相色谱等方法，这些方法在检测速度、便携易操作方面仍然具有改善

① 姜小燕，高美须，王梦莉，等. 市售国产酱油中大豆、小麦过敏原分析［J］. 中国酿造，2021，40（5）：49-53.

的必要。

　　与食品安全相关的蛋白质代谢产物主要包括各种胺类以及挥发性盐基氮等，对这些特异性的目标进行检测，适用于生物检测技术。挥发性盐基氮（Total Volatile Basic Nitrogen，TVB-N）通常作为蛋白性食品新鲜度的化学指标，与水产品腐败程度之间有明显的对应关系[①]。

　　TVB-N 的检测方法通常为半微量凯氏定氮法，难以实现实时、快速检测鱼类新鲜度。在肉类食品的贮存和运输过程中，有时甚至会产生有害的组胺类物质，也影响食品安全。为了实现对鱼类新鲜度的客观、准确、快速、简便的检测，一些新技术被运用于鱼类新鲜度、组胺检测中，并取得了一定的成果。2001 年，O'connell 等[②]开发了一种便携式电子鼻，用于测定阿根廷鳕鱼的新鲜度，通过主成分分析对不同新鲜度的样本进行了识别，在主成分散点图中新鲜样本和腐败样本被完全的区分开了。2010 年，Perera 等使用互补型金属氧化物半导体传感器对海鲷的新鲜度进行检测，为了减小环境温度对检测结果的影响，安装了温度调节系统。对海鲷的贮藏天数进行预测，预测的均方根误差为 1.5 天[③]。2016 年，杨春兰等以鲢鱼为研究对象，以电子鼻传感器阵列的响应作为特征值，分别采用多元线性回归、主成分回归和反向传播神经网络建立了 TVB-N 值的预测模型，三种模型预测相关系数分别为 0.65、0.80、0.97[④]。电子鼻能够非破坏性地检测鱼类新鲜度，但所使用的金属氧化物传感器却对气体敏感性不强、受环境温湿度影响大、易中毒，从而限制了其在鱼类新鲜度检测方面的

---

　　① Sun J, Zhang R, Zhang Y, et al. Classifying fish freshness according to the relationship between EIS parameters and spoilage stages [J]. Journal of Food Engineering, 2018, 219: 101-110.

　　② O'Connell M, Valdora G, Peltzer G, et al. A practical approach for fish freshness determinations using a portable electronic nose [J]. Sensors & Actuators B Chemical, 2001, 80 (2): 149-154.

　　③ Perera A, Pardo A, Barrettino D, et al. Evaluation of Fish Spoilage by Means of a Single Metal Oxide Sensor under Temperature Modulation [J]. Sensors & Actuators B Chemical, 2010, 146 (2): 477-482.

　　④ 杨春兰，薛大为. 电子鼻定量检测淡水鱼新鲜度的方法研究 [J]. 食品与发酵工业，2016，42 (12): 211-216.

应用。

　　组胺是一种生物胺，广泛存在于水产品、肉制品、奶酪等食品和啤酒、黄酒、葡萄酒等食品中，当人体摄入组胺超过 100 mg 时，即出现不良反应和中毒症状[①]。现阶段对生物胺的检测方法主要有高效液相色谱法、薄层色谱、毛细管电泳、电化学分析技术、酶联免疫等检测方法。2014 年赵凌国等采用季铵化纤维素负载的纳米金复合材料对毛细管内壁进行动态涂层，以抑制管壁对组胺的吸附。组胺浓度范围在 0.05~0.80mg/m L，线性关系良好（R2 = 0.9987），检出限为 0.002 mg/m L[②]。2017 年姜随意等制备了高特异性、高稳定性、高敏感的 MIP-Au NPs-GCE 电化学传感器，建立新型的组胺检测方法，组胺检测范围在 0.25 ng/m L~100 ng/m L，最低检测限为 0.22 ng/m L，该方法所需检测时间小于 30 min[③]。为了能够实现组胺含量的肉眼检测，研究人员也曾尝试将酶联免疫技术运用到了鱼类组胺含量的测定中。2008 年麻丽丹等分别采用酶联免疫吸附法与紫外可见吸收光谱法同时检测盐渍鳀鱼中组胺含量，实验结果表明两种方法的检测结果吻合[④]。2021 年，罗倩等[⑤]最新报道采用了一种巧妙利用了组胺双重作用。1）能与其适配体特异性识别，暴露金纳米颗粒表面；2）多余组胺中的咪唑环结构能取代金纳米颗粒表面的柠檬酸根离子，破坏金纳米颗粒间的相互静电作用，导致聚集现象，进而引起从红到蓝的颜色变化，从而实现组胺的定量检测。利用紫外-可见分光度计考察金纳米颗粒的吸光度变化，得出比色方法的检测限为 8.89 nmol/L，线性范围为 50 nmol/L~1.2 μmol/L（R2 = 0.999）。与此同时，利用手机成像样品，并利用 Image J

　　① 赵宇明. 分光光度法快速测定水产品中组胺的含量 [J]. 食品研究与开发，2014（8）：94-96.

　　② 赵凌国，李学云，申红卫，等. 纳米金复合材料涂层毛细管电泳法快速测定鱼肉中的组胺 [J]. 中国食品卫生杂志，2014，26（6）：575-579.

　　③ 姜随意，吴业宾，王浩，等. 用于组胺检测的新型电化学传感技术研究 [J]. 食品研究与开发，2017，38（4）：113-118.

　　④ 麻丽丹，巴中华. 酶联免疫吸附试验法检测盐渍鳀鱼中的组胺 [J]. 中国酿造，2008（7x）：85-86.

　　⑤ 罗倩，鲁迨，黄晨涛，石星波. 基于适配体吸附金纳米颗粒比色传感检测组胺 [J/OL]. 食品科学：1-15 [2021-08-06].

软件分析各样品的红（R），绿（G），蓝（B）各通道的值，选用 G/R 作为检测信号，得出 RGB 方法的检测限为 24.91 nmol/L，线性范围为 150 nmol/L～1.0 μmol/L（R2=0.997）。此外，该方法对组胺具有很好的选择性，两种信号输出方式在水样中的加标回收率分别为 91.82%～102.27%，98.96%～102.89%；在鱼肉样品中的加标回收率分别为 89.77%～108.92%，88.96%～109.82%。本方法简单、快速、便携，尤其 RGB 方法不需要借助精密仪器，就能实现现场即时分析样品的需求，以期该方法能推广于高灵敏监测动物源性食品的新鲜度。这些生物检测技术与传统的电泳技术和现代色谱技术相比，毛细管电泳具有灵敏度高、分离速度快、仪器简单、成本低、无环境污染等优点，且毛细管电泳无须对样本进行衍生前处理。

3.2.3 食品中脂类及其代谢物生物检测技术

脂肪类物质在食品中的检测，主要涉及一些具有生物活性功能的不饱和氨基酸以及一些激素类物质，如邻苯二甲酸酯，油脂过氧化物、这写物质检测的化学方法主要是各种色谱、光谱分析方法等，而生物检测技术则主要有电化学生物传感器、光谱检测法等。

食品中油脂过氧化物含量高会影响食品的风味，油脂过氧化值是检测油脂品质的重要指标之一，是判断油脂新鲜程度和质量等级的重要标准，它反映了油脂氧化酸败的程度。Saad[①] 等以碘电极为检测器，与流动注射分析法联用测定食用油的过氧化值，以表面修饰碘离子的修饰电极做检测器，检测的线性范围 0.35~28.0meq/Kg，最低检测限 0.32meq/Kg，重复性良好，不需要有机溶剂。另外报道[②]以非氧化还原滴定电位法为测定方法测定食用油的过氧化值，检测限 0.16meq/Kg，能分析检测新炼油脂的过氧化值，该法适合自动化测定。油脂是一种在食品工业中应用广泛的主要

---

① Bahruddin Saad, Wan Tatt Wai, Boey Peng Lim, et al. Flow injection determination of peroxide value in edible oils using triiodide detector [J. Analytical Chimica Acta, 2006, 565 (2)：261-270.

② [53] Kardash – Strchkara E, Ya 1 Tur´yan, Kuselman I, et al. Redox – potentiometric determination of peroxide value in edible oils without titration [J]. Talanta, 2001, 54 (2)：411-416.

原料，其品质和抗氧化稳定性直接影响着食品的质量。

林新月[①]采用普通拉曼光谱对亚麻籽油、鱼油和山茶籽油的氧化过程进行分析，结果可靠，检测灵敏。刘滨城等[②]设计、研制了将脂肪酶催化底物所产生的电子转移过程转换为电流输出的电化学生物传感器。分别以 Novozym 435 和 Lipozyme TL IM 作为生物元件，采集 65℃下共轭亚油酸与甘油酯化反应过程的电流变化，用液相色谱仪测定反应过程中底物的含量，验证电流变化过程与酯化反应过程的吻合程度。证明了通过检测反应过程的电流变化可以判断酶催化底物反应的程度，为实现计算机连续在线检测控制反应过程提供理论基础，为生物传感器技术应用于脂肪检测管理提供了参考。

3.2.4 食品维生素生物检测技术

维生素是机体维持其正常生活所必需的一类营养素，其种类很多，化学结构各异，通常根据其溶解性分为脂溶性和水溶性两大类，脂溶性维生素有维生素 A、D、K、E 等；水溶性维生素有维生素 B 族（B_1、B_2、烟酸和烟酸胺、B_6、泛酸、生物素、叶酸、B_{12}等）和维生素 C 等。维生素大多不能在体内合成，或合成量甚微，在体内的储存量也很少，因此必须经常由食物供给。食品中维生素的检测方法按照溶解性质不同，大体上都具有不同的检测原理，主要依赖化学原理和常见分析仪器。

微生物检测法，依照的是维生素是细菌生长的必要条件这一基本规律，利用酪乳酸杆菌或其他维生素标志性生长敏感型微生物的生长繁殖与培养基中叶酸或其他维生素含量成正比的关系，通过分光光度计以光密度测定细菌增殖的量，间接计算出样品中叶酸（其他维生素）的含量。因此，微生物检测法也能够用于检测多种衍生物总和。而在国际上，对叶酸的检测方法也是通过微生物检测法进行确定的。如李珉等[③]开发了基于凝

① 林新月，朱松，李玥. 拉曼光谱测定食品油脂的氧化 [J]. 食品与生物技术学报，2017, 36 (0)：610-616.

② 刘滨城，齐颖，李越，任运宏，于殿宇. 生物传感器在脂肪酶酯化反应过程中的应用 [J]. 食品工业科技，2012, 33 (2)：52-54+84.

③ 李珉，张莉，余婷婷，范志勇. 基于凝胶渗透色谱及液相色谱串联质谱测定油脂性食品中的维生素 A、D、E [J]. 现代食品科技，2018, (9)：256-262.

胶渗透色谱及液相色谱串联质谱测定油脂性食品中的维生素 A、D、E，效果良好。对于检测食品中不同种类的维生素所用的生物检测技术，首先依据维生素的定义，优化了微生物分析法。微生物分析法经改良，替代微生物培养过程后，可开发基于 ELISA 的维生素分析方法，适用分析目标范围广，分析速度快，是对于维生素生物检测技术的创新应用。

廖冰君等[①]指出德国拜发公司研制的 VitaFast ⓒ维生素检测试剂盒，可用于维生素的测定。该试剂盒采用与国际标准完全相同的原理，引入 96 孔酶标板和实验室一般常规配备的酶标仪，以目前普遍接受的 ELISA 微孔板方法为形式和载体，进行维生素的测定，检测准确率高（偏差系数＜10%），标准参考样品的回收率可达 95%~105%，但是费用昂贵。

徐文婕等[②]将甘油冷冻保存的乳酸杆菌氯霉素耐药株与 96 孔酶标板相结合，建立了 96 孔板微生物法检测血浆中的叶酸，该法还可用于测定其他生物组织和食品中叶酸的含量。

黄晓林等[③]采用德国 IFP 维生素 B12 试剂盒对食品中维生素 B12 进行测定，测定结果同现行国标相比具有前处理简单，实验过程时间短，操作步骤简便，可以快速有效地测定食品中的维生素 B12 质量分数。另有报道[④]采用间接竞争 ELISA 方法，在酶标板微孔条上预包被偶联抗原，配方奶粉样本中的维生素 B12 和酶标板微孔条上预包被的偶联抗原竞争抗维生素 B12 的抗体，加入酶标二抗后，用底物显色，样本吸光度与其所含维生素 B12 含量呈负相关，与标准曲线比较，即可得出样本中维生素 B12 含量（3 μg/kg）。

———————————

① 廖冰君，左程丽 . B 族维生素检测方法及其使用 [J]. 食品安全导刊，2009，(8)：40-41.

② 徐文婕，曲全冈，刘建蒙 . 微生物法检测血浆叶酸实验方法评价及应用 [J]. 中国卫生检验杂志，2011，21 (7)：1722-1724.

③ 黄晓林，王焱，张丽宏，等 . IFP 微孔板试剂盒检测配方乳粉中维生素 B12 方法探讨 [J]. 中国乳品工业，2010，38 (7)：48-49.

④ 李江，綦艳，田秀梅，等 . 酶联免疫法检测婴幼儿配方奶粉中的维生素 B12 [J]. 食品工业，2017，38 (8)：250-252.

王赢等[1]对德国拜发公司的 vitamin B12 检测试剂盒用于婴儿奶粉中维生素 B12 测定进行评价试验，并根据 SN/T 2775—2011《商品化食品检测试剂盒评价方法》和 SN/T 3256—2012《食品微生物检验方法确认技术规范》要求，建立评价方案。通过耐变性试验、批间变异试验及比对试验，得出微孔板式微生物法与国家标准方法的检测效果基本一致，具有良好的检测性能。

此外，电化学分析是根据溶液中物质的电化学性质与被测物质的化学或物理性质之间的关系，将被测定物质的浓度转化为一种电学参量进行定性和定量的仪器分析方法。电化学分析方法具有简便、快速、灵敏等优点，是维生素含量测定不可缺少的有力手段。Baghizadeh 等[2]制备了二氧化锆纳米颗粒/离子液体修饰碳糊电极（ZrO2 Nanoparticle/ionic liquids carbon paste electrode, ZrO2/NPs/IL/CPE）。采用循环伏安法（cyclicvoltammetry, CV）研究了维生素 C 和维生素 B6 的电化学行为，并建立了食品中维生素 C 和维生素 B6 在此修饰电极上的电化学测量方法。该方法具有成本低，检测灵敏度高、重现性好等优点。

3.2.5 食品中矿质元素生物检测技术

食品中需要进行分析的矿质元素，一般是针对能够引起人体危害的重金属污染。重金属在人体内能和蛋白质及各种酶发生强烈的相互作用，使它们失去活性；也可能在人体的某些器官中累积，如果超过人体所能承受的限度，会造成人体急性中毒、亚急性中毒、慢性中毒等危害。重金属检测方法常见的有紫外可见吸收光谱法、质谱法、色谱法、电化学分析法等。现在一些重金属快速检测方法正在悄然兴起。2013 年冯亮等利用吡啶偶氮作为敏感材料构建具有交互敏感性的可视化传感器阵列，使用该传感

---

① 王赢，袁辰刚，谢小珏，等. 微孔板式微生物法快速测定婴儿奶粉中维生素 B12 的研究［J］. 食品工业，2015，36（6）：269-272.

② Baghizadeh A, Karimi-Maleh H, Khoshnama Z, et al. A voltammetricvsensor for simultaneous determination of vitamin C and vitamin B6 in food samples using ZrO2 Nanoparticle/ionic liquids carbon paste electrode［J］. Food Anal Methods, 2015, (8)：549-557.

器阵列在 50μM 的浓度下检测了八种不同的重金属离子[1]。2015 年，Cui L 等合成了一种新型高负载铋纳米粒子的多孔碳与石墨烯（Bi NPs@ NPCGS）纳米复合材料，基于此材料具有加速电子传递及增大有效电极表面积的优点，设计了 Bi NPs@ NPCGS 电化学传感器并用于实际水样中铅和镉的检测。研究结果表明，在最优条件下，基于 Bi NPs@ NPCGS 的传感器可同时检测铅和镉，检测限分别为 3.2nM 和 4.1nM[2]。这些方法具有灵敏度高、操作简单、易携带等优点，可应用于在线实时检测。但这些新的快速检测方法，需要自制传感器，制备过程烦琐，对同一样品的检测结果的重现性不好。因此，在未来重金属检测技术的发展方向上，应该向仪器设备简便、检测灵敏度高且稳定性强、重现性好、检测成本低的方向发展，并且应该着重致力于连续在线监测技术的研究。

目前，中外最常用的是电化学检测法、光学检测法、生物学检测法等常规重金属离子检测方法，经过前期消解富集处理之后再进行重金属测量。为了提高检测灵敏度，科研人员研发多种元素富集方法，如电化学富集法、溶剂萃取法、螯合物法、离子交换法等。随着激光、纳米等技术的快速发展，新的重金属检测技术应运而生，如高光谱遥感技术、太赫兹时域光谱技术、纳米技术、共振光散射测量技术等。

3.2.5.1 酶生物传感器

酶生物传感器用于重金属检测则是利用重金属离子对酶产生的抑制作用影响酶的活性，使底物或产物产生浓度变化。抑制现象专一性的降低，使得对重金属的检测只能得到总的重金属量，而不能对产生影响的各种离子分别定量。研究人员对不同的酶传感器进行了研究。

---

[1] Feng L, Li X, Li H, et al. Enhancement of sensitivity of paper-based sensor array for the identification of heavy-metal ions [J]. Analytica Chimica Acta, 2013, 780 (10): 74-80.

[2] Cui L, Wu J, Ju H. Synthesis of Bismuth - Nanoparticle - Enriched Nanoporous Carbon on Graphene for Efficient Electrochemical Analysis of Heavy - Metal Ions [J]. Chemistry-A European Journal, 2015, 21 (32): 11525-11530.

Guascito MR[①] 等人利用固定葡萄糖氧化酶生物传感器，通过安培法检测过氧化氢的分解状况，分别对 Hg^{2+}，Ag^+，Cu^{2+}，Cd^{2+}，Pb^{2+}，Cr^{3+}，Fe^{3+}，Co^{2+}，Ni^{2+}，Zn^{2+}，Mn^{2+} 以及 $CrO4^{2-}$ 对酶的抑制效果进行了测定，从而检测重金属离子。相类似的，Mohammadi H[②] 利用固定化葡萄糖氧化酶和转化酶，通过恒电位法检测蔗糖的含量；同时利用汞离子对转化酶的抑制作用影响了蔗糖的转化率，对汞离子进行测定，检测限达到 1×10^{-8}—1×10^{-6} M。

脲酶是一种分布广泛的酶，也是检测重金属离子常用的生物材料，它可以和不同形式的换能器相结合。Kuswandi B[③] 报道了一种简单的光纤生物传感器，利用重金属离子对脲酶的抑制作用进行监测，脲酶固定在一层超滤膜上。研究重金属离子 Hg^{2+}，Ag^+，Cu^{2+}，Ni^{2+}，Zn^{2+}，Co^{2+} 和 Pb^{2+} 的抑制作用是通过生物催化活性下降时尿素水解量变少而引起 pH 变化在 615nm 波长处由光纤生物传感器进行检测。脲酶的活性可以通过加入半胱氨酸得到再生。流动注射检测 Hg^{2+} 使得线性范围是 1×10^{-9}—$\times 10^{-5}$ M，检测限为 1×10^{-9}M（0.2 μg/L）。May May L[④] 等将脲酶通过自组装单层膜固定在 SPR 传感器的金镀膜玻璃电极表面，检测镉离子对酶的抑制效果，证明了 SPR 生物传感器可以用于重金属离子的检测。

其他的酶类也能用于重金属离子的检测。Ogunseitan OA[⑤] 利用氨基乙

①　Guascito MR, Malitesta C, Mazzotta E. et al. Inhibitive determination of metal ions by an amperometric glucose oxidase biosensor：Study of the effect of hydrogen peroxide decomposition [J]. Sensors and Actuators B, 2008, 131 (2)：394-402.

②　Mohammadi H, Amine A, Cosnier S. et al. Mercury-enzyme inhibition assays with an amperometric sucrose biosensor based on a trienzymatic-clay matrix [J]. Analytica Chimica Acta, 2005, 543 (1, 2)：143-149.

③　Kuswandi B. Simple optical fibre biosensor based on immobilised enzyme for monitoring of trace heavy metal ions [J]. analytical and bioanalytical chemistry, 2003, 376 (7)：1104-1110.

④　May May L, Russell DA. Novel determination of cadmium ions using an enzyme self-assembled monolayer with surface plasmon resonance [J]. Analytica Chimica Acta, 2003, 500 (1, 2)：119-125.

⑤　May May L, Russell DA. Novel determination of cadmium ions using an enzyme self-assembled monolayer with surface plasmon resonance [J]. Analytica Chimica Acta, 2003, 500 (1, 2)：119-125.

酰丙酸脱羧酶检测铅离子的生物可利用度。Berezhetskyy AL[1] 等开发了一种碱性磷酸酯酶电容生物传感器来检测水中的重金属离子，该方法也利用了重金属离子对酶的抑制作用。结果表明，各种重金属离子对该酶的抑制效果顺序为 $Cd^{2+}>Co^{2+}>Zn^{2+}>Ni^{2+}>Pb^{2+}$，检测限分别为 Cd^{2+} 0.5 ppm、Co^{2+} 和 Zn^{2+} 2ppm、Ni^{2+} 5 ppm、Pb^{2+} 40 ppm。黑曲霉硝酸还原酶的活性也受到各种重金属离子的抑制，因而也能用来检测重金属离子污染[2]。Michel C[3] 等人利用细胞色素 3 的 Cr^{6+} 还原酶活性，研制了一种新的安培生物传感器，能够直接、快速地检测 Cr^{6+}。

研究人员对酶的高度专一性保持了持续热切的兴趣，2012 年，Soldatkin OO [4]等人则开发出了一种三酶（转化酶、变旋光酶、葡萄糖氧化酶）复合体系生物传感器，以陶瓷薄膜电极为支撑基质、电容大小的改变为检测信号进行检测。该传感器对 Hg^{2+}、Ag^+ 有较好的检测特异性。

3.2.5.2 细胞生物传感器

不同的细胞被用作生物传感器的生物敏感元件来检测重金属离子，表现出了不同的性质。Alpat SK[5] 等利用 Tetraselmis chuii 海藻细胞作为生物传感器的组成部分，对 Cu^{2+} 进行检测。固定在碳糊电极上的海藻通过被动吸附能够积累重量百分比范围 2.5%—20% 的 Cu^{2+}，然后通过伏安测量进行

① Berezhetskyy AL, Sosovska OF, Durrieu C. et al. Alkaline phosphatase conductometric biosensor for heavy-metal ions determination [J]. ITBM-RBM, 2008, 29 (2, 3): 136-140.

② Aiken Abigail M, Peyton Brent M, Apel William A. et al. Heavy metal-induced inhibition of Aspergillus niger nitrate reductase: applications for rapid contaminant detection in aqueous samples [J]. Analytica Chimica Acta, 2003, 480 (1): 131-142.

③ Michel C, Ouerd A, Battaglia-Brunet F. et al. Cr (VI) quantification using an amperometric enzyme-based sensor: Interference and physical and chemical factors controlling the biosensor response in ground waters [J]. Biosensors and Bioelectronics, 2006, 22 (2): 285-290.

④ Soldatkin OO, Kucherenko IS, Pyeshkova VM. et al. Novel conductometric biosensor based on three-enzyme system for selective determination of heavy metal ions [J]. Bioelectrochemistry, 2012, 83 (2): 25-30.

⑤ Alpat SK, Alpat Ş, Kutlu B. et al. Development of biosorption-based algal biosensor for Cu (II) using Tetraselmis chuii [J]. Sensors and Actuators B, 2007, 128 (1): 273-278.

检测，检测限能达到 $4.6×10^{-10}$ M。Durrieu C[①] 则利用微球藻 Chlorella vulgaris 细胞膜外部的碱性磷酸酯酶对重金属的敏感性制成了光学生物传感器，球藻细胞被固定在了一层可以移去的膜上，置于光纤的尖部。对镉和铅离子在浓度范围为 $0.01—1mgL^{-1}$ 进行了检测，碱性磷酸酯酶由于处于自然环境中而提高了其活性和稳定性。

研究重金属离子对动物细胞的损伤过程，对于人们了解重金属的危害从而采取一定的预防措施有重要意义，这也需要生物传感器发挥作用。Liu QJ [②]等用心底细胞作为生物传感器的生物敏感元件来检测重金属离子的危害。Hg^{2+}，Pb^{2+}，Cd^{2+}，Fe^{3+}，Cu^{2+}，Zn^{2+}等能引起心肌细胞在 15 分钟内表现出频率、振幅和持续时间的变化。Hiramatsu N[③] 等则利用基因工程小鼠作为传感器，研究了重金属对内质网的影响作用形式。生物传感器能够实现在体外近似模拟体内环境，从而使研究结果更具有实际意义。

各种微生物的细胞也能被用来制作生物传感器，检测重金属离子。Tag K [④]等人利用酵母作为生物传感器的一部分，采用安培法流动注射分析 Cu^{2+}，该株酿酒酵母转入了融合了大肠杆菌 lacZ 基因代替了相同的包含 Cu^{2+}诱导启动子 CUP1 基因的质粒。这些菌株对不同的 Cu^{2+} 浓度产生不同的灵敏性，两株不同的转基因酵母对于实际样本中 Cu^{2+} 的检测浓度分别为 $1.6—6.4$ mg L^{-1}，和 $0.05—0.35$ mg L^{-1}。Liao VHC[⑤] 等人用绿色荧光蛋白

① Durrieu C, Tran-Minh C. Optical Algal Biosensor using Alkaline Phosphatase for Determination of Heavy Metals [J]. Ecotoxicology and Environmental Safety, 2002, 51 (3)：206-209.

② Liu QJ, Cai H, Xu Y. et al. Detection of heavy metal toxicity using cardiac cell-based biosensor [J]. Biosensors and Bioelectronics, 2007, 22 (12)：3224-3229.

③ Hiramatsu N, Kasai A, Du S. et al. Rapid, transient induction of ER stress in the liver and kidney after acute exposure to heavy metal：Evidence from transgenic sensor mice [J]. FEBS Letters, 2007, 581 (10)：2055-2059.

④ Tag K, Riedel K, Bauer HJ. et al. Amperometric detection of Cu2+ by yeast biosensors using flow injection analysis (FIA) [J]. Sensors and Actuators B, 2007, 122 (2)：403-409.

⑤ Liao VHC, Chien MT, Tseng YY, et al. Assessment of heavy metal bioavailability in contaminated sediments and soils using green fluorescent protein-based bacterial biosensors [J]. Environmental Pollution, 2006, 142 (1)：17—23.

细菌（Escherichia coli DH5a（pVLCD1）） 生物传感器对土壤中重金属的生物可利用度进行了检测。检测时间 2 小时时 Cd^{2+}、Pb^{2+}、Sb^{3+} 的检测浓度分别为：0.1 nmol L^{-1}，10 nmolL^{-1}，and 0.1 nmol L^{-1}。Sumner JP[①] 等则利用了从热带珊瑚中发现的野生红色荧光蛋白制成生物传感器并对 Cu^+、Cu^{2+} 进行检测。该仪器对于铜离子有较强的专一性，可以在一定程度上抵抗其他离子的干扰，文章指出红色荧光蛋白的检测限优于绿色荧光蛋白 7 个数量级。Amaro F [②]等则以四膜虫（Tetrahymena thermophila MTT1、MTT5）金属硫蛋白激活子的真核生物荧光素蛋白基因作为信号载体，开发全细胞生物传感器，其间侧重金属离子的灵敏性可与原核生物相当。基因工程微生物在重金属离子检测方面也发挥了作用。科学家利用生物技术开发了两株具有特殊性能的细菌[③]：E. coli MC1061 携带 pmerRluxCDABE 质粒（Hg-传感器）或携带 parsluxCDABE 质粒（As-传感器），并将其与光纤换能装置相结合构成生物传感器，对 Hg、As 进行检测，检测限可达到 Hg^{2+}、As^{5+} 和 As^{3+} 分别为：2.6μg L^{-1}、141μg L^{-1} 和 18μg L^{-1}。生物发光细菌也能被用来检测重金属。Petänen T[④] 等用 Pseudomonas fluorescens OS8（pTPT11）、Pseudomonas fluorescens OS8（pTPT31）分别检测汞和砷，得到了良好的效果（汞检测限达到 0.003μg kg^{-1}）。

3.2.5.3 免疫传感器

免疫传感器作为一种生物传感器，主要原理是依赖抗体与抗原（待检物）之间的高效特异性相互作用。随着对抗体结构和功能的逐步深入研

---

① Sumner JP, Westerberg NM, AK Stoddard. et al. DsRed as a highly sensitive, selective, and reversible fluorescence-based biosensor for both Cu+ and Cu2+ ions [J]. Biosensors and Bioelectronics, 2006, 21 (7)：1302-1308.

② Amaro F, Turkewitz AP. González1 AM, et al. Whole-cell biosensors for detection of heavy metal ions in environmental samples based on metallothionein promoters from Tetrahymena thermophile [J]. Microbial Biotechnology, 2011, 4 (4)：513-522.

③ Ivask A, Green T, Polyak B, et al. Fibre-optic bacterial biosensors and their application for the analysis of bioavailable Hg and As in soils and sediments from Aznalcollar mining area in Spain [J]. Biosensors and Bioelectronics, 2007, 22 (7)：1396-1402.

④ Petänen T, Romantschuk M. Use of bioluminescent bacterial sensors as an alternative method for measuring heavy metals in soil extracts [J]. Analytica Chimica Acta, 2002, 456 (1)：55-61.

究，将有助于稳定免疫传感器的性能。Lin TJ[①] 等将单克隆抗体固定在金纳米颗粒光纤探针上，用于结合 Pb^{2+} 螯合物，引起局域化表面等离子体振荡信号的变化，实现检测 Pb^{2+} 离子（检测限 0.27ppb，4℃、35 天后仍可实现检测结果重现性）。Date Y[②] 等将重金属离子（Cd^{2+}、Cr^{6+}、Pb^{2+}）抗原微粒固定在固相支撑基质上，当待检物与金纳米颗粒标记抗体的混合物流经支撑基质时，剩余未与待检物结合的抗体可与固定抗原结合，实现竞争性间接检测待检物，检测信号与待检物浓度呈反比。该传感器检测时间短，7 分即可达到理论检测水平（抗体 K_d 限）；检测效率高；采用微流控检测，可同时检测多种物质，有利于实现自动化控制操作等。

3.2.5.4 DNA 生物传感器

DNA 生物传感器也被用于重金属离子的检测。Babkina SS[③] 等人用安培生物传感器检测了重金属离子与单链 DNA 的结合，检测限分别可以达到：1.0×10^{-10} mol L^{-1} Pb^{2+}、1.0×10^{-9} mol L^{-1} Cd^{2+} 和 1.0×10^{-7} mol L^{-1} Fe^{3+}。Oliveira SCB[④] 等利用生物传感器对重金属离子（Pb^{2+}，Cd^{2+} 和 Ni^{2+}）与双链 DNA 的相互作用进行了研究，指出二者相互结合能引起双链 DNA 结构的改变。Lan T[⑤] 等对体外实验中依赖金属离子的 DNA 酶（Metal Ion-Dependent DNAzymes）进行了研究，指出该酶对金属离子的特异性活性依赖性，可用于开发灵敏的重金属离子（Pb^{2+}，Cu^{2+} 等）检测生物传感器。

---

① Lin TJ, Chung MF. Using monoclonal antibody to determine lead ions with a localized surface plasmon resonance fiber-optic biosensor. Sensors, 2008, 8（1）：582-593.

② Date Y, Terakado S, Sasaki K. et, al. Microfluidic heavy metal immunoassay based on absorbance measurement. Biosensors and Bioelectronics. 2012, 33（1）：106-112.

③ Babkina SS, Ulakhovich NA. Amperometric biosensor based on denatured DNA for the study of heavy metals complexing with DNA and their determination in biological, water and food samples［J］. Bioelectrochemistry, 2004, 63（1, 2）：261- 265.

④ Oliveira SCB, Corduneanu O, Oliveira-Brett AM. In situ evaluation of heavy metal-DNA interactions using an electrochemical DNA biosensor［J］. Bioelectrochemistry, 2008, 72（1）：53-58.

⑤ Lan T, Lu Y. Metal Ion-Dependent DNAzymes and Their Applications as Biosensors ［J］. Interplay between Metal Ions and Nucleic Acids（Metal Ions in Life Sciences）, 2012, 10：217-248.

3.2.5.5 其他

光系统Ⅱ（PSⅡ）是多亚单位的色素和蛋白质的复合物，可以催化光引起的从水到质体醌的电子传递。这个复合物包括至少含有6个膜整合肽其中有捕获光能的复合体（LHCⅡ）等，见图4-1。

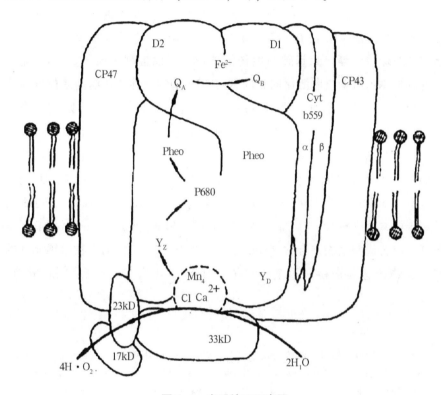

图4-1　光系统Ⅱ示意图

Fig4-1　structural representation of PSⅡ

对光合作用有影响的物质一般都对 PSⅡ电子传递链有影响。目前认为重金属抑制光合作用是通过：（1）抑制酶的作用，如原叶绿素酯还原酶、质体蓝素、或 Calvin 循环中的一些酶；（2）重金属与蛋白质的疏水基团发生相互作用；（3）一些重金属（Hg^{2+}、Cu^{2+}、Cd^{2+}、Ni^{2+}、Zn^{2+}）可以替代叶绿素分子中的 Mg^{2+}，从而抑制了光合作用；（4）重金属 Cd^{2+}、Cu^{2+}对光合作用影响研究表明，Cd^{2+}会引起 PSⅡ中的 D1 蛋白结构破坏，从而影响 PS Ⅱ 的活性，而 PS Ⅱ 可能是 Cu^{2+} 作用的目标[①]。基于此原理，科学家开发了检测重金属离子的生物传感器。Bettazzi F[②] 等用一次性的丝网印刷类囊体膜电极，结合电化学方法检测重金属对光系统Ⅱ的抑制作用，可以检测到 $0.6 \ mg \ L^{-1} \ Cd^{2+}$ 的抑制效果。

此外，一些蛋白质、肽类等物质也被用于开发检测重金属离子的生物传感器。Martinez-Neira R[③]等报道了一种以运动蛋白质（伸缩蛋白、肌动蛋白、肌球蛋白等）为基础的生物传感器，用以检测汞离子。$HgCl_2$ 能够快速的抑制由肌动蛋白活化的肌球蛋白 ATP 酶的活性，从而抑制体外模拟的蛋白收缩。汞离子对于肌动蛋白丝运动性的抑制作用也可以直接观察到，这为生物传感器的开发提供了新的思路。Yin J[④] 等将牛血清蛋白固定在压电石英晶体胶体金表面质成生物传感器，通过压电石英晶体阻抗法检测铅离子。得到检测的线性范围为 $1.0×10^{-7}$—$3.0×10^{-9} \ mol/L$，检测限 $1.0×10^{-9} \ mol/L$。Wu CM[⑤] 等人将金属硫蛋白固定在电极表面，通过表面等离子体共振（SPR）对 Cd、Zn、Ni 等进行检测。Bontidean I[⑥] 报道了一种新的以合成的植物螯合肽（Glu-Cys）20Gly（EC20）为生物敏感元件的电容生物传感器来检测重金属离子（Hg^{2+}，Cd^{2+}，Pb^{2+}，Cu^{2+} 和 Zn^{2+}），

①　Giardi MT, Koblzek M, Masojdek J. Photosystem Ⅱ-based biosensors for the detection of pollutants [J]. Biosensors and Bioelectronics, 2001, 16 (9-12)：1027-1033.

②　Bettazzi F, Laschi S, Mascini M. One-shot screen-printed thylakoid membrane-based biosensor for the detection of photosynthetic inhibitors in discrete samples [J]. Analytica Chimica Acta, 2007, 589 (1)：14-21.

③　Martinez-Neira R, Kekic M, Nicolau D. et al. A novel biosensor for mercuric ions based on motor proteins [J]. Biosensors and Bioelectronics, 2005, 20 (7)：1428-1432.

④　Yin J, Wei WZ, Liu XY. et al. Immobilization of bovine serum albumin as a sensitive biosensor for the detection of trace lead ion in solution by piezoelectric quartz crystal impedance [J]. Analytical Biochemistry, 2007, 360 (1)：99-104.

⑤　Wu CM, Lin LY. Immobilization of metallothionein as a sensitive biosensor chip for the detection of metal ions by surface plasmon resonance [J]. Biosensors and Bioelectronics, 2004, 20 (4)：864-871.

⑥　Bontidean I, Ahlqvist J, Mulchandani A, et al. Novel synthetic phytochelatin-based capacitive biosensor for heavy metal ion detection [J]. Biosensors and Bioelectronics, 2003, 18 (5, 6)：547-553.

检测浓度范围 100 fM-10 Mm，该生物传感器可以贮存 15 天。Bontidean I[①]等人利用不同的生物传感器（蛋白、细菌细胞、植物）检测了土壤中生物可利用汞的含量。指出细菌细胞生物传感器和蛋白（融合蛋白 GST-SmtA）生物传感器对于检测汞离子污染是有效的，植物传感器效果欠佳。

ELISA 也被用于检测不同种类的重金属离子污染，检测方法原理与免疫传感器相近，但在应用上需要有一些特殊的要求。首先，ELISA 分析的实际食品样品中必须是液态溶解的重金属离子，故而需要一定的食品样品前处理方法和程序；其次，重金属离子作为小分子量的简单离子，免疫反应所依赖的半抗原、抗体体系特异性反应的关键性生物大分子制备时，需要进行一些特殊的工艺和生物反应过程，为检测时免疫反应的特异性增加了一些可能影响的不可控干扰，同时增加了检测成本。Wang 等[②]制备了抗 Hg2+ 的特异性多克隆抗体，建立了间接竞争 ELISA 检测方法，测定水样、牛奶、青菜、海带中的 Hg2+，ELISA 分析结果表明，灵敏度 IC50 为 1.12 ng/mL，最低检测限（IC10）为 0.08 ng/mL，回收率为 80%~113%，与 Hg+、Au3+ 的交叉反应率分别为 11.5% 和 4.4%，其他金属离子如 Cu2+、Sn2+、Ni2+、Mn2+、Pb2+、Cd2+、Zn2+ 均未发现交叉反应，与 CVAFS 检测结果相比，液体样品（水样）的相关系数为 0.97，其他样品的相关系数为 0.98，说明汞间接竞争 ELISA 检测结果具有较高的准确性。直接竞争 ELISA 比间接竞争 ELISA 更加方便，检测结果更加准确，其检测 pH 范围更宽。刘艳梅等[③]采用纯化后的镉单克隆抗体建立直接竞争 ELISA 检测，其灵敏度为 19 ng/mL，检测限为 2.1 ng/mL，检测范围为 3.6~98.2 ng/mL，与石墨炉原子吸收法相比较，2 种方法的线性相关系数

① Bontidean I, Mortari A, Leth S. et al. Biosensors for detection of mercury in contaminated soils [J]. Environmental Pollution, 2004, 131 (2)：255-262.

② WANG Y Z, YANG H, PSCHENITZA M, et al. Highly sensitive and specific determination of mercury (II) ion in water, food and cosmetic samples with an ELISA based on a novel monoclonal antibody [J]. Analytical andbioanalytical chemistry, 2012, 403 (9)：2519-2528.

③ 刘艳梅, 钟辉, 黄建芳, 等. 直接竞争 ELISA 检测大米样品中的重金属镉 [J]. 免疫学杂志, 2015, 31 (6)：528-532.

$R^2 = 0.998$，说明该方法具有较高的准确性，可用于实际样品的快速检测。

3.2.5.6 小结

综上所述，不同生物敏感材料对于重金属离子检测的作用效果有所差异，其本身性质也存在不同。各种酶作为生物传感器的组成成分，主要是依赖于重金属离子对酶的抑制作用，从而引起检测环境中反应物的相对变化进行检测。重金属对酶的抑制作用专一性相对比较广泛，因此在多种离子存在时，很难区分各自的种类和浓度。细胞生物传感器采用完整的细胞作为生物传感器的一部分，既有利于全面研究重金属离子对细胞的作用，也能通过保持细胞的自然状态提高细胞内各种生物分子的生物活性和稳定性。随着生物技术的不断发展，通过各种转基因和其他技术手段可以生产出各种具有某些特殊性质的工程菌类用于重金属检测，从而提高生物传感器对于某种特定重金属离子检测的专一性。其他生物材料也具有各自的优点，比如蛋白质和多肽类物质可以通过改变 pH 值，影响其本身性质实现活性的恢复。免疫传感器用于重金属检测，因其分子量小，故与换能器信号检测联系密切。各种生物传感器对重金属离子的检测限都比较低，能达到 $1.0×10^{-9}$ mol L^{-1}。

由此可见，生物传感器检测重金属离子主要依赖于各种生物材料的特定结构和功能。现阶段，基因工程技术、单分子水平上蛋白质结构功能研究技术以及生物信息学、计算机科学技术等学科的发展，已经取得了众多的成果。由此，可以对生物材料与重金属离子有关的相互作用机理和模式进行详细深入的研究，从而有助于提高检测重金属离子生物传感器的开发和应用可信度。

电化学、光纤、SPR、压电石英晶体以及机械运动形式的换能器都能作为生物传感其的组成部分用来检测重金属离子。但电化学和光纤应用的比较多，这可能与重金属离子与生物分子作用的形式有关，许多生物材料本身即具有发光性，便于光学检测。

重金属离子的检测具有重要的意义，检测的准确性、灵敏性仍然需要提高。重金属污染广泛地存在于土壤、水等环境中，这就需要检测方法能够适应不同的检测对象、减小各种干扰物质的信号，并且能够便于野外定点测定。生物传感器检测方法自身所具有的优势使其具备了能同时满足这些条件的潜力。生物传感器的发展应该通过使用各种新技术尽可能提高自身的性能，克服生物质材料受环境因素影响大、不易保藏等缺点，并且发挥其易于自动化操作和小型化的优势，开发出实用性强的专门检测仪器。

4　生物检测技术对转基因食品的检测

卫计委《转基因食品卫生管理办法》给出的转基因食品定义是指利用基因工程技术改变基因组构成的动物、植物和微生物生产的食品和食品添加剂。转基因原料产量高，但其对人体的影响一直争议不断。转基因食品的安全也引起了社会关注，对转基因食品进行快速、高效的检测，是一个重要的研究和发展议题。目前对转基因食品的检测的方法主要有核酸检测方法、蛋白质检测法以及酶活性检测方法等，各种生物检测技术均展现了良好的应用前景。

4.1　转基因食品概述

4.1.1　转基因食品及其分类

转基因食品来源于转基因生物，转基因生物是一类利用基因工程手段改变基因组组成的生物体，而以转基因生物体为原料加工生产的食品就是转基因食品（Genetically Modified Food）。据国际农业生物技术应用服务组织（ISAAA）报告，2017 年，种植转基因作物的国家达到 24 个，另有 43个国家/地区批准将转基因作物进口用于饲料及食品加工，美国批准种植转基因的种类和面积是最多的，占全球总种植面积的 39.5%。我国则禁止用作食品主要加工原料的转基因大豆、玉米等在本土商业化种植，全部依赖于进口。

植物类转基因食品是转基因食品的重要来源，主要有抗除草剂转基因植物［如转 5−烯醇丙酮莽草酸−3−磷酸合酶（EPSPS）基因抗除草剂大豆］、抗虫转基因植物（如转 Bt 基因的抗虫玉米）、改善产品品质的基因植物（如改变淀粉组成和含量的大米、延熟保鲜的番茄等）三种类型。

转基因动物主要应用在医学治疗、疾病模型的构建、器官移植等方面，而用于食用的转基因动物主要是转生长素基因动物。2015 年，一种快速生长的三文鱼成为美国批准的全球第一种获准上市供人类食用的转基因动物。三文鱼是西餐和日本料理的主要原料，不仅味道鲜美，而且富含有益心血管健康的 $\Omega-3$ 脂肪酸。转基因三文鱼之后，加拿大研发的高效利用磷而减少环境污染的"环境猪"、我国与韩国科学家合作研发的"超级肌肉猪"等转基因动物食品有望在不久的将来进入市场。

微生物类转基因食品指的不是转基因微生物，而是用转基因微生物加工而成的食品，典型代表是奶酪。利用转基因微生物在体外大量生产凝乳酶，用于美国超过 2/3 的奶酪生产，或由这类转基因微生物加工而成的面包、啤酒、酒精饮料均属于微生物类转基因食品。

此外，还有一类可以预防疾病的"疫苗食品"。目前越来越多的抗病基因正在被转入植物，使人们在品尝鲜果美味的同时，达到防病的目的。例如，我国正在研制的能够预防乙肝的西红柿。除了"疫苗食品"以外，我们利用转基因动植物作为生物反应器来生产的药用蛋白也属于这类特殊的转基因食品。目前我们利用动物反应器可以生产人血红蛋白、胰蛋白酶抑制因子、人乳蛋白等药物蛋白，对于疾病的治疗也发挥了巨大的功效。

4.1.2 转基因食品的特点

转基因食品有较多的优点：可增加作物产量、降低生产成本，增强作物抗虫害和抗病毒等的能力，提高农产品耐贮性，缩短作物开发的时间，摆脱四季供应，打破物种界限，不断培植新物种、生产出有利于人类健康的食品。

转基因食品也有缺点：所谓的增产是不受环境影响的情况下得出的，如果遇到雨雪的自然灾害，也有可能减产更厉害。同时在栽培过程中，转基因作物可能演变为农田杂草；可能通过基因漂流影响其他物种；转基因食品可能会引起过敏等。

随着转基因作物种植面积的不断扩大，也产生了很多有争议性的问题，公众也开始越来越关注转基因的安全性。人们对于转基因的安全性问题主要集中在两个方面，一是转基因在环境中释放究竟会不会造成基因污染，从而对环境造成危害。虽然转基因食品从诞生之日起就已经在全球范围内经过了亿万人民的食用，进行了检测，没有可信的证据表明它对人体有害，但其潜在风险仍然需要长期监测才能做到极致科学论证会。

4.1.3 转基因食品安全管理体系

为了加强对转基因生物的安全管理，也为了维护消费者的健康与权益，以及避免可能对生态环境构成的潜在威胁，国际上很多国家及地区都制定了相应的法律政策来对转基因产品进行监管。大部分国家和地区对于转基因食品的管理都进行分类和分级，制定剂量强制规定的同时，通过"强制性标识"方法对消费者采取充分保障知情权，并赋予消费者自主选择的权利。我国先后颁布了《农业转基因生物安全管理条例》和《农业转基因生物标识管理办法》，要求对大豆、玉米、棉花、油菜、番茄 5 大类 17 种转基因及其产品进行强制性标识，并且建立了一系列监督管理制度。由于不同国家及地区的标识管理制度不尽相同，对转基因进行标识的阈值设定也有所差别。美国对于转基因食品的认可程度较高，而欧盟的管理相对较严格，加拿大、日本等国管理规范也各有特色。

4.2 常用的生物检测技术在转基因食品检测中的应用

转基因食品的监管和标识管理都依赖于转基因检测技术，由于转基因食品是通过将外源 DNA 转入目标生物，进而通过其表达的蛋白质进一步发挥生物功能而改良物种，其安全性既与特异性 DNA 相关，也与特定的蛋白质有关。因而转基因检测技术主要是基于外源 DNA 和外源蛋白质的检测，按检测目的来区分可分为定性、定量检测。

4.2.1 检测外源 DNA 相关技术

基于核酸的检测方法主要是检测整合到转基因植物基因组上的特异性外源 DNA 片段。根据检测的目的序列不同可分为检测外源调控序列、外源基因序列、外源载体序列三类，而根据检测策略的层次不同可分为筛选检测、基因特异性检测、结构特异性检测、事件特异性检测。检测技术则主要依赖于核酸体外扩增技术，通过设计 DNA 探针与特异序列相互杂交而进行不同的改进，均属于生物检测技术的创新应用。

传统的 Southern 杂交是较早使用的方法，一般将转基因技术中通用的报告基因、抗性基因、启动子和终止子等特异性片段制成放射性或荧光标记的探针与待测产品 DNA 进行杂交，经放射自显影确定与探针互补的电泳条带的位置，就可很方便地判断待测样品是否为转基因产品。Jennings 等①用核酸印迹法杂交判断 Bt 玉米中 cry1Ab 基因的 211bp 片段和玉米内源基因 sh2 的 213bp 片段的存在，这种方法具有准确度高、特异性强的优点，但是操作烦琐，需要酶切、电泳、转膜、杂交、曝光等步骤，并且实验成本较高，因此不适合进行高通量样品的检测，现阶段已经对该技术实现了改进。

普通 PCR 方法需针对特定基因片段设计特异性引物，在 PCR 仪中进行扩增，随后通过凝胶电泳并染色分析，快速、高效、廉价，但不适宜多目标分析。普通 PCR 单次反应只能检测特定靶序列，无法满足大量、快速的转基因产品检测需求。经过改进后的 PCR 扩增技术，也在转基因食品检测中得到创新使用。

Datukishvili 等②针对转基因大豆开发了 4 重 PCR 体系，能够同时检测 CaMV 35S 启动子、NOS 终止子、epsps 基因与大豆内源基因 lectin，还开发了转基因玉米 3 重 PCR 体系，能够同时检测启动子、cry1Ab 基因和玉米内源基因 zein，该方法特异性良好，并且灵敏度均能达到 0.1%；Harikai 等③结合多重 PCR 与引物延伸的方法，将生物素标记的核酸 dUTP 混入到引物延伸产物中，可直接光学检测 8 重 PCR 扩增产物，检测时间短，灵敏度可达 1%。Patwardhan 等④开发了多重 PCR-毛细管电泳方法可同时检测转基因棉花 MON531、转基因马铃薯 EH 92-527-1、转基因玉米 Bt176、转基因玉米 GA21 和转基因油菜 GT73canola，检测低限为 0.1%。此外还有竞争性定量 PCR 技术、实时荧光定量 PCR 技术、数字 PCR 技术、环介导等

① 周少芸. 转基因食品检测方法的研究进展 [J]. 福建稻麦科技，2007（1）：43-45.

② Datukishvili N, Kutateladze T, Gabriadze I, et al. New multiplex PCR methods for rapid screening of genetically modified organisms in foods [J]. Frontiers in Microbiology, 2015, 6（6）：757.

③ Harikai N, Saito S, Abe M, et al. Optical detection of specific genes for genetically modified soybean and maize using multiplex PCR coupled with primer extension on a plastic plate [J]. Bioscience Biotechnology & Biochemistry, 2009, 73（8）：1886-1889.

④ Patwardhan S, Dasari S, Bhagavatula K, et al. Simultaneous detection of genetically modified organisms in a mixture by multiplex PCR-chip capillary electrophoresis [J]. Journal of AOAC International, 2015, 98（5）：1366-1374.

温扩增技术（LAMP）等。Garcíacañas 等①将 QC-PCR 方法与毛细管电泳激光诱导荧光技术巧妙结合，实现了玉米 Bt176 品系的定量检测；Dörries 等②针对 P-35S、T-NOS、bar 和 FMV 35S 设计了多重定量 PCR 预混液，检测低限均能达到 10 个拷贝，并且在 41 个非转基因植物中验证其特异性良好，dPCR 技术还是检验外源插入基因拷贝数和纯合性的有效方法。Glowacka 等③在转基因烟草中比较了 Southern blot、热不对称交错 PCR、定量 PCR 和数字 PCR 等方法，用于分析插入的 T-DNA 拷贝数、位点复杂性和纯合性，结果表明 dPCR 与 Southern blot 结果一样可靠，并且在试验操作上更加快速和便捷；周杰等④建立了 DAS-81419-2、FG72 等 6 种转基因大豆的 LAMP 检测方法；Chen 等⑤开发的针对转基因水稻 TT51-1 的事件特异性检测方法中，将钙黄绿素和锰离子添加至 LAMP 体系中，可实现一步可视化检测，方法灵敏度达 10—20 个拷贝。

基因芯片技术是以核酸杂交为基础发展的新技术，适用于高通量检测和自动化分析。以往的转基因检测中，主要是对单一目标进行检测，但该种检测方法在使用过程中存在着诸如检测耗时长、效率低下的问题，且无法准确地检测出食品中转基因成分。而基因芯片技术则可以利用探针阵列，对食品中是否含有转基因成分进行检测。同时，基因芯片还可以更加精准地检测出食品原料。上海博星基因芯片有限公司、百奥生物信息科技

① Garcíacañas V, Cifuentes A, González R. Quantitation of transgenic Bt event-176 maize using double quantitative competitive polymerase chain reaction and capillary gel electro- phoresis laserinduced fluorescence [J]. Analytical Chemistry, 2004, 76 (8)：2306-2313.

② Dörries HH, Remus I, Grönewald A, et al. Development of a qualitative, multiplex real-time PCR kit for screening of genetically modified organisms (GMOs) [J]. Analytical & Bioanalytical Chemistry, 2010, 396 (6)：2043-2054.

③ Gtowacka K, Kromdijk J, Leonelli L, et al. An evaluation of new and established methods to determine T-DNA copy number and homozygosity in transgenic plants [J]. Plant Cell & Environment, 2016, 39 (4)：908.

④ 周杰，黄文胜，邓婷婷，等. 环介导等温扩增法检测 6 种转基因大豆 [J/ OL]. 农业生物技术学报，2017，25 (2)：335-344.

⑤ Chen R, Wang Y, Zhu Z, et al. Development of the one-step visual loop-mediated isothermal amplification assay for genetically modified rice event TT51-1 [J]. Food Science and Technology Research, 2014, 20 (1)：71-77.

有限公司研制出用于鉴定转基因植物的基因检测芯片。例如，Tengs 等[1]设计了包含约 4 万个探针的 Tilling 芯片，涵盖绝大多数植物转化用的载体序列，可用于筛查未知转化事件；Turkec 等[2]对 3 个转基因大豆和 9 个转基因玉米开发检测芯片，筛选出 33 个探针可用于区分 12 个 GMO 事件，并开发了一套数据算法来实现最大的检测通量和灵敏度。学者黄迎春[3]等利用基因芯片检测技术对玉米、大豆、棉花与油菜这 4 种转基因作物样品进行了检测，检测结果表明，基因芯片对上述 4 种转基因作物的 DNA 信息检测具有良好的效果。学者李永进等[4]将碱性磷酸酶与底物之间的酶学显色反应引入检测体系实现了芯片的可视化，检测了 9 种转基因玉米及棉花、大豆等材料。在实践中，基因芯片技术具有较高的检测精度，可以快速地对食品中的转基因进行筛选，提升了食品的安全质量。Leimanis 等[5]研制出一种可同时检测 9 种转基因生物的基因芯片，对所用靶基因用生物素进行了标记，通过比色法进行检测。通过 5 次不同实验检测其灵敏性，结果表明该芯片灵敏度达 0.3%，大部分达到 0.1%，该芯片监测系统符合现行的欧盟和其他国家转基因检测要求。

生物传感器技术是一种将生物所具有的特性和电子装置相结合的技术，其原理是将生物分子与生物分子之间相互作用产生的生物信号转换成机器装置能显示的信号。主要有等离子共振传感器（SPR）和基于石墨烯的电化学传感器，SPR 能通过检测折射率的变化来分析待测样品中的转基

---

① Tengs T, Kristoffersen AB, Berdal KG, et al. Microarray - based method for detection of unknown genetic modifications ［J］. BMC Biotechnology, 2007, 7（1）: 91. DOI: 10.1186/1472-6750-7-91.

② Turkec A, Lucas SJ, Karacanli B, et al. Assessment of a direct hybridization microarray strategy for comprehensive monitoring of genetically modified organisms（GMOs）［J］. Food Chemistry, 2016, 194: 399-409. DOI: 10.1016/j.foodchem.2015.08.030.

③ 黄迎春, 孙春昀, 冯红, 胡晓东, 尹海滨. 利用基因芯片检测转基因作物 ［J］. 遗传.2003（3）.

④ 李永进, 熊涛, 吴华伟, 杨亚珍. 利用可视化膜芯片检测 9 种转基因玉米 ［J］. 湖北农业科学.2016（11）.

⑤ Leimanis S, Hernandez M, Fernandez S, et al. A microarray-based de-tection system for genetically modified（GM）food ingredients ［J］. Pant Molecular Biology, 2006（61）: 123-139.

因成分。电化学传感器通过电化学工作站检测生物杂交反应电信号实现对样品中转基因成分的检测。

4.2.2 检测外源 DNA 表达蛋白质相关技术

1) ELISA 检测技术

利用抗原抗体结合原理对相应抗原或抗体进行检测的技术，根据底物在抗体链接酶的催化下是否显色来鉴定是否含有外源蛋白，可用来定性判断样品的外源蛋白，如果想进一步进行定量检测，则需要根据标准品构建标准曲线来确定样品中目的蛋白的含量。沈法富等[1]建立了 Dot-ELISA 检测 Bt 棉杀虫蛋白的方法。针对原料而言，ELISA 法和具有特异性好、操作简便、费用低、对仪器和人员要求不高的特点。但是该类方法仅针对一种特异蛋白，覆盖率低；对于加工食品，受到目标蛋白的构象和含量的限制，尤其是深加工食品中目标蛋白的变性，影响抗原抗体的特异性识别，而使检测的不确定性增加。

2) 双向电泳技术

依据蛋白质的物理化学性质对待测蛋白进行分离，并结合质谱（MS）分析，可高分辨率、高灵敏地展示转基因作物中蛋白质组与普通作物蛋白质组的差异，以此来鉴定是否含有转基因成分。欧盟资助的一个研究小组（GMOCARE）利用 2DE/MS 技术研究 4 种转基因马铃薯品系中外源基因的非预期效应，从转基因马铃薯中检测到了 50 余种差异表达的蛋白质[2]。Di Luccia 等[3]采用 2D-MS 方法分析了非转基因与转基因硬小麦中的差异蛋白，发现二者中醇溶谷蛋白的含量显著不同，其中低分子量的麦谷蛋白在转基因小麦种子中的表达上调。

3) Western 杂交方法

在蛋白质进行凝胶电泳分离的基础上，通过转膜、特异性抗原抗体杂

① 沈法富，于元杰，尹承俏，刘风珍，陈翠霞，王留明，张军. 利用 Dot-ELIS A 检测 Bt 棉杀虫蛋白的研究 [J]. 中国农业科学，1999，(01)：15-19.

② 张国安，许雪姣，张素艳等. 分析化学，2003，31 (5)：345-354.

③ A di Luccia, C Lamacchia, C Fares et al. Ann. Chim. Rome, 2005, 95：405-414.

交来对目的蛋白进行检测。根据最后的杂交曝光结果，判断被测样品中是否含有目的蛋白①。Wang 等②利用 Western blot 技术检测到了转基因烟草外源 EPSPS 蛋白的表达；Yates 等③利用 Western blot 技术对转基因种子的检出限能达到 0.25%，深加工产品可达到 1%，灵敏度较高。虽然 Western blot 技术操作较为烦琐，也无法满足快速高效检测需求，但其可以有效地检测转基因产品中的不可溶蛋白，该操作方法过程比较烦琐且价格高，一般不适用高通量的样品检测。

4）试纸条法

将特异的抗体与显色试剂偶联并掺入到试纸条上，在试纸条上发生抗原抗体结合反应，通过检测条带的有无判断是否含有目的蛋白，整个操作简单快捷，适用于现场检验或初筛。现已针对不同转基因植物中特异表达的外源蛋白，开发出大量特异的免疫层析试纸条，如检测孟山都公司转基因 Roundup Ready 大豆和油菜中 CP4-EPSPS 蛋白的试纸条、Starlink 玉米中 Cry9c 蛋白的试纸条等④。中国农科院油料所研制的 Cry1Ab/Cry1Ac 试纸条，成本为进口产品的 40%，灵敏度等性能参数与进口试纸条相当，是农业农村部推荐使用的产品之一。

5）PCR-ELISA 方法

PCR-ELISA 是一种将 PCR 与 ELISA 相结合的方法，它通过以地高辛标记的特异性探针在一定条件下对 PCR 产物进行杂交，再使用抗地高辛抗体作一抗与用 AP 标记的二抗建立起 ELISA 反应，其既可以适用于定性检测又

---

① Wang X J, Jin X, Dun B Q, et al. Gene-Splitting Technology：A Novel Approach for the Containment of Transgene Flow in Nicotiana tabacum ［J］. PLOS ONE, 2014, 9 (6)：e99651.

② Wang XJ, Jin X, Dun BQ, et al. Gene-splitting technology：anovel approach for the containment of transgene flow in Nicotiana tabacum ［J］. PLoS One, 2014, 9 (6)：e99651.

③ Yates K, Sambrook J, Russel D, et al. Detection methods for novel foods derived from genetically modified organisms ［M］. ILSI Europe, 1999.

④ 王荣谈，张建中，刘冬儿，等. 转基因产品检测方法研究进展 ［J］. 上海农业学报，2010, 26 (1)：116-119.

可进行半定量分析。刘光明等[①]建立并优化了转基因大豆与玉米的 DNA 提取方法，针对 CaMV35S 启动子和 NOS 终止子的序列特点设计了特异性引物与探针，应用 PCR-ELISA 检测技术，建立了转基因大豆与玉米中常用外源基因的快速检测体系，并应用于进出境产品的转基因检测工作中。

6）生物传感器

生物传感器作为一种新兴的分析技术，也适用于检测转基因相关的蛋白质，原理符合各种生物传感器的开发特征，具有高特异性和检测快速的优势。Volpe G 等[②]报道了一种简便快速检测转基因玉米粉中 Bt-Cry1Ab/Cry1Ac 蛋白的免疫磁式电化学传感器（IMES）。IMES 以夹层形式为基础，使用磁珠作为固定载体，一次性丝网印刷电极作为电化学换能器。用碱性磷酸酶标记的抗球蛋白（Ab2-AP）揭示单克隆抗 Cry1Ab 抗体（MAb）、Cry1Ab 蛋白和多克隆抗 Cry1Ab 抗体（Pab）之间的夹心复合物。在免疫化学步骤之后，在加入酶底物（1-萘磷酸酯）和测量电活性产物之前，使用磁铁将珠子定位到电极表面。电流响应与 Cry1Ab 蛋白的浓度成正比。方法检出限为 0.1 ng/m L，工作范围为 0.25~4 ng/m L，总分析时间约为 3 h。将该方法应用于转基因玉米样品中，同样可以检测到 Cry1Ac 蛋白。对提取工艺进行优化后，对不同质量分数（0.5%、1%、2%、5%）的转基因玉米干粉（MON810）标准物质进行重复处理和分析，得到了转基因物质的含量与 Cry1Ab 蛋白浓度的对应关系。

基于蛋白质的检测方法存在一定的局限性，主要是外源蛋白质受热后不稳定，并且其免疫原性也会降低，在一些经过高温处理后的转基因原料加工食品中可能无法检测出外源蛋白质，这一定程度上限制了基于蛋白质检测技术在转基因食品检测中的应用。

① 刘光明，徐庆研，龙敏南，等．应用 PCR-ELISA 技术检测转基因产品的研究 [J]．食品科学，2003，24（1）：101-105.

② Volpe G, Ammid N H, Moscone D, et al. Development of an Immunomagnetic Electrochemical Sensor for Detection of BT - CRY1AB/CRY1AC Proteins in Genetically Modified Corn Samples [J]. Analytical Letters, 2006, 39 (8)：1599-1609.

5 生物检测技术对动物性食品兽药残留的检测

5.1 动物性食品中兽药污染的特征

动物性食品，是指以畜禽、水产及其人工驯养繁殖生产的一些野生动物等为原料，将其进行人工处理后，可直接或稍加处理即可食用的产品。动物性食品营养丰富易于获取，自古以来就是备受人们青睐的食物来源。动物性食物作为一大类食物，主要为人体提供蛋白质、脂肪、矿物质、维生素 A 和 B 族维生素。它包括畜禽肉、蛋类、水产品、奶及其制品等，它们之间的营养价值相差较大，只是在给人体提供蛋白质方面十分接近。

5.1.1 动物性食品中的兽药污染来源及主要种类

随着畜牧业的广泛和商品化，兽药和饲料的添加剂在畜牧生产中得到了广泛的应用，降低了动物的死亡率，缩短了畜牧业的周期，促进了畜产品的生长和畜牧产品的壮大，以及发展畜牧业。然而，兽医学也是一把双刃剑。一些生产经营者为了利润最大化，不顾国家法律法规，滥用或误用违禁兽药、违禁药品，有的甚至直接向牲畜大量添加兽药，以及增加产量。但是增加因食用动物性食物会引起疾病的风险。

对人体影响较大的兽药及药物添加剂主要有抗生素类（青霉素类、四环素类、大环内脂类、氯霉素类等），合成抗菌素类（呋喃唑铜、乙醇、恩诺沙星等），激素类（乙烯雌酚、雌二醇、丙酸睾丸酮等），肾上腺皮质激素，β-兴奋剂，安定类，杀虫剂类等。

动物性食品里的残留主要来源于三方面：一是饲养过程，为了预防和治疗畜禽疾病以及减少死亡数量而使用兽药，其残留量受到给药方式、给药时间等影响，且与动物种类有关；二是饲料，目前饲料中添加药物主要抗生素、生长促进剂、镇静剂等，饲料添加物的主要作用是均衡营养吸收，促进动物生长；三是随着人类生活生产和环境中外源性化学物质的增多污染物质会在动物生产及产品加工、包装、贮存和运输环节中直接或通过食物链间接进入动物性食品中，成为动物性食品又一个重要的污染源。

5.1.2 兽药残留污染的危害

兽药残留对人民身体健康的威胁。动物性食品中的药物残留对人体健康会产生重要影响主要表现为变态反应与过敏反应细菌耐药性、致畸作用、致突变作用和致癌作用，以及激素样作用等多方面。而这些残留物质还有可能通过生命的传递直接影响到我们后代的生命健康。

兽药残留对生态环境具有潜在危害。作为饲料添加剂或抗生素喂食动物的兽药，经动物代谢后大部分以原药或代谢物的形式经动物的粪便和尿液的形式排出体外，进入到生态环境，对土壤、水体等生态环境产生不良影响，并通过食物链对生态环境产生毒害作用，影响环境中动植物和微生物的生命活动，最终影响人类的健康，其后果不容忽视。由于大量抗生素和化学药品的使用，环境中兽药的种类也呈现出不断增加的趋势。现已在德国发现地表水中有 μg/L 级水平的大环内酯类、磺胺类、氟喹诺酮类、氯霉素、泰乐星、甲氧苄氨嘧啶等抗生素，

兽药残留问题影响国民经济的发展。曾在 WTO（World Trade Organization，世界贸易组织）对簿公堂的欧盟与美国、加拿大的牛肉激素案，双方仅仅在打官司上的费用就高达数十万美元。我国出口到欧美和日本等国家的肉类、鱼虾、蜂蜜等动物性产品因出现药物残留超标问题被进口国拒收、扣留、退货索赔甚至终止贸易事件时有发生。

5.1.3 检测兽药残留的意义

随着社会的发展，畜牧业越来越现代化、集约化和规模化。兽药的使用可以降低发病率与死亡率、提高饲料利用率、促生长和改善产品品质，已成为现代畜牧业不可缺少的物质基础。但是，由于科学知识的缺乏和经济利益的驱使，滥用兽药和超标使用兽药的现象普遍存在，其后果不堪设想。

因此必须对动物性食品进行兽药残留和有害物质的检测，重点强化药物残留和含有违禁药物的动物源性食品的检测，认真执行《动物性食品中兽药最高残留限量》标准，防止动物性食品中兽药残留含量和违禁

药物及有害物质，从而对有害的畜产品进行无害化处理，有效防止问题畜产品进入流通市场各环节，有利于消除食品安全隐患，净化食品市场。

在国际贸易中，我国畜产品产量较大，但出口量却很小，如肉类出口仅占总产量的 1%，化学药物残留超标是限制出口的一个很重要的原因，如不重视药物残留，不利于 WTO 规则在国际贸易中通过利用先进科技设置壁垒的国际贸易利益增长。

5.2　生物检测技术检测食品中兽药残留

动物性食品中的兽药残留因为使用的对象、环境、目标等不同而具有不同的种类，也为食品安全管理的相关标准检测带来了一定的困难。大体上来说，考虑养殖以及加工食品的利益最大化，常见的兽药多为一些小分子的化合物，故而其适宜的生物检测技术种类和原理也有一定的相似性，应用和研究较多的种类主要是微生物检测、ELISA 和生物传感器等。考虑书中内容的代表性、系统性、可读性，此处选择动物性食品中常见的 β-内酰胺类抗生素为例进行相关生物检测技术应用和发展的阐述。β-内酰胺类抗生素是指化学结构中具有 β-内酰胺环的一大类抗生素，是现有抗生素中使用最广泛的一类，其中包括青霉素及其衍生物、头孢菌素、单酰胺环类、碳青霉烯类和青霉烯类酶抑制剂等，由于其广谱、高效、低毒而在畜牧业中广泛使用。

5.2.1　微生物检测法

抗生素的微生物检测法又称细菌抑菌试验法，其原理是根据抗生素对微生物的生理机能、代谢的抑制作用，来定性或定量确定样品中抗微生物药物的残留，如纸片法（PD）、TTC 法、杯碟法等，不同受试微生物种类对检测的灵敏性有影响。纸片法检测过程中，是以一定量的溴甲酚紫作为指示剂加入培养基内，若被检样品中含有抗生素，因其具有的抑菌作用会使纸片周围形成一个清晰的浅蓝色抑菌圈，以抑菌圈大小可判断抑菌物质的种类及浓度[1]，一般该法最低检出限可达到 0.5μg/mL，可用于实际奶样

---

① 刘瑛，魏清芳，王嘉林，等. 牛奶中 β-内酰胺类抗生素残留检测方法的研究进展 [J]. 中国卫生检验杂志，2011，21（9）：2352-2354.

的检测，一般可在 4h 内获得结果。TTC 法是作为国家标准的方法，以嗜热链球菌作为指示菌种，当含有抗生素的牛乳加入菌种培养基中，菌种不增殖，TTC 指示剂不发生还原反应，仍呈无色状态；而当样品中无抗生素存在时，嗜热链球菌则迅速生长繁殖，在新陈代谢过程中产生氢，使无色的氧化型 TTC 还原成红色的还原型 TTC，样品则染成红色。王文辉等[①]试验结果发现，TTC 法在检测 β-内酰胺类抗生素如头孢氨苄、青霉素 G 等时效果较好，在欧盟对于牛奶中抗生素要求最大残留量（MRL）处可检出阳性，但对于个别 β-内酰胺类抗生素如阿莫西林等则不能有效检出。我国现行标准文件中，《进出口动物源性食品中 β-内酰胺类药物残留检测方法. 微生物抑制法》及详细描述了该方法的分析操作步骤，适用于分析多种抗生素残留。王大菊等[②]用藤黄八叠球菌为指示剂，以杯碟法检测猪、鸡组织中氨苄青霉素残留的最低检测限可达 0.25μg/Kg，不同浓度氨苄青霉素的添加回收率均在 83%-107% 之间。伍金娥等[③]以巨大芽孢杆菌为受试菌，检测猪、鸡组织（肌肉、肝脏）中的青霉素的残留检出限分别为 0.03mg/kg 和 0.04 mg/kg。吴瑕等[④]采用试管扩散法检测牛乳中青霉素 G 残留量，检测过程可在 4 h 内完成，检测限是 4μg/Kg。微生物法具有样品前处理简便、检测时间短、不需要昂贵的仪器、检测目标适应多种广谱抗生素，可对大批量样品进行初筛等优点，虽需要大量平板而使得实验变的烦琐，但仍在抗生素残留检测过程中发挥着巨大作用，降低检测限是该方法研究的方向之一。

5.2.2　ELISA

酶联免疫吸附试验（ELISA）依赖于所用抗体和检测目标之间免疫反应的特异性以及用于检测信号的标记分子催化反应特性，一般具有较

①　王文辉，刘慧艳，王玉钰，等. 牛奶中抗生素残留快速检测方法分析 [J]. 中国乳品工业，2011，39（7）：53-55.

②　王大菊，袁宗辉，范盛先，等. 氨苄青霉素在猪和鸡组织残留的微生物法测定法研究 [J]. 华中农业大学学报，1999，18（3）：245-247.

③　伍金娥，范盛先，王玉莲，等. 动物组织中抗菌药物残留的微生物学快速筛选法研究 [J]. 华中农业大学学报，2006，25（6）：645-649.

④　吴瑕，张兰威. 采用试管扩散法检测牛乳中青霉素 G 残留量 [J]. 食品与发酵工业，2005，31（7）：110-112.

好的检测性能，但对抗体的制备和性能稳定性要求较高。直接法、间接竞争法等检测策略也能影响检测的结果。姜侃等①曾应用氨苄青霉素（Amp）抗体，通过人工方法制备了 Amp 和 HRP 的结合物（Amp-HRP），进而建立了直接 ELISA 竞争法，用于检测 Amp 的残留，确定了检出限，并对其检测条件进行了优化。Usleber 等使用直接竞争 ELISA 方法检测牛奶中邻氯青霉素和双氯青霉素残留，最小检测限分别为 10ng/ml 和 30ng/ml。Strasser 等②采用戊二醛法，通过氨苄青霉素的氨基与牛血清白蛋白偶联，免疫兔子制备出具有较高簇特异性的多克隆抗体，并采用直接竞争 ELISA 法检测牛奶中青霉素类抗生素残留，检测范围为 2~32ng/ml。Cliquet③ 等采用戊二醛，青霉素化反应等不同的免疫原合成方法，免疫小鼠，筛选出 3 株单克隆抗体，获得了对多种青霉素有交叉反应的单克隆抗体，采用间接竞争 ELISA 法可同时检测到氨苄青霉素、青霉素 G、羟氨青霉素、苯唑青霉素、双氯青霉素，检测灵敏度都在欧盟最大残留量（MRL）限度内。

源于肺炎链球菌的青霉素结合蛋白（PBP 2x）与青霉素类抗生素具有高度的亲和力，这与关于青霉素类抗生素的抑菌机理深入研究有关，并且关系青霉素敏感的革兰氏阳性菌生长特征，可用于开发特异性强的检测方法。根据这一发现，李铁柱等④利用该类蛋白建立了受体分析结合酶标记法检测牛奶中头孢呋辛残留的新方法，即以 PBP 2x 作为受体包被于微孔板上，加入待测的牛乳样品，若样品中含有 β-内酰胺类抗生素，便可与 PBP 2x 的青霉素结合位点相结合，从而使小分子的半抗原结合生成完全抗原，然后再加入相应抗体与之结合，最后利用经 HRP 标记

① 姜侃，陈宇鹏，金燕飞，等. 应用酶联免疫法快速检测乳品中 β-内酰胺类抗生素残留 [J]. 中国乳品工业，2010，38（1）：51-54.

② STRASSER A, USLEBER E, SCHNEIDER E, et al. Improved enzyme immunoassay for group-specific determination of penicillinsin milk [J]. Food and Agricultural Immunology, 2003, 15 (2): 135-143.

③ CLIQUET P, COX E, VAN D C, et al. Generation of class-selective monoclonal antibodies against the penicillin group [J]. Agric Food Chem, 2001, 49: 3349-3355.

④ 李铁柱，孙永海，郗伟东. 受体分析结合酶联免疫检测牛乳中的头孢噻呋残留 [J]. 高等学校化学学报，2008，29（3）：473-476.

后的二抗（羊抗鼠 IgG）来检测此抗原—抗体复合物，以间接竞争 ELISA 法为主。

综上所述，各种 ELISA 因其特异性强、目标适用性好而广泛用于兽药残留检测。提高抗体、半抗原类生物试剂的使用量以及稳定性，增强多目标、多通量分析能力，改善检测器重复使用性等是该方法研究的主要方向。

5.2.3 生物传感器

β-内酰胺抗生素（青霉素）是最常见的抗生素残留种类之一，开发快速检测抗生素残留的生物传感器具有重要的实用价值。在此，以生物传感器检测 β-内酰胺抗生素为例进行详述，其主要原理有以下三种：酶传感器、内酰胺受体结合蛋白生物传感器以及免疫传感器。

（1）酶生物传感器

酶传感器是最早开发的传感器类型，自 20 世纪 50 年代酶电极最早用于生物传感器以来一直是研究的重点。它依赖于酶催化反应的专一性，通过检测反应的产物或/和底物，得到抗生素的含量。不同酶传感器检测内酰胺抗生素所用的酶不同检测原理也不同，以酶为基础的生物传感器检测限都为 $10^{-3} \sim 10^{-6}M$，略高于最大残留量标准，但在青霉素生产等需要检测较高浓度样品时仍然需要。

20 世纪 80 年代，Caras 和 Janata 第一次用内酰胺酶场效应晶体管生物传感器检测青霉素，这类酶传感器的检测原理如下：

$$penicillin + H_2O \xrightarrow{\text{penicllinase}} Penicilloic\ acid + H^+$$

图 4-2 内酰胺酶场效应晶体管生物传感器检测原理

2001 年，A. Poghossian 等[1]即将内酰胺酶直接吸附固定在 pH-敏感的 Ta2O5 表面，分别通过酶场效应晶体管（enzymaticfieldeffecttransistors，EnFETs）、电容性电解液-绝缘层/半导体结构（eletcrolyte-insulator-semiconductor，EIS）和光寻址电位传感器（light-addressable-potentiometricsensor，

① Peglosan A. Yshinobu T Simonis A. Ecken H. Luh H, Sooing MI Pilli decteon by meas of fed-efetet bse so EnFET, cacivee EIS sor or LAPS. Senos and Atatrts B-Chemical, 2001, 78 (1-3)：237-242.

LAPS) 实现将 H+浓度的变化转换为检测信号，获得青霉素的检测时间为
2.5~3 分，检测限为 5~10μM，传感器可通过简单的重新浸入酶液中进行
再生，传感器的使用时间长达 372 天。2008 年，Lee，S.-R 等[1]应用电荷
转移技术（充放电技术）连续 5 次积累溶液中的青霉素水解产生的电荷，
影响势阱深度，加强检测信号，相对于场效应晶体管传感器，改进了传感
器的检测范围和灵敏性。该方法可靠性强，0~25mM 范围内重复检测 60 次
错误率低于 1%。

T. Rinken 等[2]则采用乳酸盐氧化酶开发了间接检测方法。通过间接检
测细菌呼吸作用时酶催化葡萄糖氧化生成的乳酸经乳酸盐氧化酶催化氧化
反应引起的信号变化，可以得到细菌的呼吸强度的大小，即样品中微生物
的数量，从而检测抗生素。青霉素的检测范围为 0.1~2.5ppm，他们在实
验基础上建立了检测的动力学模型，并对不同季节细菌生长的差异进行了
修正。

Gustavsson. E 等[3]则利用内酰胺抗生素对羧肽酶活性的抑制作用，通过
表面等离子体共振（SurfacePlasmonResonance，SPR）传感器的信号变化检
测反应产物量来间接获得抗生素残留的状况。酶催化三肽反应形成的二肽
与传感器表面固定的二肽竞争结合二肽抗体，引起信号变化，通过检测可
间接获得样品中内酰胺抗生素的含量，它与检测信号的大小成负相关。该
传感器对于青霉素的检测限为 2.6g/kg。2004 年，在该作者的另一篇报道
中，以同样的反应原理，分别用 SPR 传感器表面固定的二肽或三肽抗体检
测了反应体系中二肽（产物）和三肽（底物）的含量变化，表明青霉素的
检测限有差异，分别为 1.2g/kg 和 1.5g/kg。该方法所用的生物试剂较多
（三肽、羧肽酶、二肽以及二肽抗体等），因此对于生物技术的发展依赖性

① Lee. SR, Rahman. MM; Sawada. K, Ishida M. Fabrication of a Highly Sensitive
Penicillin SensorBased on Charge TransferTechniques. Biosensors and Bioclectronics, 2009,
24 (7): 1877-1882.

② Rinken T, Rik H. Determination of antibiotic residues and their interactionin milk with
lactateBiosensor. Journal of Biochemical and Biophysical Methods, 2006, 66 (1-3): 13-21.

③ Gustavsson. E, Bjurling. P, Sternesjo. A. Biosensor analysis of penicillin G in milk
based ontheinhibition of carboxypeptidase activity. Analytica Chimica Acta, 2002, 468 (1):
153-159.

较高。

（2）受体蛋白生物传感器

由于内酰胺抗生素能够与细菌体内的特异性蛋白质青霉素结合蛋白（Penicillinbindingprotein，PBP）特异性相结合，从而抑制微生物的生长。研究人员据此开发了基于 PBP 检测抗生素残留的生物传感器，这是该类抗生素检测的特有方法。

1999 年，S. J. Setford[①] 开发了利用固定化内酰胺受体结合蛋白的工作电极和 Ag/AgCl 参比电极体系，用于检测牛奶中的青霉素 G 含量水平，检测限达到 $5\mu gkg^{-1}$，检验过程包括 2~4 分钟的培养时间、快速冲洗和 1~2 分的检测步骤。2004 年，Giuseppe 等[②]开发了一种用表面等离子体振荡生物传感器检测青霉素和头孢菌素的检验方法。第一步，样品与 PBP 一起混合，阳性样品中含有的内酰胺类抗生素将和 PBP 结合，没有结合的 PBP 接下来一步将与地高辛标记氨苄青霉素（Digoxin-ampicillin，DIG-AMPI）结合形成复合物。地高辛单克隆抗体通过胺连接试剂盒固定在传感器芯片表面，用来再次特异性识别 DIG-AMPI-PBP 结合形成的复合物，通过 SPR 检测传感器芯片表面该识别反应引起的信号变化。信号变化的大小与样品中内酰胺类抗生素的含量成反比，检测限低于欧盟标准。2007 年，Janine Lamar 等[③]用 Streptococcuspneumoniae 青霉素结合蛋白 PBP2x＊开发了一种受体微平台来检测和检查食品样品中具有完整内酰胺环结构的青霉素和头孢菌素。在分析中，也采用了间接竞争方法：PBP2x＊固定在基底上，地高辛标记氨苄青霉素与样品中抗生素竞争结合 PBP2x＊，然后再加入辣根过氧化物酶（HorseradishPeroxidase，HRP）标记的抗地高辛 Fab 片断与

① Seford S J, Van Es RM Blankwater YJ, Koger S. Receprtor binding proteinamperometric affinitysensor for rapid beta－lactam quantification in milk. Analytica Chimica Acta, 1999, 398（1）：13-22.

② Cacciatore. G, Petz. M, Rachid. S, Hakenbeck R, Bergwerff AA. Development of an opticalbiosensor assay for detection of beta－lactamantibiotics in milk using the penicillin-binding protein2x［J］. Analytica Chimica Acta, 2004, 520（1-2）：105-115.

③ Lamar J, Petz M. Development of a receptor－based microplate assay for the detectionof beta－lactamantibiotics in different food matrices. Analytica Chimica Acta, 2007, 586（1-2）：296-303.

PBP2x＊/DIG-AMPI-复合物特异性结合，最后加入 HRP 的底物进行显色反应，当样品中没有内酰胺残留时，过氧化物酶反应当四甲基对氨基联苯作为染色剂时达到产生最大颜色。检测限达到 2μg/kg。

（3）免疫生物传感器

Thavarungkul P 等[1]人研制了一种非标记型的阻抗免疫生物传感器来检测牛奶中的青霉素 G.。青霉素 G 抗体用硫辛酸单层自组装膜固定在金工作电极上，用最佳频率 160Hz 实时监测阻抗。在最优化系统条件下得到了广泛的线性范围 $1.0×10^{-13}$~$1.0×10^{-8}$M，和较低的检测限 $3.0×10^{-15}$M，远低于牛奶中青霉素 G 的最大残留量 $1.2×10^{-8}$M。传感器重复使用 45 次，电极上固定的青霉素抗体表现出了良好的稳定性和重复性，相对标准偏差低于 4%。

JiangZL 等[2]开发基于纳米金修饰青霉素 G 兔抗体的免疫纳米金-催化 Cu2O-加强型共振散射谱分析传感器。免疫纳米金催化效应表现在 Cu^{2+} 和葡萄糖之间的慢粒子反应催化加强效应、（Au）nucleus（Cu2O）shell 复合粒子在 608nm 处的共振散射效应。作者以 9nm 的纳米金标记抗体获得青霉素 G 的免疫纳米金探针，探针和青霉素 G 的免疫反应在磷酸盐缓冲液中进行。通过离心后，剩余的金标探针浮在反应液上部用来催化粒子反应放大共振散射信号，加入青霉素 G 后，上部的金标探针浓度线性减少，相应的引起 608 纳米出的反射光强度减小。共振散射强度随青霉素 G 浓度增加而减小的线性范围为 0.09~21.6ng/ml，检测限 0.01ng/ml。同年，研究组还开发了一种基于纳米金在 560nm 处的共振散射效应的免疫纳米金共振散射谱生物传感器。纳米金标记的免疫反应在含有聚乙烯的 pH5.4 磷酸盐/柠檬酸缓冲液中时进行。当加入青霉素 G 时，纳米金标记的免疫复合物形成越来越多。560nm 增强的共振散射率在 7.5~1700ng/ml 与青霉素 G 浓度呈

[1] Thavarungkul P, Dawan S, Kanatharana P, Asawatreratanakul P. Detecting penicillin G in milk withimpedimetriclabel-free immunosensor. Biosensors and Bioelectronics, 2007, 23 (5): 688-694.

[2] Jiang ZL, Liang AH, Li Y, Wei XL. Immunonanogold-Catalytic Cu2O Enhanced Assay for TracePenicillin G With Resonance Scattering Spectrometry. IEEE Transactionson Nanobioscience, 2008, 7 (4): 276-283.

线性关系，检测限为 0.78ng/ml. 这种免疫分子方法对于牛奶中青霉素抗生素具有极高的灵敏性。

DuanH 等[1]开发基于在盐酸溶液中加热条件下，青霉素 G 可与 Fe^{3+} 反应形成 Fe^{2+}，随后再与溶液中的 Fe（CN）6^{3-} 形成 Fe^3［Fe（CN）6^{3-}］2 复合物。在疏水作用力和范德华力的作用，复合物聚集形成平均粒径为 45nm 的颗粒. 从而增强了共振瑞利散射（resonanceRayleighscattering，RRS）和二级散射（Secondorderscattering，SOS）、倍频散射（doublefrequencyscattering，FDS）等非线性散射。散射率的增加在一定的范围内直接与抗生素的浓度成比例。检测限分别为，RRS：$2.9 \sim 6.1$ng/ml，SOS：$4.0 \sim 6.8$ng/ml，FDS：$7.4 \sim 16.2$ng/ml。

XieHL 等[2]以多克隆抗体连接在胶体金颗粒上作为免疫色谱分析的检测试剂用来检测头孢菌素。5min 内半定量检测灵敏性高，头孢氨苄和头孢羟氨苄具有极高的灵敏性（0.5ng/ml），其余 5 种抗生素的检测浓度也低于 100ng/ml。

KatrinK 等[3]人开发了一种在聚乙二醇表面固定抗生素、以 HCl-glycine（pH3）缓冲液作为再生溶液的自动化快速竞争型化学发光微列阵免疫分析方法，检测原料乳中的 13 种不同抗生素. 该芯片通过流动系统设计、嵌入控制、数据处理软件等基本实现了抗生素的多残留自动检测。可以达到再生重复利用 40 次以上（图 4-3）。

---

① Duan H, Liu ZF, Liu SP, Yi A. Resonance Rayleigh scattering, second – order scattering and frequencydoubling scattering methods for the indirect determination of penicillin antibiotics based on theformation of Fe3Fe（CN）（6）］（2）nanoparticles. Talanta, 2008, 75（5）：1253-1259.

② Xie HL, Ma W, Liu LQ, Chen W, Peng CF, Xu CL, Wang LB. Development and validation of animmunochromatographic assay for rapid multi-residues detection of cephems in milk. AnalyticaChimica Acta, 2009, 634（1）：129-133.

③ Kloth K, Niessner R, Seidel M. Development of an open. stand-alone platform forregenerableautomated microarrays. Biosensors and Bioelectronics, 2009, 24（7）：2106-2112.

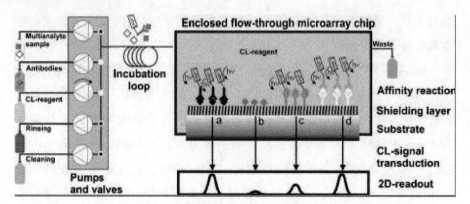

图 4-3 化学发光流通微列阵量化分析平台装置原理图

(a、b 间接法；c 直接法；d 夹心法)

（4）适体生物传感器

检测 β-内酰胺抗生素残留的适体生物传感器报道相对较少，单有一些该方法检测土霉素、四环素的研究报道。Jalalian 等[1]开发了一种四环素适配体荧光传感器，检出限（LOD）为 2.09 nmol /L（0.91 ng /mL），可在 20 min 完成检测。Jalalian 等[2]还开发了一种检测土霉素的适配体荧光共振能量转移（FRET）传感器，如图 4 所示，四环素不存在时，适配体与信号传导探针（STP）形成复合物，淬灭团与荧光团距离较远无法发生 FRET 效应，若体系中存在四环素，则适配体结合四环素分子后，释放信号传导探针（STP），发生 FRET 效应，该方法在牛奶中 LOD 为 6.44 nmol /L（图 4-4）。欧阳等[3]开发了一种基于 UCNPs 荧光材料的适体传感器，可以检测食品样品中胆固醇，LOD 可达 0.014nmol /L（6.2 pg /mL）。Kim 等[4]报道了一种基于盐诱导的负电荷 AuNPs 聚集的比色适体传感器（图 4-5）。其

① Jalalian S H, Taghdisi S M, Danesh N M, Bakhtiari H, Lavaee P, Ramezani M, Abnous K. Anal. Methods，2015，7：2523.

② Jalalian S H, Taghdisi S M, Shahidi H N, Kalat SA, Lavaee P, Zandkarimi M, Ghows N, Jaafari MR, Naghibi S, Danesh NM, Ramezani M, Abnous K. Eur. J. Pharm. Sci.，2013，50（2）：191.

③ Ouyang Q, Liu Y, Chen Q, Guo Z M, Zhao J W, Li H H, Hu W W. Food Control，2017，81：156.

④ Kim Y S, Kim J H, Kim I A, Lee S J, Jurng J, Gu M B. Biosens. Bioelectron.，2010，26：1644.

用土霉素的适配体（OTA）静电涂覆未修饰的 AuNPs，AuNP-OTA 在盐溶液中稳定。加入土霉素样本后，AuNP-OTA 发生聚集导致颜色变化，LOD 达到 25 nmol /L（11.525 ng /mL）。Kim 等[①]开发了土霉素（OTC）的间接竞争性酶联核酸适体测定法（ic-ELAA），在牛奶中的 LOD 为 12.3 ng /mL。

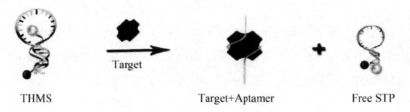

图 4-4 适配体荧光传感器示意图

Fig. 4-4 Schematic description of TC（target）fluorescence assay based on the aptamer

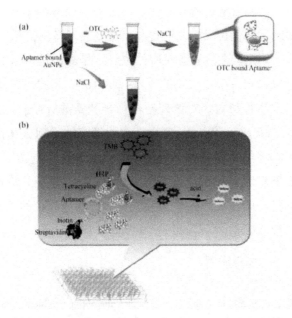

图 4-5 核酸适配体比色传感器原理示意图（a）; ic-ELAA 原理示意图（b）

Fig. 4-5 Schematic description of the colorimetric aptasensor

（a）and schematic description of ic-ELAA（b）

---

① Kim C H, Lee L P, Min J R, Lim MW, Jeong SH. Biosens. Bioelectron. , 2014, 51: 426.

（5）生物技术在食品抗生素残留的新方法研究

RyanB. J. 等[①]用精氨酸（Arg）取代了 HRP 活性中心的赖氨酸（Lys）形成重组分子，将其通过氨基与醛基的相互作用固定于生物传感器修饰了活化聚醚砜的电极表面上，并获得了良好的效果。

CaoLM 等[②]采用已经在生命科学研究中广泛使用的基于分子力学和量子力学理论的分子模拟方法，通过 Accelrys 公司的 Cerius2 软件包，在计算机上经过相关运算设计出了较为理想的喹诺酮类抗生素抗原。以期用该抗原免疫动物后获得的抗体对多种喹诺酮抗生素具有类特一行，达到多残留检测。抗体特异性对应抗原设计时的运算结果具有良好的一致性，说明了计算机辅助设计生物分子用于构建生物传感器是可信的。

对于检测 β-内酰胺抗生素，Chan，PH 等[③]则对基于 β-内酰胺酶的生物传感器进行了深入细致的研究。他们通过对内酰胺酶结构和催化功能的详细研究，揭示了酶催化反应的过程和相关氨基残基的作用，指出一个 17 个残基的 Ω-环片断能够调节酶的活性位点，是酶活性中心必需的柔性区域，这一环区包含着一个很重要的残基：Glu166，酶的晶体结构表现出该氨基酸侧链指向活性位点。对该残基进行半胱氨酸（Cys）点突变后的研究表明，活性下降 1800 倍，酶-底物复合物稳定性得到提高，并且突变后赋予了酶分子能够与具有硫醇连接性能的荧光素结合的巯基（-SH），荧光素标记的变异酶称为 E166Cf（图 4-6）。该变异酶分子被成功地用来构建了生物传感器。作者又对 β-内酰胺连接和水解过程中的荧光变化生物传感具体过程进行了研究。

① Ryan BJ, Fagain C O. Arginine to-lysine substitutions influence recombinant horse-radish peroxidase stability and immo-bilisation effectiveness [J]. BMC Biotechnology, 2007, 7: 86.

② Cao L M, Kong DX, Sui JX, et al. Broad-Specific Antibodies for a Generic Immu-noassay of Quinolone: Development of a Molecular Model for Selection of Haptens Based on Molecular Field-Overlapping [J]. Analytical Chemistry, 2009, 81 (9): 3246-3251.

③ ChanP H, Liu H B, Chen Y W, et al. Rational design of a novel fluorescent biosen-sor for beta-lactam antibiotics * from a class A beta-lactamase [J]. Journal of the American Chemical Society, 2004, 126 (13): 4074-4075.

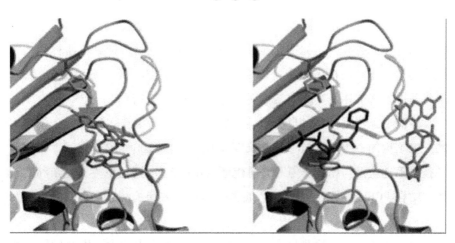

图 4-6 E166Cf 荧光标记（绿色）结合青霉素 G（红色）前（左）、后（右）的分子模型

分子模拟研究 E166Cf 和青霉素 G 的复合物表明荧光标签可能与 β-内酰胺和抗生素的噻唑烷环共用相同的活性位点。这种空间上的冲突引起荧光素标记从活性位点底物连接处迁移到外部的水环境中因此接触到更多的水分子。对不同酶分子的热变性试验表明变异酶可能增加了 Ω-环的可变性。这种"修饰"的结构特性可能能补偿荧光标记底物连接的空间位阻效应（图 4-7）。

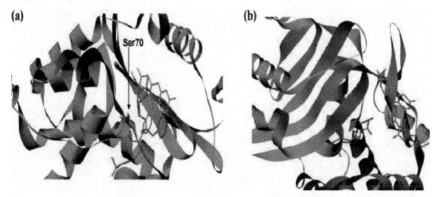

图 4-7 E166Cf 与青霉素 G 结合的分子模型

此外，为了提高生物检测技术在兽药残留检测实际应用中的适应性，获得与抗体具有相似功能的替代生物分子改善检测方法的重复性和稳定性，重组抗体、核酸适配体、分子印迹聚合物等多种生物活性分子也备受关注，且被应用于兽药残留检测技术研究中。

Bunnester 等①针对氨节西林构建了高质量的免疫偏向性抗体库，筛选得到高亲和力的氨苄西林特异性单链抗体，同时采用多种氨苄西林结构相似药物对抗体库进行多轮半抗原交替竞争洗脱筛选，得到族特异性抗体，并将两种单链抗体及其晶体结构对比分析特异性改变因素。

核酸适配体是可通过自身折叠形成复杂的具备结合多种目标分子能力的三维结构的一类单链核苷酸，长度通常在 25 至 100 个碱基之间。秦川通过技术筛选获得与靶分子氨基青霉烷酸（6-APA）具有高特异性亲和的适体，结合 PCR 技术建立鸡肉中青霉素类抗生素残留检测方法，检测范围为 2.5μg/kg。

综上所述，生物检测技术对于目前我国较为突出的食品安全问题具有重要的实用意义。生物检测技术种类繁多，适用性广，对于各种安全隐患均有利于开发具有较强针对性的特效检测方法，从而有利于食品安全管理监测。总体上，生物检测技术具有特异性高、快速稳定、易于小型化和便携、便于融合计算机技术、纳米技术、信息技术等先进成果的特点，对于食品安全规范管理意义重大。

---

① Bunnester J, SpinelliS, PuglieseL, eta l . Selection, Charaeteriza-donandX-ray-structureofanti-ampicillinsingle-chainFvfragments fromphage-displayedmurineantibodylibraries [J]. JMolBiol, 2001, 309 (3)：671-685.

第五章

结论与展望

 1   研究结论

当下全民广泛关注饮食的健康和安全，因而涉及食品安全管理和评价的方方面面也均拓展了相关的普及和科普化，食品安全管理部门和相关专家已经尝试通过一些社区讲座、微信公众号发布等形式对于如何评价和选择一种食品是否安全，不同种类食品的安全危害容易在哪些地方隐藏，对人体造成危害需要哪些外在环境条件，可采用什么样的针对性措施进行处理等问题，结合食品安全管理的原理和技术进行讲解和科普。人们在了解食品特色同时，也积累了一些关于食品安全及管理的经验性方法，然而随着加工食品种类的繁荣以及工艺的创新，规范管理食品安全必须依赖于实验室中精密仪器所保障的检测人员和检测技术进行评价。实验室食品安全检测方法的原理众多、适用性广泛，可用于检测分析多种食品污染物保障食品安全，随着食品种类和加工工艺以及生物、化学、机械等相关工业技术发展成果的积累，许多具有鲜明特征的新兴化学、物理、生物分析方法也逐渐被研发出来并用于实验室的食品安全监测管理，大大便利了安全检测的技术操作和时效性。不断创新发展的生物检测技术在该领域受到了广泛的关注，并且取得了许多相关成果，对食品及相关产业的发展产生了积极的促进作用。

现代生物检测技术的主要种类包括生物酶检测技术、生物传感器以及多种分子生物学检测技术等，这些检测技术的施行过程中，均离不开各种生物生长繁殖过程中所体现出来的生物现象相关的原理、离不开特定的生物分子（如酶、抗体等）参与检测。各种生物检测技术最突出的特性是检测条件温和、独特的高效率、低成本等优势，因此已成为食品检验的中坚力量，可促进食品检验的科学性、有效性，在一定程度上可以有效地提高食品检验的效力。另外，信息技术同样作为 21 世纪的发展翘楚，其开放包容的特性与生物技术也已经实现了融合，生物信息学领域已经取得了瞩目的成果，将这些成果和技术再进一步与纳米技术相结合，形成的新兴生物检测技术和仪器，在检测高效性、仪器便携、检测信息共享、在线自动化检测等方面有着极大的潜力和美好的前景。目前，食品安全快速检测技术主要还存在性能稳定程度不太高的问题，这是这类新兴生物检测技术发展的重点和难点。应当考虑为检测仪器所依赖的生物材料提供更稳定的检测微环境、通过生物技术改进生物材料本身的稳定性等，从而在发扬检测快速、高效的同时，避免干扰以及假性结果，为其推广应用保驾护航。

生物检测技术具有一定的准确度和灵敏度，在食品检测方面具有一定的潜力。有许多生物处理技术和不同的原理。一般对于特定分析物均有两种类型的定量或定性质量检测方法，其中有一些快速检测方法可以在几小时或几分钟内产生结果，而另外一些分析方法并且可能需要几天或更长时间。另外具体检测过程中，不同的采样规范性、样品预处理方法等，对于同一个样品而言也意义重大，采用不同的检测方法，可能得到不同的结果，不同的检测方法，其适用的样品和条件也有差异。故而，食品安全管理也需要在不同层面制定出稳定、可行的检测技术以及执行标准规范，并广泛结合、对照现有不同检测方法的特性和差异，形成对照比较的标准，提高食品质量安全监督管理的权威性和可操作性，避免使用和管理方面的混乱，保障实验室检测权威，便于规范管理，是生物检测技术发展需要解决的法规规范体系化难点。

生物检测技术的实施，需要食品监管部门在资金、技术、人员方面的广泛投入，首先需规范检测机构、实验室等建立有关生物检测技术所需的专门仪器、设备、人员等，以保障检测试剂等的高效安全供给；继而保障相关从业、监管部门的相关人员都对于所擅长或需要施行的生物检测技术项目能熟练使用，并进行合理的检测结果分析，给出结论。因此，加强生物检测技术方法、使用以及结果分析判定方面的公众普及，提供相关技术应用普及的软硬件条件，针对特殊的检测应用环境对技术进行适应性改进，并对检测结果与同类产品或其他检测方法的对比程度、结果自动化、联机获取便利性等方面进行开发并结合科学的分析，是生物检测技术发展需要解决的实用性社会化难点。

生物检测技术在食品安全检测管理中的适用对象相当广泛，包括有害微生物、农药、兽药残留、转基因食品等众多几乎涵盖食品安全的全部危害种类，甚至有一些相比现在的检测技术优势凸显，能够更加准确、快速地检测污染物。尽管生物检测技术本身还处于发展中并存在一些不足，国家和政府部门对于食品安全管理体系也还在逐步完善，我们有理由相信在不久的将来，随着各个领域科研以及技术发展的共同推进下，依赖学科交叉优势并与食品安全管理联系紧密的生物检测技术一定会更加稳定和成熟，助力食品产业的特色稳定发展，最大程度保障人民群众的饮食安全和健康。

2 研究展望

食品安全是现阶段在解决温饱、全面建设小康社会的新形势下公众所关注的主要社会热点之一，各类型的食品原辅材料、加工食品等由于安全问题的特色有差异而进行了针对性的监测管理。食品安全管理相关从业人员和科技工作者经过不懈努力，开发出了一些适合我国国情特色的技术方法，已在食源性病原微生物快速检测、农/兽药残留检测技术、有机污染物的检测技术、食品添加剂与违禁化学品检验等方面的研究取得了重大进展。检测技术改进的同时促进了食品安全管理规范的体系化、规范化、普及化，为促进人民健康安全消费和国际贸易繁荣提供有力的制度和技术保障。

曾经长久使用的物理、化学、仪器等食品安全传统检测方法，由于其"与时俱进"的发展局限，已经不能满足现代食品工业发展背景下的新兴检测需求。随着当下科技发展的浪潮，尤其是生物技术、信息技术、纳米技术的成果涌现，众多基于学科、技术交叉融合而诞生的新兴生物检测技术蓬勃涌现，例如免疫学技术、分子生物学技术等，它们具有精准、高效、灵敏、成本低、应用范围广等特点，克服了传统检测方法操作烦琐，检测时间较长等缺点，在食品检测方面发展迅速。常用的技术主要有各种生物传感器、PCR 技术、免疫分析方法、生物芯片等。今天的食品检验正逐渐变得更简单、更快、更灵敏和最小化。凭借其独特的优势，随着食品控制的增加，生物检测的适用性非常好。生物技术的快速发展必然会补充和改进生物方法。生物研究被认为在食品筛选中发挥着越来越重要的作用。

食品质量和安全在国际经济贸易中非常重要，世界各国因食品质量问题引发的农业贸易冲突不断。因此，粮食安全不仅是关系到人们身心健康的重大公共卫生问题，也是影响整个国民经济的重要国际经贸利益。

2.1 新冠疫情中进口冷链食品生物检测技术的应用及其意义

2020 年以来，新冠疫情中，新冠病毒分布广泛且传播极快，在环境中的存在时效性也通过病毒变异得到了增强，在缺乏特效药物并且疫苗供应的保障程度还不普及的情况下，准确迅急地甄别出 SARS-CoV-2 感染、携带者，并对其实施隔离管控是疫情最有效的防控手段。甄别病毒感染人员或环境最大的倚赖是核酸检测技术，其本质是利用 PCR 技术进行关于病毒特异性基因序列的生物检测技术之一，能够直接从基因水平上鉴别病毒感染，对于无症状感染者的发现和康复期患者的出院评判，形成了主要的可推广实践的判别标准。随着关于该病毒研究的深入，生物传感器等创新发展的生物检测技术则在检测对象特异性、灵敏度、稳定性、便携性等方面进行了改善和提升。由此可见，生物检测技术对于疫情防控具有重要的意义。

对于食品工业，全球化贸易的发展使得世界各地的食品原料和加工产品之间的流通性大大加强，病毒的传播途径之一是随生鲜食品的"冷链"运销途径传播，因而 SARS-CoV-2 在海关口岸成为常规检测项目，创新发展的生物检测技术在现阶段"外防输入"的疫情防控工作中，发挥着重要的作用。

新冠疫情当下已经发展成为是属于一种突发的公共卫生事件，但得益于现代科技，尤其是生物技术、信息技术等方面的发展成就，使之造成的对于人类社会经济的影响相比于其他历史上所发生的类似情形（鼠疫、天花等）已经有了在很大程度上的挽回，在这场应对新型冠状病毒的战"疫"中，极大地彰显了生物检测技术的重要功能和作用，提升了全世界人民应对疫情的能力。

及时的归纳总结新冠战"疫"中，生物检测技术发挥重大作用的基础与进程，是有利于生物检测技术发展的重要前沿之一，也有利于进一步提升全社会应对突发公共卫生事件的效率，具有重要的理论和实际意义！

2.2 食品生物检测技术研究发展的新趋势

2.2.1 选择筛选活性强、选择性高的生物材料

特异性的生物分子或生物组成作为生物检测技术所倚赖的关键组成部件，其适用性的改进在并提高使用寿命、微型化、集成化、智能化方向发展方面具有较强的需求。近40年的发展中，生物检测技术所倚赖的生物特异性部件先后经历了截留或结合在检测器具表面上、不需在样品中添加其他试剂而由专门辅助试剂同时共价结合生物分子在活性中心，以及将生物成分直接固定在电子元件上，集成将生物识别与电信号处理，三个不同发展阶段。随着生物信息学、生物技术、计算机技术的进一步发展未来的生物传感器技术将会体积更小、功能更强，为食品检验检疫提供更为强大的工具。

2.2.2 技术应用从实验室走向商品化

从生物检测技术诞生至今，虽然真正形成商品化的仪器数目还不多，但经过伴随技术研究而积累的各种经验，此类技术研究的实用化和商品化进程已明显加快，并且能不断地将便于提高其实用性的新技术、原理快速

用于研究实际，提高生物检测技术的性能与稳定性。生物技术检测仪器的推广适应，离不开对产品成本、产品稳定性、灵敏性等方面要求的持续改进需求，而现阶段各相关领域的先进成果是其创新的源泉。通过各种新技术的集成应用，可以实现连续在线同时监测样品中被测组分的分离和检测可以完成，从而有利于进一步容易实现可重复进行的自动化、智能化、微量、快速的分析物测量，便于生物检测技术的商业化推广。

2.2.3 集成化、自动化是生物检测技术发展的方向

食品样品的组成成分种类多，经常需要同时测量样品中的多种物质。几种食品检验设备与检疫相结合是发展方向。与传统的实验室测试技术相比，快速数学测试技术具有测试设备小、技术更新快、测试周期短、省时省力、效率高等特点。它可以预防和减少多种食品，而此类突发性食品安全事件造成的危害非常重要，对预防食品安全危害具有重要作用。该方法生产性质简单，无人化，不能一次性使用，是市场上应用最广泛的技术方法之一。

2.2.4 检测生物试剂的使用标准化是对生物技术应用的新挑战

食品安全管理中，生物检测技术的分析对象和检测关键试剂均为特异性的生物分子，因而容易受到环境条件的影响，成为制约生物检测技术推广的重要原因之一。生物技术的发展和进步，可以为生物检测技术提供经过改造、修饰、定制生产的性能稳定的生物分子，进而通过提供性能稳定的检测微环境保障试剂，实现生物检测技术应用的稳定性、便捷性保障，促进推广和发展，是生物技术研究和应用的方向之一。

2.2.5 学科交叉融合、新技术创新集成应用是引领未来食品检测新方向的基石

21世纪以来，生物技术、信息技术、纳米技术蓬勃发展，涌现出了各种各样的先进技术和研究成果，生物检测技术本身就属于学科交叉融合形成的先进的应用型成果，因而结合各种学科的先进成果，不断创新是生物检测技术内在发展的需求。例如已经投入使用的基因芯片技术显著地提高了食源性病原体的监测和溯源能力。随着各学科先进成果的不断形成，诸如5G、纳米金、石墨烯等纳米材料、基因编辑等新兴技术，正在不断地与生物检测技术相结合，改进检测性能的同时，便利检测应用，为保障食品

安全构建坚实的技术堡垒。

随着我国人民生活水平的不断提高，人们对食品安全的需求不断提高，现代食品安全控制技术的出现是有道理的。国家有关部门也指出，为提高我国食品安全检测质量，还应更新相关食品安全检测技术，保障我国人民群众身体健康。生物科技的飞速发展，正好赶上了这样的发展浪潮。除了其优点和特性外，生物技术在食品检测中的应用进一步扩大。

但未来，生物技术要想在食品检测中发挥更大的作用，还需要对不同种类的食品进行更全面的检测，无论是有效性还是水平的提升。

参考文献

[1]　成亚倩，高志贤，周焕英，刘宝林．食品中黄曲霉毒素比色生物检测技术研究进展 [J/OL]．分析试验室：1-19 [2021-08-05]．http：//kns. cnki. net/kcms/detail/

11. 2017. TF. 20210304. 1657. 001. html.

[2]　陆金丹，陈飞龙，侯军沛，杨嘉慧，陶扬．致病性大肠杆菌现状分析及检测技术研究进展 [J]．广东化工，2019，46 (3)：137+126.

[3]　Ugochukwu C. Nze, Michael G. Beeman, Christopher J. Lambert, Ghadhanfer Salih, Bruce K. Gale, Himanshu J. Sant. Hydrodynamic cavitation for the rapid separation and electrochemical detection of Cryptosporidium parvum and Escherichia coli O157：H7 in ground beef. Biosensors and Bioelectronics 135 (2019) 137-144.

[4]　H Andrews, W. , S Hammack, T. , 2003. BAM ：Food Sampling/Preparation of Sample Homogenate. pp. 1-19.

[5]　Alexandra Poturnayova, Katalin Szabo, Marek Tatarko, Attila Hucker c, Robert Kocsis, Tibor Hianik. Determination of plasmin in milk using QCM and ELISA methods. Food Control 123 (2021) 107774.

[6]　Ziqi Zhou, Yangzi Zhang, Mingzhang Guo, Kunlun Huang, Wentao Xu. Ultrasensitive magnetic DNAzyme-copper nanoclusters fluorescent biosensor with triple amplification for the visual detection of E. coli O157：H7. Biosensors and Bioelectronics 167 (2020) 112475.

［7］ XU JG, GUO J, MAINA SW, et al. An aptasensor for staphylococcusaureus based on nicking enzyme amplification reaction and rolling circleamplification ［J］. Anal Biochem, 2018, 549：136 - 142；JIANG YQ, ZOU S, CAO XD. A simple dendrimer - aptamer based microfluidic platform for E. coli O157：H7 detection and signal intensification by rolling circle amplification ［J］. Sens Actuators B Chem, 2017, 251：976-984.

［8］ 向文瑾, 徐瑗聪, 许文涛. 水及水产品中微生物快速检测技术研究进展 ［J］. 中国渔业质量与标准, 2016, 6（1）：45-52.

［9］ 王冲, 宋亚宁, 梁煜, 朱云, 周润, 肖静, 马力, 陈祥贵, 黄玉坤. 滚环扩增技术在食品安全检测中的研究进展 ［J］. 食品安全质量检测学报, 2021, 12（2）：423-429.

［10］ Li X, Zhang S, Zhang H, et al. A loop-mediated isothermalamplification method targets the phoP gene for thedetection of Salmonella in food samples ［J］. Int J FoodMicrobiol, 2009, 133（3）：252-258.

［11］ 徐芊, 孙晓红, 赵勇, 潘迎捷. 副溶血弧菌 LAMP 检测方法的建立 ［J］. 中国生物工程杂志, 2007（12）：66-72.

［12］ Zhu X, Wang X X, Han L M, et al. Multiplex reverse transcription loop - mediated isothermal amplification combined with nanoparticle - based lateral flow biosensor for the diagnosis of COVID-19 ［J］. Biosensors and Bioelectronics, 2020, 166（10）：112437.

［13］ Chao Zhang, Xiujie Zhang, Guozhou Liao, Ying Shang, Changrong Ge, Rui Chen, Yong Wang, Wentao Xu. Species-specific TM-LAMP and Trident-like lateral flow biosensor for on-site authenticity detection of horse and donkey meat. Sensors & Actuators：B. Chemical 301（2019）127039.

［14］ 史晓亚, 高丽霞, 黄登宇. 快速检测技术在果蔬安全控制中的研究进展 ［J］. 食品安全质量检测学报, 2017, 8（3）：882-889.

［15］ WANG B H, LIAN X, YAN B. Recyclable Eu3 +functionalized Hf-MOF fluorescent probe for urinary metabolites of some organophosphorus pesticides［J］. Talanta, 2020, 214：120856.

［16］ ZHANG W Y, TANG Y, DU D, et al. Direct analysis of trichloropyr-idinol in human saliva using an Au nanoparticles-based immunochroma-tographic test strip for biomonitoring of exposure to chlorpyrifos［J］. Talanta, 2013, 114：261-267.

［17］ Haiyan Zhao, Xiujuan Qiao, Xuelian Zhang, Chen Niu, Tianli Yue, Qinglin Sheng. Simultaneous electrochemical aptasensing of patulin and ochratoxin A in apple juice based on gold nanoparticles decorated black phosphorus nanomaterial. Analytical and Bioanalytical Chemistry (2021) 413：3131-3140.

［18］ Zhen J, Liang G, Chen R, JiaW (2020) Label-free hairpin-like aptamer and EIS-based practical, biostable sensor for acetamiprid de-tection. PLoS ONE 15 (12)：e0244297.

［19］ 刘伟怡, 刘凤银, 江海超, 等. 青霉素类抗生素广谱性酶联免疫分析方法的建立［J］. 生物化工, 2019, 5 (1)：52-59.

［20］ LIU X K, HU M Y, WANG M H, et al. Novel nanoarchitecture of Co-MOF-on-TPN-COF hybrid：Ultralowly sensitive bioplatform of electro-chemical aptasensor toward ampicillin［J］. Biosensors and Bioelectronics, 2018, 123：59-68.

［21］ A modified nanocomposite biosensor for quantitative l-glutamate detection in beef. Xiaodan Wang, Jinjiao Duan, Yingming Cai, Dengyong Liu, Xing Li, Yanli Dong, Feng Hu. Meat Science 168 (2020) 108185.

［22］ Ayat Mohammad-Razdari, Mahdi Ghasemi-Varnamkhasti, Zahra Izadi, Sajad Rostami, Ali A. Ensafi, Maryam Siadat, Etienne Losson. Detection of sulfadimethoxine in meat samples using a novel electrochemical biosensor as a rapid analysis method. Journal of Food Composition and Analysis 82 (2019) 103252.

［23］ Berezhetskyy AL, Sosovska OF, Durrieu C, et al. Alkaline phospha-tase conductometric biosensor for heavy-metal ions determination［J］. TTBM-RBM, 2008, 29 (2, 3)：136-140.

[24] Trnkova, L.; Krizkova, S.; Adam, V.; Hubalek, J.; Kizek, R. Immobilization of metallothionein to carbon paste electrode surface via anti-MT antibodies and its use for biosensing of silver. Biosens. Bioelectron 2011, 26, 2201-2207.

[25] 刘京萍, 李金, 葛兴. 葡萄糖氧化酶抑制法检测食品中镉、锡、铅的残留 [J]. 北京农学院学报, 2007 (4): 59-62.

[26] 李蕴. 纳米磁分离技术在食品微生物快速检测领域的应用 [J]. 黑龙江科技信息, 2016 (31): 107.

[27] 甘蓓, 胡晓云, 胡文斌, 甘冬兰. 纳米磁分离技术在食品微生物快速检测领域的应用 [J]. 江西化工, 2015 (4): 16-17.

[28] DECORYTR, DURSTRA, ZIMMERMANSJ, etal. Development of an-immuno magnetic bead–immunoliposome fluorescence assay for rapid detection of Escherichiacoli O157: H7 in aqueous sample sand comparison of the assay with a standard microbiological method [J]. Applied and Environmental Microbiology, 2005, 71 (4): 1856 – 18641.

[29] 陈伶俐, 刘琳琳, 曾力希, 等. 金黄色葡萄球菌及 SPA 快速分离检验新技术的研究 [J]. 中华微生物学和免疫学杂志, 2011, 19 (2) .112 – 114.

[30] M ickova B, Zrostlikova J, Hajsova J et al Correlation study of en-zyme-linked immuno sorbent assay and high-perfo rmance liquid chro-matography/ tandem mass spectrometry for the dete rm ination of N-methylcarbamate in secticides in baby food [J]. Analytica Chim ica Ac-ta, 2003 (495): 123~132.

[31] Jin Shengye, Xu Zhaochao, Liang Xinmiao, et al. Determination of organophosphate and carbamate pesticidesbased on enzyme inhibition using a pH – sensitive fluorescence probe [J]. Analytica Chimica Acta, 2004, 523 (1): 117-123.

[32] Zhang) L,) Nie) J,) Wang) H,) Yang) J,) Wang) B,) Zhang) Y,) Li) J,) Instrument-free) quantitative) detection) of alkaline) phosphatase) using) paper-based) devices) [J],) Analytical) Meth-

ods,) 2017, 9 (22): 3375-3379.

[33] Villoutreix B o, Renault N, Lagorce D, et al. Curr. ProteinPept. Sci. , 2007, 8 (4): 381-411.

[34] Zhou J, Zheng . J, Jiang s Y. J. Phys. Chem. B, 2004, 108 (45): 17418-17424.

[35] Ji X P, Jin B K, Jin J Y, et al. J. Electroanal. Chem. , 2006, 590 (2): 173-180.

[36] Trzaskowski B, Leonarski F, Les A, et al. Biomacromolecules, 2008, 9 (11): 3239-3245.

[37] Zhou J, Chen s F, Jiang s Y. Langmuir, 2003, 19 (8): 3472-3478.

[38] Chen S F, Liu L Y, Zhou J, et al. Langmuir, 2003, 19 (7): 2859-2864.

[39] Sivasubramanian A, Maynard J A, Gray J J. Proteins, 2008, 70 (1): 218-230.

[40] Arcangeli C, Cantale C, Galeffi P, et al. J. Struct. Biol. , 2008, 164 (1): 119-133.

[41] Hanasaki l, Haga T, Kawano s. J. Phys-Condens. Mat. , 2008, 20 (25): art. no. 255238.

[42] Mautner T. Biosens. Bioelectron. , 2004, 19 (11): 1409-1419.

[43] Cambiaso A, Delfino L, Grattarola M, et al. Sensor. Actuat. B-Chem. , 1996, 33 (1/3): 203-207.

[44] Baronas R, Ivanauskas F, Kulys J. J. Math. Chem. , 2007, 42: 321-336.

[45] Looger L L, Dwyer M A, Smith J J, et al. Nature, 2003, 423 (6936): 185-190.

[46] DeGrado W F. Nature, 2003, 423 (6936): 132-133.

[47] Shcherbinin D S, Gnedenko o V, Khmeleva s A, et al. Computer-aided design of aptamers for cytochrome p450 [J]. Journal of Structural Biology, 2015, 191 (2): 112-119.

[48] Ahirwar R, Nahar S, Aggarwal S, et al. In silico selection of an aptamer to estrogen receptor alpha using computational docking employing [J].

Scientific Reports, 2016, 6 (2): 1-11. 文献号 21285.

[49]　Zhou Q, Xia X, Luo Z, et al. Searching The Sequence Space For Potent Aptamers Using SELEX in Silico [J]. Journal of Chemical Theory & Computation, 2015, 11 (12): 5939-5946.

[50]　陈旭, 齐凤坤, 康立功, 李景富. 实时荧光定量 PCR 技术研究进展及其应用 [J]. 东北农业大学学报, 2010, 41 (08): 148-155.

[51]　Zhou YY, Kang XL, Meng C, Xiong D, Xu Y, Geng SZ, Pan ZM, Jiao XN. Multiple PCR assay based on the cigR gene for detection of Salmonella spp. and Salmonella Pullorum/Gallinarum identification [J]. Poultry Science, 2020, 99 (11): 5991-5998.

[52]　Latha C, Anu CJ, Ajaykumar VJ, Sunil B. Prevalence of Listeria monocytogenes, Yersinia enterocolitica, Staphylococcusaureus, and Salmonella enterica Typhimurium in meat and meat products using multiplex polymerase chain reaction [J]. Veterinary World, 2017, 10 (8): 927-931.

[53]　Villamizar-Rodríguez G, Fernández J, Marín L, Muñiz J, González I, Lombó F. Multiplex detection of nine food-borne pathogens by mPCR and capillary electrophoresis after using a universal pre-enrichment medium [J]. Frontiers in Microbiology, 2015, 6: 1194.

[54]　王俊钢, 李开雄, 卢士玲. PCR-DGGE 技术在食品微生物中应用的研究进展 [J]. 肉类研究, 2009, 6: 59-62.

[55]　Lin C S, Lu M W, Tang L, et al. Charaeterization of virus like partieles assembled in a reeombinant baculovirus system expressing the capsid protein of a fish nodavirus [J]. Virology, 2001, 290 (1): 50-58.

[56]　Meena B, Anburajan L, Varma KS, Vinithkumar NV, Kirubagaran R, Dharani G. A multiplex PCR kit for the detection of three major virulent genes in Enterococcus faecalis [J]. Journal of Microbiological Methods, 2020, 177: 106061.

[57]　Chin WH, Sun Y, Høgberg J, Quyen TL, Engelsmann P, Wolff A, Bang DD. Direct PCR-A rapid method for multiplexed detection of dif-

ferent serotypes of Salmonella in enriched pork meat samples [J]. Molecular and Cellular Probes, 2017, 32: 24-32.

[58]　Li F, Li FL, Chen BL, Zhou BQ, Yu P, Yu S, Lai WH, Xu HY. Sextuplex PCR combined with immunomagnetic separation and PMA treatment for rapid detection and specific identification of viable Salmonella spp. , Salmonella enterica serovars Paratyphi B, Salmonella Typhimurium, and Salmonella Enteritidis in raw meat [J]. Food Control, 2017, 73: 587-594.

[59]　Nguyen TT, Van Giau V, Vo TK. Multiplex PCR for simultaneous identification of E. coli O157: H7, Salmonella spp. and L. monocytogenes in food [J]. 3 Biotech, 2016, 6 (2): 1-9.

[60]　朱灿灿, 崔俊生, 胡安中, 杨柯, 赵俊, 刘勇, 邓国庆, 朱灵. 多重巢式固相 PCR-Array 芯片用于高致病性病原微生物并行检测 [J]. 分析化学, 2019, 47 (11): 1751-1758.

[61]　LIU X, NOLL L, SHI X, et al.. Single-cell-based digital PCR detection and association of Shiga Toxin-Producing Escherichiacoli serogroups and major virulence genes [J]. J. Clin. Micro-biol. , 2020, 58 (3): e01684-e01715.

[62]　MCMAHON T C, BLAIS B W, WONG A, et al.. Multiplexed single intact cell droplet digital PCR (MuSIC ddPCR) method for specific detection of Enterohemorrhagic E. coli (EHEC) in food enrichment cultures [J]. Front. Microbiol. , 2017, 8: 332-335.

[63]　魏咏新, 马丹, 李丹, 等. 食品中 Escherichia coli O157: H7 微滴数字 PCR 绝对定量检测方法的建立 [J]. 食品科学, 2020, 41 (16): 1-13.

[64]　文其乙, 田银芳, 陆毓明, 邱军荣, 焦新安. 应用直接 ELISA 快速检测蛋品中的沙门氏菌 [J]. 中国卫生检验杂志, 1996 (6): 358-359.

[65]　Cryan B. Comparison of three assay systems for detection of enterotoxigenic Escherichia coli heatstable enterotoxin [J]. Journal of Clinical

Microbiology, 1990, 28 (4): 792-794.

[66] 刘滨磊, 刘兴玠. 四种 ELISA 方法检测食品中黄曲霉毒素 B1 的对比研究 [J]. 卫生研究, 1990. 19 (6): 25-27.

[67] 黄汉菊, 黄振武, 黄振武. 等, 潜、慢型克山病患者柯萨奇 B 组病毒特异性 IgM、IgG 的检测 [J]. 华中医学杂志, 2001, 25 (1): 5-6.

[68] Sun Z, Wang X, Tang Z, et al. Development of a biotins treptavidin-amplified nanobody-based ELISA for ochratoxin A in cereal. Ecotoxicol Environ Saf, 2019, 171: 382-8.

[69] Santiago-Felipe S, Tortajada-Genaro L A, Puchades R, et al. Recombinase polymerase and enzyme - linked immunosorbent assay as a DNA amplification-detection strategy for food analysis [J]. Analytica Chimica Acta, 2014, 811: 81-87.

[70] Call DR, Chandler D. Brockman F. Fabrication of DNA microarrays using unmodified oligonucleotide probes. BioTechniques, 2001a, 30: 368-379.

[71] Chizhikov V, Rasooly A, Chumakov K, et al. Microarray analysis of microbial virulence factors. Appl Environ MicrobicZ, 2001, 67: 3258-3263.

[72] Hong BX. Jiang LF, Hu Ys, et al. Application of oligonucleotide array technology for the rapid detection of pathogenic bacteria of foodborne infections. Journal of Microbiological Methods. 2004, 58: 403-411.

[73] Guschin DY, Mobarry BK, Proudnikov D, et al. Oligonucleotide mierochips as genosensors for determinative and environmental studies in microbiology. Appl Environ Microbiol. 1997, 63: 2397-2402.

[74] LI Y., AFRASIABI R., FATHIF., et al. Impedance based detection of pathogenic E. coli Ol 57: H7 using a ferrocene-antimicrobial peptide modified biosensor [J]. Biosensors and Bioelectronics, 2014, 58: 193-199.

[75] PANIEL N. s BAUD ART J. Colorimetric and electrochemical genosensors for the detection of Escherichia coli DNA without amplification in seawater

[J]. Talanta, 2013, 115: 133-142.

[76] CHAN K. Y., YE W. W., ZHANG Y., et al. Ultrasensitive detection of coli 0157: H7 with biofunctional magnetic bead concentration via nanoporous membrane based electrochemical immunosensor [J]. Biosensors and Bioelectronics, 2013, 41: 532-537.

[77] Tawil N, Sacher E, Mandeville R, et al. Surface plasmon resonance detection of E. coli and methicillin-.

[78] resistant S. aureus using bacteriophages [J]. Biosensors & Bioelectronics, 2012, 37 (1): 24-29.

[79] Hao L L, Gu H J, Duan N, et al. An enhanced chemiluminescence resonance energy transfer aptasensor based on rolling circle amplification and WS2 nanosheet for Staphylococcus aureus detection [J]. Analytica Chimica Acta, 2017, 959: 83-90.

[80] Zhang Z J, Wang C X, Zhang L R, et al. Fast detection of Escherichia coli in food using nanoprobe and ATP bioluminescence technology [J]. Analytical Methods, 2017, 9 (36): 5378-5387.

[81] Wang B B, Wang Q, Jin Y G, et al. Two-color quantum dots-based fluorescence resonance energy transfer for rapid and sensitive detection of Salmonella on eggshells [J]. Journal of Photochemistry and Photobiology A-Chemistry, 2015, 299: 131-137.

[82] Kearns H, Goodacre R, Jamieson L E, et al. SERS detection of multiple antimicrobial-resistant pathogens using nanosensors [J]. Analytical Chemistry, 2017, 89 (23): 12666-12673.

[83] Chang Y-C, Yang C-Y, Sun R-L, et al. Rapid single cell detection of Staphylococcus aureus by aptamer - conjugated gold nanoparticles [J]. Scientific Reports, 2013, 3: 1863.

[84] Si S H, Li X, Fung Y S, et al. Rapid detection of Salmonella enteritidis by piezoelectric immunosensor [J]. Microchemical Journal, 2001, 68 (1): 21-27.

[85] Liu F, Li Y, Su X-L, et al. QCM immunosensor with nanoparticle am-

plification for detection of Escherichia coli O157：H7 ［J］. Sensing and Instrumentation for Food Quality and Safety，2007，1（4）：161-168.

［86］ Lee YJ, Han SR, Maeng JS. , et al. In vitro selection of Escherichia coli O157：H7-specific RNA aptamer. Biochemical and biophysical research communications. 2012. 417（1）：414-420.

［87］ Burrs SL, Sidhu R, Bhargava M. , et al. A paper based graphene-nanocauliflower hybrid composite for point of care biosensing. Biosensors & bioelectronics. 2016. 85（11）：479-487.

［88］ Wu W, Zhang J, Zheng M. , et al. An Aptamer-Based Biosensor for Colorimetric Detection of Escherichia coli O157：H7. PLOS ONE. 2012. 7（11）：e48999.

［89］ Khang J, Kim D, Chung KW. , et al. Chemiluminescent aptasensor capable of rapidly quantifying Escherichia Coli O157：H7. Talanta. 2016. 147（1）：177-183.

［90］ Peng Z, Ling M, Ning Y. , et al. Rapid Fluorescent Detection of Escherichia coli K88 Based on DNA Aptamer Library as Direct and Specific Reporter Combined With Immuno-Magnetic Separation. Journal of fluorescence. 2014. 24（4）：1159-1168.

［91］ Queiros, RB, de-los-santos-Alvarez N, Noronha JP. , et al. A label-free DNA aptamer-based impedance biosensor for the detection of E. coliouter membrane proteins. Sensors and actuators B-chemical. 2013. 181（5）：766-772.

［92］ MUNIANDY S, TEH S J, APPATURI J N, THONG K L, LAI C W, IBRAHIM F, LEO B F. A reduced graphene oxide-titanium dioxide nanocomposite based electrochemical aptasensor for rapid and sensitive detection of Salmonella enterica. Bioelectrochemistry，2019，127：136-144.

［93］ 杨大进. 农药残留生物快速检验方法［J］. 中国食品卫生杂志，1998，10（2）：38-40.

［94］ 袁振华，等. 大型水蚤生物测试技术在监测蔬菜中农药残留的应用研究［J］. 卫生研究，1995，24（特辑）：109-110.

［95］ 张雪燕．蔬菜中农药残留量的生物化学检测［J］．西南农业学报，1996，9（2）：62-66.

［96］ 张莹，等．农药残留量快速检测方法——农药速测卡的应用与验证［J］．中国食品卫生杂志，1998，10（2）：12-14.

［97］ 王恒亮，等．酶活性抑制测定农药残毒技术研究［J］．河南农业科学，1997，（1）：25-268.

［98］ 张莹，等．农药残留量快速检测方法——农药速测卡的应用与验证［J］．中国食品卫生杂志，1998，10（2）：12-14.

［99］ 周培，等．农药残留的酶联免疫检测技术研究进展［J］．环境污染与防治，2002，24（4）：248-250.

［100］ 周培，等．农药残留的酶联免疫检测技术研究进展［J］．环境污染与防治，2002，24（4）：248-250.

［101］ Albar eda-Sirv ent M，Me rkoci A，Aleg ret S. Pesticide determinatio n in tap wa ter a nd juice samples using disposable amper omet ric bio senso rs made using thick-film technolog y［J］. Analy tica Chimica Acta, 2001, 442：35-44.

［102］ Wilkins E，Carter M，Voss J，et al. A quantita tiv e determinatio n o f o rg anoph ospha te pesticides in o rga nic so lv ents［J］. Elect roch-emistry Communica tio n, 2000, 2（11）：786-790.

［103］ Tuan M E，Se rg ei V D，Minh C V，e t al. Co nductometric tyro si-nase bio se nso r fo r the detectio n o f diuro n，at razine a nd its main me ta bo lites［J］. Talanta, 2004, 63：365-370.

［104］ Fan L，Zhao G，Shi H，Liu M，Li Z. A h i g h l y s e l e c t i v e e l e c t r o c h e m i c a l i m p e d a n c e s p e c t r o s c o p y-b a s e d a p t a s e n s o r f o r s e n s i t i v e d e t e c t i o n o f a c e t a m i p r i d［J］. B i o s e n s o r s & b i o e l e c t r o n i c s. M a y 1 5 2 0 1 3；4 3：1 2-1 8.

［105］ Po acnik L，Fra nko M. Detectio n of o rga no pho sphate and carbama te pesticides in v eg etable samples by a pho to th ermal biosenso r［J］. Bio senso rs and Bioelectro nics, 2003, 18（1）：1-9.

[106] Tschmela k J, Pr oll G, Ga ug litz G. Optical biosenso r fo r pha rma-ceutical, a ntibio tics, ho rmo nes, endo crine disrupting chemicals a nd pesticides in w ater: assay o ptimizatio n process for estro ne as ex-am ple [J]. Ta lantal, 2005, 65: 313-323.

[107] 田翔, 刘思辰, 王海岗, 秦慧彬, 乔治军. 近红外漫反射光谱法快速检测谷子蛋白质和淀粉含量 [J]. 食品科学, 2017, (16): 140-144.

[108] 姜小燕, 高美须, 王梦莉, 等. 市售国产酱油中大豆、小麦过敏原分析 [J]. 中国酿造, 2021, 40 (5): 49-53.

[109] Sun J, Zhang R, Zhang Y, et al. Classifying fish freshness according to the relationship between EIS parameters and spoilage stages [J]. Journal of Food Engineering, 2018, 219: 101-110.

[110] O' Connell M, Valdora G, Peltzer G, et al. A practical approach for fish freshness determinations using a portable electronic nose [J]. Sensors & Actuators B Chemical, 2001, 80 (2): 149-154.

[111] Perera A, Pardo A, Barrettino D, et al. Evaluation of Fish Spoilage by Means of a Single Metal Oxide Sensor under Temperature Modulation [J]. Sensors & Actuators B Chemical, 2010, 146 (2): 477-482.

[112] 杨春兰, 薛大为. 电子鼻定量检测淡水鱼新鲜度的方法研究 [J]. 食品与发酵工业, 2016, 42 (12): 211-216.

[113] 赵宇明. 分光光度法快速测定水产品中组胺的含量 [J]. 食品研究与开发, 2014 (8): 94-96.

[114] 赵凌国, 李学云, 申红卫, 等. 纳米金复合材料涂层毛细管电泳法快速测定鱼肉中的组胺 [J]. 中国食品卫生杂志, 2014, 26 (6): 575-579.

[115] 姜随意, 吴业宾, 王浩, 等. 用于组胺检测的新型电化学传感技术研究 [J]. 食品研究与开发, 2017, 38 (4): 113-118.

[116] 麻丽丹, 巴中华. 酶联免疫吸附试验法检测盐渍鳀鱼中的组胺 [J]. 中国酿造, 2008 (7x): 85-86.

[117] 罗倩，鲁迨，黄晨涛，石星波．基于适配体吸附金纳米颗粒比色传感检测组胺 [J/OL]．食品科学：1-15 [2021-08-06]．http：//kns.cnki.net/kcms/detail/11.2206.TS.20210524.1000.049.html.

[118] Bahruddin Saad, Wan Tatt Wai, Boey Peng Lim, et al. Flow injection determination of peroxide value in edible oils using triiodide detector [J. Analytical Chimica Acta, 2006, 565 (2)：261-270.

[119] Kardash-Strchkara E, Ya 1 Tur'yan, Kuselman I, et al. Redox-potentiometric determination of peroxide value in edible oils without titration [J]. Talanta, 2001, 54 (2)：411-416.

[120] 林新月，朱松，李玥．拉曼光谱测定食品油脂的氧化 [J]．食品与生物技术学报，2017，36 (6)：610-616.

[121] 刘滨城，齐颖，李越，任运宏，于殿宇．生物传感器在脂肪酶酯化反应过程中的应用 [J]．食品工业科技，2012，33 (2)：52-54+84.

[122] 李珉，张莉，余婷婷，范志勇．基于凝胶渗透色谱及液相色谱串联质谱测定油脂性食品中的维生素 A、D、E [J]．现代食品科技，2018，(9)：256-262.

[123] 廖冰君，左程丽．B 族维生素检测方法及其使用 [J]．食品安全导刊，2009，(8)：40-41.

[124] 徐文婕，曲全冈，刘建蒙．微生物法检测血浆叶酸实验方法评价及应用 [J]．中国卫生检验杂志，2011，21 (7)：1722-1724.

[125] 黄晓林，王淼，张丽宏，等．IFP 微孔板试剂盒检测配方乳粉中维生素 B12 方法探讨 [J]．中国乳品工业，2010，38 (7)：48-49.

[126] 李江，綦艳，田秀梅，等．酶联免疫法检测婴幼儿配方奶粉中的维生素 B12 [J]．食品工业，2017，38 (8)：250-252.

[127] 王赢，袁辰刚，谢小珏，等．微孔板式微生物法快速测定婴儿奶粉中维生素 B12 的研究 [J]．食品工业，2015，36 (6)：269-272.

[128] Baghizadeh A, Karimi-Maleh H, Khoshnama Z, et al. A voltammetricvsensor for simultaneous determination of vitamin C and vitamin B6

in food samples using ZrO2 Nanoparticle/ionic liquids carbon paste e-lectrode [J]. Food Anal Methods, 2015, (8): 549-557.

[129] 孙明君, 陈雍硕, 郑小龙, 等. SPR 技术对奶粉中维生素 B12 检测方法的建立 [J]. 食品安全质量检测学报, 2014 (12): 3891-3897.

[130] Feng L, Li X, Li H, et al. Enhancement of sensitivity of paper-based sensor array for the identification of heavy-metal ions [J]. Analytica Chimica Acta, 2013, 780 (10): 74-80.

[131] Cui L, Wu J, Ju H. Synthesis of Bismuth - Nanoparticle - Enriched Nanoporous Carbon on Graphene for Efficient Electrochemical Analysis of Heavy - Metal Ions [J]. Chemistry-A European Journal, 2015, 21 (32): 11525-11530.

[132] Guascito MR, Malitesta C, Mazzotta E. et al. Inhibitive determination of metal ions by an amperometric glucose oxidase biosensor: Study of the effect of hydrogen peroxide decomposition [J]. Sensors and Actuators B, 2008, 131 (2): 394-402.

[133] Mohammadi H, Amine A, Cosnier S. et al. Mercury-enzyme inhibition assays with an amperometric sucrose biosensor based on a trienzymatic-clay matrix [J]. Analytica Chimica Acta, 2005, 543 (1, 2): 143-149.

[134] Kuswandi B. Simple optical fibre biosensor based on immobilised enzyme for monitoring of trace heavy metal ions [J]. analytical and bioanalytical chemistry, 2003, 376 (7): 1104-1110.

[135] May May L, Russell DA. Novel determination of cadmium ions using an enzyme self-assembled monolayer with surface plasmon resonance [J]. Analytica Chimica Acta, 2003, 500 (1, 2): 119-125.

[136] May May L, Russell DA. Novel determination of cadmium ions using an enzyme self-assembled monolayer with surface plasmon resonance [J]. Analytica Chimica Acta, 2003, 500 (1, 2): 119-125.

[137] Berezhetskyy AL, Sosovska OF, Durrieu C. et al. Alkaline phosphatase conductometric biosensor for heavy-metal ions determination [J]. ITBM-

RBM, 2008, 29 (2, 3): 136-140.

[138] Aiken Abigail M, Peyton Brent M, Apel William A. et al. Heavy metal-induced inhibition of Aspergillus niger nitrate reductase: applications for rapid contaminant detection in aqueous samples [J]. Analytica Chimica Acta, 2003, 480 (1): 131-142.

[139] Michel C, Ouerd A, Battaglia-Brunet F. et al. Cr (VI) quantification using an amperometric enzyme-based sensor: Interference and physical and chemical factors controlling the biosensor response in ground waters [J]. Biosensors and Bioelectronics, 2006, 22 (2): 285-290.

[140] Soldatkin OO, Kucherenko IS, Pyeshkova VM. et al. Novel conductometric biosensor based on three-enzyme system for selective determination of heavy metal ions [J]. Bioelectrochemistry, 2012, 83 (2): 25-30.

[141] Alpat SK, Alpat Ş, Kutlu B. et al. Development of biosorption-based algal biosensor for Cu (II) using Tetraselmis chuii [J]. Sensors and Actuators B, 2007, 128 (1): 273-278.

[142] Durrieu C, Tran-Minh C. Optical Algal Biosensor using Alkaline Phosphatase for Determination of Heavy Metals [J]. Ecotoxicology and Environmental Safety, 2002, 51 (3): 206-209.

[143] Liu QJ, Cai H, Xu Y. et al. Detection of heavy metal toxicity using cardiac cell-based biosensor [J]. Biosensors and Bioelectronics, 2007, 22 (12): 3224-3229.

[144] Hiramatsu N, Kasai A, Du S. et al. Rapid, transient induction of ER stress in the liver and kidney after acute exposure to heavy metal: Evidence from transgenic sensor mice [J]. FEBS Letters, 2007, 581 (10): 2055-2059.

[145] Tag K, Riedel K, Bauer HJ. et al. Amperometric detection of Cu2+ by yeast biosensors using flow injection analysis (FIA) [J]. Sensors and Actuators B, 2007, 122 (2): 403-409.

[146] Liao VHC, Chien MT, Tseng YY, et al. Assessment of heavy metal

bioavailability in contaminated sediments and soils using green fluorescent protein-based bacterial biosensors [J]. Environmental Pollution, 2006, 142 (1): 17-23.

[147] Sumner JP, Westerberg NM, AK Stoddard. et al. DsRed as a highly sensitive, selective, and reversible fluorescence-based biosensor for both Cu+ and Cu2+ ions [J]. Biosensors and Bioelectronics, 2006, 21 (7): 1302-1308.

[148] Amaro F, Turkewitz AP. González1 AM, et al. Whole-cell biosensors for detection of heavy metal ions in environmental samples based on metallothionein promoters from Tetrahymena thermophile [J]. Microbial Biotechnology, 2011, 4 (4): 513-522.

[149] Ivask A, Green T, Polyak B, et al. Fibre-optic bacterial biosensors and their application for the analysis of bioavailable Hg and As in soils and sediments from Aznalcollar mining area in Spain [J]. Biosensors and Bioelectronics, 2007, 22 (7): 1396-1402.

[150] Petänen T, Romantschuk M. Use of bioluminescent bacterial sensors as an alternative method for measuring heavy metals in soil extracts [J]. Analytica Chimica Acta, 2002, 456 (1): 55-61.

[151] Lin TJ, Chung MF. Using monoclonal antibody to determine lead ions with a localized surface plasmon resonance fiber - optic biosensor. Sensors, 2008, 8 (1): 582-593.

[152] Date Y, Terakado S, Sasaki K. et, al. Microfluidic heavy metal immunoassay based on absorbance measurement. Biosensors and Bioelectronics. 2012, 33 (1): 106-112.

[153] Babkina SS, Ulakhovich NA. Amperometric biosensor based on denatured DNA for the study of heavy metals complexing with DNA and their determination in biological, water and food samples [J]. Bioelectrochemistry, 2004, 63 (1, 2): 261- 265.

[154] Oliveira SCB, Corduneanu O, Oliveira-Brett AM. In situ evaluation of heavy metal-DNA interactions using an electrochemical DNA bio-

sensor [J]. Bioelectrochemistry, 2008, 72 (1): 53-58.

[155] Lan T, Lu Y. Metal Ion-Dependent DNAzymes and Their Applications as Biosensors [J]. Interplay between Metal Ions and Nucleic Acids (Metal Ions in Life Sciences), 2012, 10: 217-248.

[156] Giardi MT, Kobl zek M, Masoj dek J. Photosystem II-based biosensors for the detection of pollutants [J]. Biosensors and Bioelectronics, 2001, 16 (9-12): 1027-1033.

[157] Bettazzi F, Laschi S, Mascini M. One-shot screen-printed thylakoid membrane – based biosensor for the detection of photosynthetic inhibitors in discrete samples [J]. Analytica Chimica Acta, 2007, 589 (1): 14-21.

[158] Martinez-Neira R, Kekic M, Nicolau D. et al. A novel biosensor for mercuric ions based on motor proteins [J]. Biosensors and Bioelectronics, 2005, 20 (7): 1428-1432.

[159] Yin J, Wei WZ, Liu XY. et al. Immobilization of bovine serum albumin as a sensitive biosensor for the detection of trace lead ion in solution by piezoelectric quartz crystal impedance [J]. Analytical Biochemistry, 2007, 360 (1): 99-104.

[160] Wu CM, Lin LY. Immobilization of metallothionein as a sensitive biosensor chip for the detection of metal ions by surface plasmon resonance [J]. Biosensors and Bioelectronics, 2004, 20 (4): 864-871.

[161] Bontidean I, Ahlqvist J, Mulchandani A, et al. Novel synthetic phytochelatin – based capacitive biosensor for heavy metal ion detection [J]. Biosensors and Bioelectronics, 2003, 18 (5, 6): 547-553.

[162] Bontidean I, Mortari A, Leth S. et al. Biosensors for detection of mercury in contaminated soils [J]. Environmental Pollution, 2004, 131 (2): 255-262.

[163] WANG Y Z, YANG H, PSCHENITZA M, et al. Highly sensitive and specific determination of mercury (II) ion in water, food and cosmetic samples with an ELISA based on a novel monoclonal antibody [J]. Ana-

lytical and bioanalytical chemistry, 2012, 403 (9): 2519-2528.

[164] 刘艳梅, 钟辉, 黄建芳, 等. 直接竞争 ELISA 检测大米样品中的重金属镉 [J]. 免疫学杂志, 2015, 31 (6): 528-532.

[165] 周少芸. 转基因食品检测方法的研究进展 [J]. 福建稻麦科技, 2007 (01): 43-45.

[166] Datukishvili N, Kutateladze T, Gabriadze I, et al. New multiplex PCR methods for rapid screening of genetically modified organisms in foods [J]. Frontiers in Microbiology, 2015, 6 (6): 757.

[167] Harikai N, Saito S, Abe M, et al. Optical detection of specific genes for genetically modified soybean and maize using multiplex PCR coupled with primer extension on a plastic plate [J]. Bioscience Biotechnology & Biochemistry, 2009, 73 (8): 1886-1889.

[168] Patwardhan S, Dasari S, Bhagavatula K, et al. Simultaneous detection of genetically modified organisms in a mixture by multiplex PCR-chip capillary electrophoresis [J]. Journal of AOAC International, 2015, 98 (5): 1366-1374.

[169] Garcíacañas V, Cifuentes A, González R. Quantitation of transgenic Bt event-176 maize using double quantitative competitive polymerase chain reaction and capillary gel electrophoresis laserinduced fluorescence [J]. Analytical Chemistry, 2004, 76 (8): 2306-2313.

[170] Dörries HH, Remus I, Grönewald A, et al. Development of a qualitative, multiplex real-time PCR kit for screening of genetically modified organisms (GMOs) [J]. Analytical & Bioanalytical Chemistry, 2010, 396 (6): 2043-2054.

[171] Gtowacka K, Kromdijk J, Leonelli L, et al. An evaluation of new and established methods to determine T-DNA copy number and homozygosity in transgenic plants [J]. Plant Cell & Environment, 2016, 39 (4): 908.

[172] 周杰, 黄文胜, 邓婷婷, 等. 环介导等温扩增法检测 6 种转基因大豆 [J/OL]. 农业生物技术学报, 2017, 25 (2): 335-344.

[173] Chen R, Wang Y, Zhu Z, et al. Development of the one-step visual loop-mediated isothermal amplification assay for genetically modified rice event TT51-1 [J]. Food Science and Technology Research, 2014, 20 (1): 71-77.

[174] Tengs T, Kristoffersen AB, Berdal KG, et al. Microarray-based method for detection of unknown genetic modifications [J]. BMC Biotechnology, 2007, 7 (1): 91. DOI: 10. 1186/1472-6750-7-91.

[175] Turkec A, Lucas SJ, Karacanli B, et al. Assessment of a direct hybridization microarray strategy for comprehensive monitoring of genetically modified organisms (GMOs) [J]. Food Chemistry, 2016, 194: 399-409. DOI: 10. 1016/j. foodchem. 2015. 08. 030.

[176] 黄迎春，孙春昀，冯红，胡晓东，尹海滨．利用基因芯片检测转基因作物 [J]．遗传．2003 (3).

[177] 李永进，熊涛，吴华伟，杨亚珍．利用可视化膜芯片检测9种转基因玉米 [J]．湖北农业科学．2016 (11).

[178] Leimanis S, Hernandez M, Fernandez S, et al. A microarray-based de-tection system for genetically modified (GM) food ingredients [J]. Pant Molecular Biology, 2006 (61): 123-139.

[179] 沈法富，于元杰，尹承俏，刘风珍，陈翠霞，王留明，张军．利用 Dot-ELIS A 检测 Bt 棉杀虫蛋白的研究 [J]．中国农业科学，1999，(01): 15-19.

[180] 张国安，许雪姣，张素艳等．分析化学，2003，31 (5): 345-354.

[181] A di Luccia, C Lamacchia, C Fares et al. Ann. Chim. Rome, 2005, 95: 405-414.

[182] Wang X J, Jin X, Dun B Q, et al. Gene-Splitting Technology: A Novel Approach for the Containment of Transgene Flow in Nicotiana tabacum [J]. PLOS ONE, 2014, 9 (6): e99651.

[183] Wang XJ, Jin X, Dun BQ, et al. Gene-splitting technology : a novel approach for the containment of transgene flow in Nicotiana tabacum [J]. PLoS One, 2014, 9 (6): e99651.

[184] Yates K, Sambrook J, Russel D, et al. Detection methods for novel foods derived from genetically modified organisms [M]. ILSI Europe, 1999.

[185] 王荣谈, 张建中, 刘冬儿, 等. 转基因产品检测方法研究进展 [J]. 上海农业学报, 2010, 26 (1): 116-119.

[186] 刘光明, 徐庆研, 龙敏南, 等. 应用 PCR-ELISA 技术检测转基因产品的研究 [J]. 食品科学, 2003, 24 (1): 101-105.

[187] Volpe G, Ammid N H, Moscone D, et al. Development of an Immunomagnetic Electrochemical Sensor for Detection of BT - CRY1AB/CRY1AC Proteins in Genetically Modified Corn Samples [J]. Analytical Letters, 2006, 39 (8): 1599-1609.

[188] 刘瑛, 魏清芳, 王嘉林, 等. 牛奶中 β-内酰胺类抗生素残留检测方法的研究进展 [J]. 中国卫生检验杂志, 2011, 21 (9): 2352-2354.

[189] 王文辉, 刘慧艳, 王玉钰, 等. 牛奶中抗生素残留快速检测方法分析 [J]. 中国乳品工业, 2011, 39 (7): 53-55.

[190] 王大菊, 袁宗辉, 范盛先, 等. 氨苄青霉素在猪和鸡组织残留的微生物法测定法研究 [J]. 华中农业大学学报, 1999, 18 (3): 245-247.

[191] 伍金娥, 范盛先, 王玉莲, 等. 动物组织中抗菌药物残留的微生物学快速筛选法研究 [J]. 华中农业大学学报, 2006, 25 (6): 645-649.

[192] 吴瑕, 张兰威. 采用试管扩散法检测牛乳中青霉素 G 残留量 [J]. 食品与发酵工业, 2005, 31 (7): 110-112.

[193] 姜侃, 陈宇鹏, 金燕飞, 等. 应用酶联免疫法快速检测乳品中 β-内酰胺类抗生素残留 [J]. 中国乳品工业, 2010, 38 (1): 51-54.

[194] STRASSER A, USLEBER E, SCHNEIDER E, et al. Improved enzyme immunoassay for group-specific determination of penicillinsin milk [J]. Food and Agricultural Immunology, 2003, 15 (2): 135-143.

[195] CLIQUET P, COX E, VAN D C, et al. Generation of class-selective

monoclonal antibodies against the penicillin group ［J］. Agric Food Chem, 2001, 49: 3349-3355.

[196]　李铁柱, 孙永海, 郗伟东. 受体分析结合酶联免疫检测牛乳中的头孢噻呋残留 ［J］. 高等学校化学学报, 2008, 29 (3): 473-476.

[197]　Peglosan A. Yshinobu T Simonis A. Ecken H. Luh H, Sooing MI Pilli decteon by meas of fed－efetet bse so EnFET, cacivee EIS sor or LAPS. Senos and Atatrts B-Chemical, 2001, 78 (1-3): 237-242.

[198]　Lee. SR, Rahman. MM; Sawada. K, Ishida M. Fabrication of a Highly Sensitive Penicillin Sensor Based on Charge TransferTechniques. Biosensors and Bioclectronics, 2009, 24 (7): 1877-1882.

[199]　Rinken T, Rik H. Determination of antibiotic residues and their interactionin milk with lactate Biosensor. Journal of Biochemical and Biophysical Methods, 2006, 66 (1-3): 13-21.

[200]　Gustavsson. E, Bjurling. P, Sternesjo. A. Biosensor analysis of penicillin G in milk based on theinhibition of carboxypeptidase activity. Analytica Chimica Acta, 2002, 468 (1): 153-159.

[201]　Seford S J, Van Es RM Blankwater YJ, Koger S. Receprtor binding proteinamperometric affinity sensor for rapid beta-lactam quantification in milk. Analytica Chimica Acta, 1999, 398 (1); 13-22.

[202]　Cacciatore. G, Petz. M, Rachid. S, Hakenbeck R, Bergwerff AA. Development of an optical biosensor assay for detection of beta-lactamantibiotics in milk using the penicillin－binding protein 2x ［J］. Analytica Chimica Acta, 2004, 520 (1-2): 105-115.

[203]　Lamar J, Petz M. Development of a receptor-based microplate assay for the detectionof beta－lactam antibiotics in different food matrices. Analytica Chimica Acta, 2007, 586 (1-2): 296-303.

[204]　Thavarungkul P, Dawan S, Kanatharana P, Asawatreratanakul P. Detecting penicillin G in milk with impedimetriclabel－free immunosensor. Biosensors and Bioelectronics, 2007, 23 (5): 688-694.

[205]　Jiang ZL, Liang AH, Li Y, Wei XL. Immunonanogold-Catalytic Cu2O

Enhanced Assay for Trace Penicillin G With Resonance Scattering Spectrometry. IEEE Transactionson Nanobioscience, 2008, 7 (4): 276-283.

[206] Duan H, Liu ZF, Liu SP, Yi A. Resonance Rayleigh scattering, second-order scattering and frequency doubling scattering methods for the indirect determination of penicillin antibiotics based on the formation of Fe3Fe (CN) (6)] (2) nanoparticles. Talanta, 2008, 75 (5): 1253-1259.

[207] Xie HL, Ma W, Liu LQ, Chen W, Peng CF, Xu CL, Wang LB. Development and validation of an immunochromatographic assay for rapid multi-residues detection of cephems in milk. Analytica Chimica Acta, 2009, 634 (1): 129-133.

[208] Kloth K, Niessner R, Seidel M. Development of an open. stand-alone platform for regenerableautomated microarrays. Biosensors and Bioelectronics, 2009, 24 (7): 2106-2112.

[209] Jalalian S H, Taghdisi S M, Danesh N M, Bakhtiari H, Lavaee P, Ramezani M, Abnous K. Anal. Methods, 2015, 7: 2523.

[210] Jalalian S H, Taghdisi S M, Shahidi H N, Kalat SA, Lavaee P, Zandkarimi M, Ghows N, Jaafari MR, Naghibi S, Danesh NM, Ramezani M, Abnous K. Eur. J. Pharm. Sci. , 2013, 50 (2): 191.

[211] Ouyang Q, Liu Y, Chen Q, Guo Z M, Zhao J W, Li H H, Hu W W. Food Control, 2017, 81: 156.

[212] Kim Y S, Kim J H, Kim I A, Lee S J, Jurng J, Gu M B. Biosens. Bioelectron. , 2010, 26: 1644.

[213] Kim C H, Lee L P, Min J R, Lim MW, Jeong SH. Biosens. Bioelectron. , 2014, 51: 426.

[214] Ryan BJ, Fagain C O. Arginine to-lysine substitutions influence recombinant horseradish peroxidase stability and immo-bilisation effectiveness [J]. BMC Biotechnology, 2007, 7: 86.

[215] Cao L M, Kong DX, Sui JX, et al. Broad-Specific Antibodies for a Generic Immunoassay of Quinolone: Development of a Molecular

Model for Selection of Haptens Based on Molecular Field-Overlapping [J]. Analytical Chemistry, 2009, 81 (9): 3246-3251.

[216] ChanP H, Liu H B, Chen Y W, et al. Rational design of a novel fluorescent biosensor for beta-lactam antibiotics * from a class A beta-lactamase [J]. Journal of the American Chemical Society, 2004, 126 (13): 4074-4075.

[217] Bunnester J, SpinelliS, PuglieseL, eta l . Selection, Charaeterizadonand X - raystructureofanti - ampicillinsingle - chain Fvfragments romphage - displayedmurineantibodylibraries [J]. JMolBiol, 2001, 309 (3): 671-685.